5GtoB
如何使能千行百业

孙鹏飞◎主编

5GtoB
产业赋能丛书

人民邮电出版社

北京

图书在版编目（CIP）数据

5GtoB如何使能千行百业 / 孙鹏飞主编. -- 北京：
人民邮电出版社，2021.4（2021.8重印）
ISBN 978-7-115-56325-5

Ⅰ. ①5… Ⅱ. ①孙… Ⅲ. ①第五代移动通信系统
Ⅳ. ①TN929.53

中国版本图书馆CIP数据核字(2021)第061239号

内 容 提 要

5G 与云、智能、计算、行业应用等技术相结合，将不断地打破传统行业边界，创造丰富多彩的行业应用场景。本书从理论及实践角度，详细阐述了以 5G 为代表的新型 ICT 如何相互融合，共同使能千行百业。

本书主要分为四个部分。首先，从产业数字化的背景和价值入手，推演了产业数字化转型所必需的基于多域协同的新型 ICT 基础架构。基于此架构，5GtoB 将诞生全新的产业支撑体系，并给千行百业带来新的价值。其次，从方法论层面，总结归纳出 5GtoB 成功所需要的成功要素体系及四类关键能力。再次，通过大量的最新案例，详细介绍了 5GtoB 在重点行业及企业的应用，包括解决方案给客户带来的新价值及其成功要素。最后，对于 5GtoB 的未来演进路径及典型应用场景进行了前瞻性的展望。

我们的前方是星辰大海。希望本书可以为 5GtoB 产业链中的每个角色都带来启发及价值，使他们加入到汹涌而来的 5GtoB 使能千行百业的创新浪潮中来，成为行业数字化转型的引领者。

◆ 主　编　孙鹏飞
　　责任编辑　吴娜达
　　责任印制　陈　犇
◆ 人民邮电出版社出版发行　　北京市丰台区成寿寺路 11 号
　　邮编　100164　　电子邮件　315@ptpress.com.cn
　　网址　https://www.ptpress.com.cn
　　涿州市京南印刷厂印刷
◆ 开本：700×1000　1/16
　　印张：25.75　　　　　　　　　2021 年 4 月第 1 版
　　字数：358 千字　　　　　　　2021 年 8 月河北第 6 次印刷

定价：89.80 元

读者服务热线：**(010)81055493**　印装质量热线：**(010)81055316**
反盗版热线：**(010)81055315**
广告经营许可证：京东市监广登字 20170147 号

本 书 编 委 会

- **主任委员**：蒋旺成　华为 ICT 解决方案总裁
- **主　　编**：孙鹏飞　华为 5G-2B 解决方案部部长
- **编委会委员**（按姓氏笔画排序）：
    - 马红兵　　　　中国联通集团科技创新部总经理
    - 王志勤　　　　中国信息通信研究院副院长
    - 孙　健　　　　中国电信集团有限公司工业行业事业部一部总裁
    - 杨泽民　　　　中国通信标准化协会（CCSA）秘书长
    - 俞承志　　　　中国移动通信集团有限公司政企事业部副总经理
    - 黄宇红　　　　GTI 秘书长　中国移动通信研究院副院长
    - 斯　寒　　　　GSMA 大中华区总裁
    - 蔡　康　　　　中国电信股份有限公司研究院副院长
    - Adrian Scrase　Head of 3GPP Mobile Competence Center and ETSI CTO
- **编委会秘书**：林　立

- 写作组（按姓氏笔画排序）：
  - 组长：

王小奇	肖善鹏	张雪丽	陈 丹
林 立	常 洁	谭 华	潘 峰

  - 副组长：

于 江	邓 伟	李 珊	李晓凡
肖 羽	张 昊	陈 力	郑茂宽
潘桂新	Peter Jarich		

  - 成 员：

万 铭	马洪斌	王 东	王 帅
王 荣	王 健	王 锐	王 磊
王泳惠	韦柳融	文 涛	孔 瑜
左 芸	申晓峰	冯 雯	司 哲
尼凌飞	成 龙	吕文安	刘 珂
刘 昱	刘亚键	刘景磊	刘嘉薇
关庆贺	许晓东	李 剑	李 峻
李佳珉	李佳悦	李泽捷	杨 虎
杨欣华	杨俊凯	杨新杰	杨德武
张 龙	张春明	张海涛	武丽平
果 敢	金 鸣	项 凌	赵 妍
赵 震	郝晶晶	胡 翔	柳 晶
钟美华	施 磊	都晨辉	徐 舒
凌 超	郭 爽	黄震宁	梁永明
董 嘉	舒 欢	满孝颐	管嘉玲
黎舒桂	魏 彬		

序一

2020 年全球经历了巨大挑战，数字化进程加速推进，数字经济对于人类和社会的重要性比以往任何时候都更加凸显。移动通信技术的使能效应在各个行业和经济体中发挥着巨大作用，并深刻影响我们每个人的生活。

未来 10 年，我们深信 5G 将持续推动所有行业加速转型。持续转型将催生一个高效高产的新时代，并通过联合国的十年行动计划，实现联合国 2030 年可持续发展议程的目标。在中国，移动产业已经在 SDG9（工业、创新和基础设施）方面取得了巨大的影响。在 2015—2019 年，中国的移动通信产业在 SDG6（清洁饮水和卫生设施）、SDG7（经济适用的清洁能源）和 SDG4（优质教育）方面也都带来显著改善。

GSMA 专注于推动 5G 发展，并坚信 5G 将造福全人类、产业和社会的繁荣。迈向 2021 年，移动产业如何做好准备以应对未来几年的关键增长，以及如何充分发挥 5G 优势，是我们当下需要思考的问题。

据 GSMA 智库预测，到 2025 年，中国的移动通信产业接近一半的连接将采用 5G 技术，这一比例与其他领先的 5G 市场应用持平。2020—2025 年，中国的移动通信产业将投入 1.36 万亿元建设资金，其中 90% 将用于 5G。

随着 5G 网络投资和部署扩大，以及消费者和企业对 5G 持续高涨的热情，中国的移动通信产业已与各垂直行业展开紧密协作，探索新的商业模式，发掘各种日常挑战的解决之道。中国的移动运营商根据 5G 在现实场景中的应用不断积累宝贵经验和最佳实践，这些经验和实践将惠及全球各行各业。

本书恰逢其时，对于 5G 在矿山、电力、钢铁、交通运输和自动驾驶等领先应用案例进行分析和研究。通过范例总结和提炼，突出其中的共性要素，即标准化、合作和创新。具体而言：

- 建立适当的行业标准和规范，是各行业规模发展的重要基础；
- 深化与行业伙伴的合作，寻找可行解决方案，满足企业刚需是关键；
- 创新至关重要，在解决方案设计和思维模式上坚持融入创新，以确保价值最大化。

我们很荣幸参与本次项目，与移动运营商、华为等供应商、垂直行业、学术界和研究机构的众多业界伙伴携手合作，共同推出这本充满开创性思维和最佳实践的好书。

我们深信本书将作为我们共同努力实现 5G 成功和工业 4.0 转型的重要参考。

洪曜庄

GSMA Ltd. 首席执行官

序一
英文原文

It is widely recognised that the digital economy has never been so critical for people and societies as it is today, after the large-scale challenges of 2020 and the resultant forced acceleration of digitisation. The enabling effects of mobile technologies have been both immense, across whole industries and economies, and personal, to each of our lives.

Over the next 10 years, we confidently anticipate the continuation of accelerated transformation across all industries, through the power of 5G. Further transformation will usher in an era of greater efficiency and productivity, and will also boost much-needed efforts towards the achievement of the 2030 Agenda, as we advance through the United Nations Decade of Action. In China, the mobile industry has had its greatest impact on SDG 9 (Industry, Innovation and Infrastructure). Between 2015 and 2019, the biggest improvement in the industry's impact has been on SDG 6 (Clean Water and Sanitation), SDG 7 (Affordable and Clean Energy) and SDG 4 (Quality Education).

At the GSMA, we prioritise and contribute in multiple ways to enabling the growth of 5G which is empowering industries and vertic-

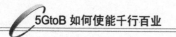

als. As we embark on 2021, we recognise that it is a well-timed moment for the mobile industry to ask how we can best prepare for the critical growth of the coming years and how we can best unleash the full potential of 5G.

GSMA Intelligence forecasts that 5G will account for almost half of China's mobile connections by 2025, representing an adoption rate on a par with other leading 5G markets. The mobile industry in China will invest ￥1.36 trillion in mobile CAPEX between 2020 and 2025, 90% of which will be on 5G.

In parallel to investment and the roll-out of 5G networks, alongside increased consumer and enterprise enthusiasm, the mobile industry in China has been active initiating efforts to work closely with vertical industries, trying new business models and unearthing ways of solving everyday challenges, large and small. As a result, mobile operators in China are accumulating invaluable experience and best practice knowledge on the real-world impact of 5G, which will in turn benefit these industries around the globe.

For this timely book, we have examined leading use cases for mining, shipping and transport, power grids, autonomous driving, and industrial production for steel. In reviewing and distilling these best examples, some common elements stand out-standardisation, cooperation, and innovation. More specifically, it has become evident that appropriate and fitting industrial standards and specifications will be the critical foundation for the economies of scale that are possible across each industry. Cooperation and truly working hand-in-hand with our industrial clients will be key to the discovery of practical solutions to their most business pressing needs, thus enabling a continual evolving of dynamic solutions. And, as expected, innovation is paramount, and

therefore must be embedded by design and by mind-set in every aspect of solution development, to ensure maximum value.

We have been honoured to form part of this project and to work with all industry partners-mobile operators, vendors such as Huawei, vertical stakeholders, academia and research institutes-which has culminated in this book of pioneer thinking and best practices.

We are confident that this publication will serve as an important reference for our ongoing collective efforts towards 5G success and Industry 4.0 transformation.

John Hoffman

CEO and Director, GSMA Ltd.

序二

众所周知，移动通信从 20 世纪 80 年代开始模拟 1G 后，几乎是每十年提出新的一代。回首历史，每一次技术的换代升级都为社会生活带来了巨大的改变。2G 通过短信、数字语音加速了信息流动；3G 的多媒体通信催生了门户网站、智能手机的出现；4G 来临后，社交多媒体和移动高清视频业务成为主流，为我们的社交缩短了距离，从而改变了我们的生活方式。具有高带宽、低时延、广连接等显著特征的 5G 技术，对普通人而言，也许意味着打开网页速度更快、电影不卡顿，但 5G 未来核心的应用则是 5G+各行各业，是 5G 创新的关键，也是真正造福人类的核心，它会改变我们所处的世界，让信息变得触手可及。

迄今为止，人类已经完成了三次工业革命，目前正在进行第四次。第四次工业革命的核心是基于信息物理融合系统实现，主要的使能技术由 5G、云计算、人工智能等新一代信息通信技术（ICT）驱动。因此，也可以将其称为"互联网+"时代下的新一代 ICT 与各实体行业的深度融合。

所有的 ICT 中，5G 技术与实体行业的融合由于存在角色定位不清、需求不明、协调环节多、政策法规缺失和标准化不定等问题，这不仅是重点而且也是痛点。5G 技术与实体行业的融合是全新的事物，产业生态需要联合创新，以探索新需求、研究新理论和新技术、开发新业务、探究新业态和新模式。

基于以上的缘故，世界各国政府都将发展 5G 技术提升到竞争的制高点。为了紧紧跟随甚至引流这个科技大潮流，我国政府更是将其纳入国家科技创新发展战略的规划中。在 2020 年 4 月国家发展和改革委员会提出的报告中，提出了"新型基础设施建设"（新基建）的概念。为了与"铁、公、基"老基建区别，新基建分为 3 个类别：第一类是信息基础设施，包括 5G、物联网、工业互联网、卫星互联网等使能技术，在新技术上发展人工智能、云计算、区块链，在算力上发展智能计算中心、数据中心；第二类是融合基础设施，推动行业转型，支撑传统基础设施升级转型；第三类是创新基础设施，发展能够支撑科学研究、技术开发、产品研制的具有公益属性的基础设施。在正确的方向引导下，中国 5G 已经在宏观环境、标准专利、市场优势和产业链关键环节上全方位布局，并跻身世界第一梯队。下一步，中国在发展以 5G 为核心的新基建中仍需要顶层设计和统筹考虑。

良好的 5G 基础设施将有助于实现全系统、全流程、全产业链、全生命周期的泛在连接，将成为加速推动各行业发展的引擎，催生出更多的新型服务和垂直行业应用。例如工业互联网满足工业智能发展需求，是新一代 ICT 与现代工业深度融合所形成的新兴业态和应用模式。

本书详细阐述了以 5G 为代表的新一代 ICT 与实体产业数字化转型的关系。通过理论结合实际的方法，从性能、效率、生态、商业等角度总结成功要点。另外，本书也对 5GtoB 在各个典型行业的发展现状做了深入分析，对 5GtoB 的未来演进路径给出了合理的建议。相信能给身处于信息化转型浪潮中的运营商、行业合作伙伴以及千行百业带来价值，碰撞出新的火花。

回首 2020 年，人类经历了一次大规模全球性危机，严重的疫情深刻影响了全人类的生产与生活。但也正如丘吉尔所说："不要浪费一场好危机。"危险中往往蕴藏着机会。疫情的出现，不仅催生了大量远程教育、医疗、作业等业务需求，更进一步促进了"互联网+"和新一代 ICT 的融合发展。相信在不远的未来，以 5G、云计算、人工智能为代表的新一代 ICT，将站在浪潮之巅，成为新型基础设施建设的重要支撑，加速人类完成第四次工业革命。

张 平

中国工程院院士

北京邮电大学教授

序三[1]

引言

世界各国陆续部署 5G，将对经济、社会和政府的运作产生巨大影响。本书能帮助读者理解 5G 技术及其实践应用方式，具有深厚的学术贡献。5G 革命涉及延伸的行业生态——"物联网"，针对这种影响深远的生态结构，以及发展中国家的公司在该领域所面临的挑战，本序提出了几点思考。

背景

自 20 世纪 80 年代以来，信息与通信技术（Information and Communications Technology，ICT）产生了一场革命。这场革命渗透至经济和社会的各个领域，改变了政府的运作方式和金融服务领域，以及各种非金融服务领域，包括电信、零售、旅游、娱乐、大众媒体、专业服务、医疗和教育。同时也改变了全球制造体系的各个领域，包括航空、汽车、饮料和生物制药等行业，以及跨国公司的内部运作方式，帮助这些公司克服管理层面的规模不经济问题。这场革命也改变了研发流程和产品的性质，以及系统集成公司与其供应链和客户之间的关系。随着云计算、人工智能、机器学习和物联网

---

1 本序提到的各项数据源自彼得·诺兰教授的著作《中国和西方：创新交汇之路》，该书将于 2022 年由劳特利奇出版社出版。

的出现，下一次 ICT 革命的步伐正在加快。

近些年，ICT 领域一直处于创新的前沿，而它也将在未来发挥更加重要的作用。截至 2019 年，ICT 是各公司研发投入最多的领域，占 2500 家全球顶尖公司研发投入总额的 40%以上[2]。ICT 行业的特点是高度并购化，有助于产业高度集中。ICT 也是一个研究密集型行业。2018—2019 年，在 ICT 行业，硬件和设备领域的研发投入占净销售收入的 8.4%，计算机软件和服务领域的研发投入则占销售收入的 10.8%。

ICT 领域发展速度非常快。高强度的研发投入以及 ICT 产业价值链自上而下、寡头式的激烈竞争，推动这一广泛领域内的科学家和工程师取得了不少创新成果，改变了当今世界。自从引入半导体和个人计算机（PC），ICT 行业中涌现出不少新兴领域。不过，这些新兴领域也在往寡头式垄断方向快速发展。

计算机软件和服务

在 G2500 公司榜单中，有 321 家公司来自计算机软件和服务领域，而前 20 家公司就占据了整个领域研发投入的 67%和销售收入的 70%。在 PC 操作系统领域，微软始终保持着早期主导地位。在企业资源规划（ERP）领域，前 5 家公司约占全球市场份额的 50%。在海外的搜索引擎和社交媒体领域，谷歌和脸书分别开创和维持着市场主导地位。这两家公司合计占据全球数字广告收入的 50%以上。在智能手机操作系统领域，谷歌（安卓）占有约 75%的全球市场份额。

作为物联网的基础，云计算在过去 5 年发展迅速。Amazon、Microsoft 和 Alphabet-Google 3 家超大型公司借助数字世界中各领域的主导地位，在云计算软件和服务领域建立了早期领先地位。在 G2500 公司榜单上的 ICT 软件与服务领域中，这 3 家行业巨头占据

2 据 2019 年欧盟总部布鲁塞尔发布的《2019 年欧盟工业研发投入排行榜》，全球研发投入最多的 2500 家公司（"G2500 公司"）在研发上的投入约占全球所有公司研发总投入的 90%。

了整个领域 321 家公司 38% 的研发总投入和 34% 的净销售收入。总体而言，三大巨头合占全球公有云软件服务收入的近 60%。云服务领域的巨头公司，其客户来自各个领域，包括金融服务、汽车、能源、制药、医疗、媒体和娱乐、零售、酒店、制造和政府。三大巨头可提供按需存储、数据分析和机器学习服务，满足不同行业的需求。他们按照客户需求提供云服务，客户不必投资建设"私有云"，避免自建云无法满足容量需求的情形。云服务巨头向客户提供先进的网络基础设施。而这些巨头受益于自身庞大的网络规模，能以较便宜的价格添置设备，包括服务器、路由器和交换机等，这是小型私有云不具备的优势。物联网通过嵌入式半导体连通各式各样的设备，云服务巨头在其中扮演着至关重要的角色。这些巨头还大量投资数据安全领域，包括获取其在全球闭环光纤网络上的安全优势。他们以路由器和交换机搭建网络，连接各个数据中心，消耗大量电力用于服务器群散热。据估计，数据中心使用的电力有 50% 用于散热。

技术硬件

在 G2500 公司榜单中，来自技术硬件领域的公司有 477 家，其中前 20 家公司占据 51% 的研发投入和 66% 的销售收入。仅 Samsung 和 Apple 两家公司，就占据了 60% 的全球智能手机市场份额（按收入计算）。整个 ICT 系统，包括私有云和公有云，都主要基于服务器搭建。由 HPE 和 Dell 领头的 6 家公司主导着全球服务器市场。在高端电视领域，仅 Samsung 一家就独占了 50% 以上的全球市场份额（按销售收入计算）。在电信设备领域，前五大公司占据了三分之二的市场份额。这些行业的价值链也高度整合。仅 Cisco 一家公司，就独占了 50% 左右的全球电信路由器和交换机市场份额。半导体行业也高度集中，5 家公司约占整个市场份额的一半，而在芯片行业的大多数子领域，集中化程度甚至更高。Intel 独占 75% 左右的全球 PC 微处理器市场份额。仅 Qualcomm 和 Apple 两家公司，就占据了 60%的智能手机处理器市场份额。仅 Samsung 一家公司，就占据了近一半的 DRAM 芯片全球市场以及三分之一的 NAND 芯片市场。五家公司合计占有 60%的全球 Wi-Fi 芯片市场份额。5 家公司合计占有 50%的汽车半导体市场份额。此外，4 家公司合计占有三分之二的全球半导体设备市场份额。而半导体设备是半导体行业创新进程中极为重要的部分。

按研发投入强度划分，技术硬件领域包括众多细分领域。PC、打印机和服务器涉及的研发投入强度通常较低。从第一次 ICT 革命就开始领先的技术硬件公司（如 IBM 和 HP），已经剥离了 PC 和低端服务器部门，以便专注于 ICT 行业中利润更高和盈利能力更强的其他领域。智能手机和平板计算机涉及的研发投入强度居中，不过在产品设计和客户理解方面对创新技能的要求很高，还需要精密的系统集成能力。这一领域的产品制造涉及全球众多产业链，涉及大量子系统和组件，包括软件、半导体、屏幕、电池和摄像镜头，同时涉及大量的营销和品牌建设费用。电信设备的研发强度一般较高，且电信设备通常根据客户需求进行定制。创新需要紧密结合设计、制造和客户。电信设备公司的品牌和声誉，很大程度上取决于售后服务水平及质量。

在 ICT 硬件行业，半导体领域的研发投入强度排名前列。在前30 家 ICT 硬件公司中，有一半是专业半导体制造商。不过，作为精密电子和电信设备的制造商，Samsung、Apple 和华为也是重要的半导体生产商。2018 年，Samsung 的半导体业务收入超过 600 亿美元，一举成为全球第二大芯片制造商。Samsung 投入了高达 150亿欧元的研发费用，其中有很大一部分用于提升 DRAM 和 NAND芯片的技术能力。2018 年，三星半导体业务占其总利润的 75%以上。如果把半导体设备领域计算在内，在研发投入排名前 30 位的 ICT硬件公司中，有 22 家属于半导体领域，这些公司要么是纯芯片制造商，要么是有半导体业务的大型公司。半导体是整个 ICT 产业的重要组成部分，自 20 世纪 80 年代以来就一直处于现代世界转型的中心。在向物联网、机器学习和人工智能过渡的过程中，半导体的作用将变得更加重要。上千亿个传感器和智能设备将成为这个"全联接世界"的基础，生成、传输、存储、处理和分析的数据量将大大增加。

挑战

物联网庞大架构的每个子领域都高度整合，除了少数公司，其他公司几乎都来自高收入国家。物联网是一个全面的 ICT 架构，包括一个庞大的基站网络，还包括一个由光纤组成的全球网络、一个分布广泛的全球数据中心网络、一个云计算软件系统、全球数十亿部智能手机、手机所需的半导体和软件，以及数千亿个嵌入"互联设备"的半导体。物联网在全球范围内的安全性需要考虑的不是产业的某个部分，比如电信设备，而是要考虑包括全球数据传输、存储和分析以及周边的价值链在内的整体产业结构。随着全球开启5G 部署，对发展中国家的公司来说，这是一个艰巨且充满竞争的挑战。

彼得·诺兰教授

剑桥大学发展研究中心创始主任

Foreword

The roll-out of 5G across the world will have a tremendous impact on economy, society and government. The chapters collected in this book make a deep scholarly contribution to understanding the technologies involved and the way in which they have been applied in practice. The 5G revolution involves an extended eco-system that has been labelled the 'Internet of Things'. This foreword presents some thoughts about the structure of that far-reaching eco-system and the challenges that presents for firms in this sector from developing countries.

Background

Since the 1980s a revolution has taken place in information and communication technology (ICT). The revolution has penetrated every sector of the economy and society. It has transformed the way in which governments function. It has transformed financial services. It has transformed every part of non-financial services, including telecommunica-

---

1 The data in this foreword are from Peter Nolan, China and the West: Crossroads of Innovation, Routledge, 2022 (forthcoming).

tions, retail, travel and tourism, entertainment, mass media, professional services, healthcare and education. It has transformed every part of the world's manufacturing system, including aerospace, automobiles, beverages and biomedical products. The revolution has transformed the internal operations of global companies, enabling them to overcome managerial diseconomies of scale. It has transformed also the nature of the R&D process, the nature of their products, as well as the relationship of the systems integrator firms with their supply chain and with their customers. The pace of the ICT revolution is accelerating with the advent of cloud computing, Artificial Intelligence, Machine Learning and the Internet of Things.

The ICT sector has been the leading edge of innovation in the recent era and it will be even more important in the years ahead. It is the sector in which by far the greatest amount is spent on R&D, amounting to over two-fifths of total R&D spending by the world's top 2500 companies.[2] The ICT industry has been characterized by a high level of mergers and acquisitions, which has contributed to a high level of industrial concentration in the industry. It is a heavily research-intensive industry. In 2018/9 R&D spending in the ICT hardware and equipment sector amounted to 8.4% of net sales revenue and in the computer software and services sector it amounted to 10.8% of sales revenue.

The ICT sector has evolved at tremendous speed. The innovations achieved by scientists and engineers in the firms within this broad sector have transformed the modern world, driven by high levels of R&D spending and ferocious oligopolistic competition from top to bottom of the ICT value chain. Since the introduction of the semi-conductor and

---

2 The G2500 companies are the world's 2500 largest companies in terms of R&D spending (EU, 2019, *The 2019 EU Industrial R&D Investment Scoreboard*, Brussels: EU). They account for around 90% of total corporate spending on R&D.

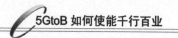

the PC, a wide array of new sectors emerged within the ICT industry, but within each sector oligopoly has developed at high speed.

Computer software and services

In the G2500 list, there are 321 firms in the computer software and services sector, within which the top 20 firms account for 67% of R&D spending and 70% of sales revenue. Microsoft has maintained its early dominant position in PC operating systems. In the ERP (Enterprise Resource Planning) sector, the top five firms account for around one-half of the global market. Outside China, Google established a dominant position in search engines and Facebook established a dominant position in social media, which they have maintained since then. Google and Facebook account for over one-half of global digital advertising revenue. Google (Android) has around three-quarters of the global market for smartphone operating systems.

Cloud computing has grown rapidly in the past five years. It is the foundation of the Internet of Things. Three super-large firms— Amazon, Microsoft and Alphabet-Google—have leveraged their dominant position in other parts of the digital world to establish an early lead in cloud computing software and services. The three behemoths account for 38% of the total R&D spending and 34% of the net sales revenue for the 321 firms in the G2500 ICT software and services sector. Collectively, they account for almost 60% of global revenue from software services for the public cloud. The customers for the giant cloud companies' services are drawn from a wide array of sectors, including financial services, automobiles, energy systems, pharmaceuticals, healthcare, media and entertainment, retail, hospitality, manufacturing and government. The three behemoths perform on-demand data storage, data analysis, and machine learning for a wide array of sectors. They offer their customers on-demand cloud services, which means that they can avoid investing in their own 'private cloud', which may operate at less than full capacity. Their customers benefit from state-of-art network infrastructure purchased by the giants cloud computing companies. The vast size of their network means that they can acquire equipment, which includes servers, routers and switches, more cheaply than small-scale private cloud systems. They play a vital role within the 'Internet of Things' that connects embedded semi-conductors across a wide array of machines. They also invest heavily in data security, including the security advantage of their closed-loop global fiber networks. They require a network of routers and switches to link the centers together, and need huge amounts of electricity to keep the server farms cool. It is estimated that 50% of the electricity used by data centers is devoted to keeping them cool.

Technology hardware

There are 477 firms in the G2500 data set from the technology hardware sector, within which the top 20 firms account for 51% of R&D spending and 66% of sales revenue. Two firms (Samsung and Apple) account for three-fifths of the global market for smartphones (by revenue). Servers are the workhorses of the whole ICT system, including the private and public cloud. Half a dozen firms, led by HPE and Dell, dominate the global server market. In advanced TVs a single firm, Samsung accounts for over one-half of the global market (by sales revenue). In telecoms equipment, the top five firms account for two-thirds. The value chain of these industries is also highly consolidated. One firm (Cisco) accounts for around one-half of the global market for telecoms routers and switches. The semi-conductor sector also is highly concentrated. Five firms account for about one-half of the whole market, but levels of industrial concentration are even higher in most sub-sectors of the chip industry. Intel accounts for around three-quarters of the global market for PC microprocessors. Two firms (Qualcomm and Apple) account for three-fifths of smartphone processors. One firm (Samsung) accounts for almost one-half of the global market for DRAM chips and a third of the market for NAND chips. Five firms account for around three-fifths of the global market for Wi-Fi chips. Five firms account for one-half of auto semi-conductors. Moreover, four firms account for two-thirds of the global market for semi-conductor equipment, which is a vital part of the innovation process in the semi-conductor industry.

The technology hardware sector embraces a wide range of sub-sectors in terms of their R&D intensity. PCs, printers and servers typically involve relatively low R&D intensity. Leading technology hardware companies from the first generation of the ICT revolution, such as IBM and HP, have divested their PC and low-end server divisions in order to focus on other parts of the ICT industry, which have higher margins and profitability. Smartphones and tablets involve medium intensity of R&D spending. However, they require high innovation skills in terms of product design and customer understanding. They require also sophisticated systems integration capability. The manufacture of their products involves complex value chains across the world, involving a wide array of sub-systems and components, including software, semi-conductors, screens, batteries and camera lenses. In addition, they involve large expenditures on marketing and branding. Telecoms equipment typically involves a high R&D intensity. Telecoms equipment is typically customer-specific.

Innovation needs to closely integrate design, manufacturing and customer understanding. The telecoms equipment company's brand and reputation are affected critically by the level and quality of support provided to customers once they start using their equipment.

Within the ICT hardware industry, the semi-conductor sector stands out for the very high degree of research intensity. Among the top thirty ICT hardware firms, one-half are specialist semi-conductor manufacturers. However, as well as making complex electronic and telecoms equipment, Samsung, Apple and Huawei also are significant semi-conductor producers. In 2018 Samsung's revenues from semi-conductors were over US $60 billion, making it the world's second-largest chip-maker. A significant share of its huge R&D spending of EUR 15 billion (2018) on R&D is devoted to advancing its technological capabilities in DRAM and NAND chips. In 2018 Samsung's semi-conductor division accounted for over three-quarters of its total profits. If the semi-conductor equipment sector is included, then 22 out of the top thirty ICT hardware companies ranked by R&D spending are in the semi-conductor sector, either as pure-play chip-makers or companies with large semi-conductor sub-divisions. Semi-conductors are a crucial part of the whole ICT industry. The sector sits at the center of the transformation of the modern world since the 1980s and it will become even more important in the transition to the Internet of Things, machine learning and Artificial Intelligence. The foundation of this 'connected world' will be 'hundreds of billions' of sensors and smart devices. There will be a huge increase in the amount of data that will be generated, transmitted, stored, processed and analysed.

Challenges

Each segment of the vast architecture of the IoT has become high-

ly consolidated, with a few companies, almost all from the high-income countries. The IoT is a comprehensive ICT architecture. It includes a huge network of base stations. It includes also a global network of fiber, a widely distributed global network of data centers full of servers, a cloud computing software system, a global array of billions of smart-phones, semi-conductors and software within the smartphones, and hundreds of billions of semi-conductors embedded within 'connected devices'. Global security in the IoT needs to be considered not in rela-tion to a single part of the architecture, such as telecoms equipment, but rather, in relation to the whole structure of global data transmission, sto-rage and analysis, and the surrounding value chain. As the world sets out on the journey of 5G, this is a formidable competitive challenge for firms from developing countries.

Peter Nolan

Founding Director, Center of Development Studies
Professor, University of Cambridge

序四

　　中国钢铁行业从弱到强，建立了比较完整的工业体系，实现了规模化、批量化生产。据世界钢铁协会最新统计，中国的粗钢产量占全球产量份额逐年增加。到 2019 年全球粗钢产量达到 18.699 亿吨，中国粗钢产量为 9.963 亿吨，占全球粗钢产量份额的 53.3%。

　　湖南华菱湘潭钢铁有限公司（以下简称湘钢），始建于 1958 年，地处"一代伟人"毛泽东故里——湖南省湘潭市，位于国家"两型社会"改革试验区长株潭经济圈的中心地带，与京广、浙赣、湘黔、湘桂等贯穿南北的铁路干线相连，紧邻湘江、长江黄金水道。湘钢是中国南方千万吨级的精品钢材生产基地，具备年产钢 1600 万吨生产规模，拥有钢铁全流程的先进技术装备和生产工艺。湘钢在"十三五"经过为期 4 年的升级改造，在钢铁智能制造领域取得了长足进步，主要生产线均已基本实现自动化。但如果要进一步推进智慧钢厂的建设，受制于生产厂区范围大、生产环境苛刻、电磁屏蔽严重，无线信号传输丢包严重，无法满足目前对网络带宽和实时性的要求，导致在效率提升和降低能耗方面都遇到了瓶颈。

　　为进一步提升生产力、降低能耗、改善工作环境，并提高员工的工作幸福感和获得感，湘钢提出了"让设备开口说话、让机器自主运行、让职工更有尊严地工作、让企业更有效率"，打造世界一流的钢材综合服务商的目标。自 2019 年起，湘钢与中国移动和华为一起，利用 5G 大带宽、广连接、低时延、高可靠的特征，打造了无人天车、远控天车、AR 远程辅助装配、AI 自动转钢、设备在线监控、设备预测性维护等智慧场景应用，不仅显著提升了企业的数字化和智能化水平，还降低了工人的劳动强度，改善了工作环境。5G 可以突破现有移动网络的一些限制，更好地促进钢铁行业的数字化转型。通过跨行业的合作，5G+智慧钢铁的创新成效已经初步显现。在典型应用场景方面，还需要各方共同努力，培育 5G+数字生态繁荣。

本书从产业数字化转型的角度，分析了 5G 在不同行业的典型应用和场景，并深入分析了以 5G 为代表的新型 ICT 给不同垂直行业带来的新价值。对于 5G 在钢铁行业的应用也做出了详尽的分析和探索。面对汹涌而来的数字化浪潮，诸多行业的崭新场景会不断地蓬勃发展。

展望未来，湘钢将充分利用 5G 新型网络与智能、大数据、云计算等 ICT 进行全流程、全业务的数字化融合，打造钢铁行业的智能工业互联网平台。一方面推动湘钢的高质量发展，另一方面也推动钢铁行业向智慧钢铁、绿色钢铁方向发展。数字化、智能化转型必将成为优秀企业新一轮组织重构、流程重构、合作伙伴关系重构的推手和动力。湘钢将持续加大与运营商、华为等伙伴的合作力度，打造 5G+智慧钢铁垂直行业应用标杆，确保公司在数字化、智能化转型中成为行业的领跑者。

喻维纲

湖南华菱湘潭钢铁有限公司常务副总经理

序五

回顾历史，联接方式的每一次升级，都给人类社会发展带来质的飞跃。农耕时代，驿站将遥远的两个城市联接起来，丝绸之路作为建立在驿站系统之上的联接，促进了东方与西方物质的流通和信息的交融。工业时代，电报和电话打破了物理距离的限制，让人与人之间快速建立联接。信息时代，移动通信、光纤通信与数据通信，支撑了互联网的繁荣，让全球经济飞速发展。过去 30 年，2G/3G/4G 的发展历程证明，每一代移动通信技术，必须要经历不断的演进和增强，才能够迸发出强大的生命力，实现产业的可持续发展。移动通信产业的技术演进，十年一代，5G 将是 2030 年前最主要的移动通信技术，并将持续服务到 2040 年。

5G 技术在速率、联接能力、可靠性和时延上都有极大的增强。5G 网络相对于 4G 网络，可以实现百倍以上的速率和连接数密度的提升。更重要的是，5G 带给我们的不只是更快的网速，它还将渗透到千行百业，改变整个社会的生产方式。

2020 年极为特殊，严重的疫情给全人类的生产生活造成了很大的影响。但 5G 前进的步伐并未停止，几个典型的例子令我印象深刻。

1．2020 年 2 月，武汉用 10 天的时间建立了雷神山和火神山两所医院。在那里，华为和运营商一起，仅仅用了 72 小时就建立了覆盖整个医院的 5G 网络。这种建设速度，用固定网络接入是无法实现的。

2．山西某煤矿在地下 534 m 深的矿井中建设了 5G 网络，这是目前地下最深的 5G 网络。5G 网络使井上与井下可以实现高清音视频通话，还能实现多路高清视频同时回传、设备远程智能控制等创新的应用，看井下就像看地面。以前，受网络带宽的限制，一个井下数百个传感器，很多系统只能监测，不能实时监控。

3．湖南某钢铁厂，5G+远程控制技术，使钢厂工程师能坐在舒适的空调房内远程操控天车磁盘，可将废钢区内的废钢吸起，运送到指定区域，进行废钢煤炉重造，使得工人的生产环境得到了极大的改善，工作效率得到提升。

类似的案例数不胜数。在中国，已有 5000+商用创新项目正在实施落地，诸多 5G 行业应用正从创新试点走向商用，初步具备了规模复制的能力。

当然，5GtoB 的商业成功，需要全产业链共同努力，循序渐进，应从以下几个方面入手。

首先，要选择合适的行业场景。从行业数字化场景入手，敬畏行业、理解行业。在选择行业场景时，既要考虑 5G 是否是刚需，是否有很强的技术优势，也要考虑部署成本与 SLA 是否能满足行业的要求。另外，应用场景是否有一定的市场规模，是否具备规模复制也是商业成功的关键。

其次，项目中的所有参与者，需要有清晰的角色定位和交付件。5GtoB 商业循环中有五大关键角色，分别是行业客户、系统集成商（SI）、行业应用开发者（ISV/IHV）、行业云服务商、运营商。行业客户作为最终用户，是行业数字化的践行者，负责识别问题，提出需求。系统集成商是项目的责任主体，要有行业理解力，通过整合资源提供行业解决方案的咨询、设计、交付以及生态的聚合和业务的集成验证，并对企业业务的 SLA 负责。行业应用开发者负责基于具体应用场景，开发 5G 行业应用软件和硬件。行业数字化转型离不开云服务商，未来的行业应用都会以云服务的方式提供，行业云服务商在提供行业云 IaaS 算力、PaaS 平台的同时，还需要提供平台使能运营与生态，实现 5G 应用的敏捷开发和商业快速变现。运营商负责提供满足行业需求的网络连接能力，并对网络的 SLA 负责。当前，许多运营商正在积极转型，当聚焦联接能力时，扮演着运营商的角色；当具备了云的能力以后，既是运营商也是云服务商；在某些比较熟悉的行业，运营商可以担任行业系统集成商的角色。一切皆有可能，角色的定位取决于能力边界。

第三，要设计出成熟的商业模式以实现价值利益的合理分配。5GtoB 的产业链复杂，交易模式涉及多方，导致商业闭环困难，需要通过构建云服务、应用生态和 5G 网络的归一化能力，简化商业模式，提升效率。同时要做好价值链上的利益分配，将责任和利益对等。5GtoB 必须要有合理的"价值定价"才能形成创新的牵引力。在 5G 走向企业的生产系统后，一定要基于给客户带来的价值定价，有效推动商业生态的正循环，以吸引更多的参与者。

第四，横向拓展切入数字化转型。在企业数字化转型过程中，不仅需要联接技术，智能、云、计算、行业应用也发挥着至关重要的作用，通过多域协同，构建各行业场景的智能体，作为面向未来数字基础设施的重要组成部分，多域协同将给行业带来全新的发展机遇。而 5G 作为一种全新的联接技术，将是激活多域协同的催化剂。

第五，构建繁荣的行业生态。5G 行业应用，需要整合 CT/IT/OT（通信技术/信息技术/运营技术），融合 5G、云、智能、智能终端、行业应用等创新才能成功。由于产业链成熟度低，商业模式复杂，因此需要长期的培育。5GtoB 产业链长，玩家众多，要想使能千行百业，需要构建生态汇聚平台，让产品便于订购、开通、运营、运维和二次开发，以使能企业快速复制。

最后，持续完善技术标准及行业规范，推动产业政策落地。从 R16 到 R17 再到 5.5G，不断推进 5G 网络能力针对 toB 业务的标准定义，制定不同行业场景下的 5G 目标网建设标准和规范，为基础网络建设统一要求。产业政策要与时俱进，提前做好战略布局。创造良好的法规和政策环境，是 5GtoB 实现高质量发展的关键因素。设立 5G 产业基金，提供知识产权保护政策，建设复合型人才培养体系，将会有助于 5GtoB 的规模发展。

在不远的将来，5G 的能力将进一步增强和扩展。在当前 ITU 定义的三大标准场景（即增强移动宽带（enhanced Mobile Broadband，eMBB）、海量机器类通信（massive Machine Type Communication，mMTC）和超高可靠性低时延通信（ultra-Reliable Low-Latency Communication，uRLLC）的基础上，将扩展三大新场景，包括上行超宽带（Uplink Centric Broadband Communication，UCBC）、宽带实时交互（Real-Time Broadband Communication，RTBC）和通信感知融合（Harmonized Communication Sensing，HCS）。通过增加终端类型、增强网络可靠性和感知能力，更好地使能千行百业数字化转型。

华为的愿景使命是把数字世界带给每个人、每个家庭、每个组织，构建万物互联的智能世界。为支撑和推动 5G 产业的发展，华为坚持 3 个关键举措：一是持续投资基础研究及系统工程能力，打

造领先的产品和解决方案；二是与全行业共同努力，应对逆全球化的各种挑战，维护联接产业全球标准的统一；三是携手伙伴、围绕行业场景不断完善解决方案。关于 ICT 的发展，任何假设可能都是保守的，预测未来的最好方式就是创造未来！我们呼吁全社会共同努力，携手迈向万物互联的智能时代！

汪　涛

华为常务董事

目录

第一篇　多域协同，促进5GtoB商业成功

第二篇 5GtoB给千行百业带来新价值

第三篇 5GtoB成功要素构建与分析

第六章 5GtoB 成功要素体系构建 ·························· **103**

第四篇　5GtoB使能千行百业

第五篇　5GtoB未来演进之路

多域协同，促进 5GtoB 商业成功

第一章　产业数字化背景和价值

什么是产业数字化？当下全球经济形势如何？新冠疫情对经济产生了什么样的影响？如何加快经济增长步伐？数字经济是什么？产业数字化发展趋势如何？多域协同能带来什么价值？本章试图从以上几个问题入手，逐步揭开产业数字化的神秘面纱。

在介绍产业数字化之前，我们先来了解当前全球经济发展过程中面临的挑战。

1.1　全球经济增长面临的挑战与机遇

1.1.1　全球经济持续放缓

世界经济进入一个以全球化和信息化为显著特征的增长周期，以2008年国际金融危机爆发为转折点，世界经济步入深度调整和转型发展期。经济增长持续放缓，经济增速始终未能恢复到危机前水平。2009年，世界经济增长率为−1.73%，2010年因为前一年的基数低增长率为4.31%，2011—2018年始终在2.5%～3.15%徘徊。2019年，全球GDP年度增长率下滑至 2.3%，为 2008 年全球金融危机以来最低水平。而在金融危机之前，1996—2000 年全球 GDP 年度增长率在 4.1%～5%，2001—2002 年受到"9·11"事件冲击有所放缓，但 2003—2007 年全球 GDP 年度增长率又回到 3.8%～3.9%的水平。全球经济处于艰难的复苏之中，2009—2019 年全球 GDP 年度增长率走势如图 1-1 所示。

图 1-1　全球 GDP 年度增长率走势（2009—2019 年）

1.1.2　新冠疫情进一步影响经济增长

2020 年突如其来的新冠疫情的出现，令全球经济低增速特征进一步凸显和强化。一方面，新冠疫情对实体经济冲击很大。各国实行边境控制以及旅行限制等措施严重制约了当地零售、批发、物流等行业发展，加剧经济下行压力。另一方面，新冠疫情在全球范围快速扩散导致全球经济更为脆弱。延迟复工、销售滞缓、进出口受阻、劳动力不足、供应链断裂等因素对制造业等影响较大，导致制造业发展受阻，全球经济分工不得不面临大调整的局面。

联合国发布的《2020 年世界经济形势与展望年中报告》[1]预计，受新冠疫情影响，2020 年全球经济萎缩 3.2%。其中，发达国家经济萎缩 5%，发展中国家经济萎缩 0.7%。2020—2021 年，全球经济产出累计损失将达 8.5 万亿美元，几乎抹去过去 4 年的全部增长。报告预计，2020 年世界贸易将收缩近 15%。国际货币基金组织（International Monetary Fund，IMF）在其 2020 年的报告中预测发达经济体 2020 年将衰退 5.8%，新兴市场和发展中经济体经济将衰退 3.3%。国际货币基金组织从经济和金融方面，将此次疫情定性为继 1929 年"大萧条"、2008 年"大衰退"之后的 2020 年"大隔离"经济金融危机。

1.1.3　新技术对经济发展的带动作用

长期看，世界经济正处于第 5 轮长周期的下行阶段，在人口、技术创新和宏观政策等深层因素的制约下，供/需两侧都受到明显抑制，将在较长时期呈现弱增长态势。自工业化以来，世界经济在发展过程中表现出有规律的周期性波动。苏联经济学家 Nikolai D.Kondratieff 提出长波理论，认为经济发展每个周期都有上行期（繁荣）和下行期（衰退）两个阶段。当下，世界经济进入第 5 个长波的漫长下行期。根据美国世界大企业联合会的数据，2008—2016 年，全球全要素生产率（TFP）年均增长为 -0.4%，与 1999—2007 年年均 0.9%的增长率形成了鲜明的反差，尤其是 2015 年和 2016 年，连续出现 -0.7%和 -0.5%的负增长。根据长波理论，要度过艰难的下行期，就要开启第 6 个经济上行期，这就需要新的科技创新推动。

新技术的应用与发展是全球经济发展的新动能。新技术的发展和应用改造了旧有生产力，并且激发了新兴生产力，成为全球经济发展新动能。信息技术应用于传统行业，促进了传统行业的效率提升以及数字化、自动化转型，拓展新时期的生存和发展空间。能够带来效率提升，推动新旧动能持续转变。当下信息技术正处在系统创新、深度融合以及智能引领的重大变革期，5G、云、智能、大数据、物联网等新兴技术与制造、交通、能源等各领域相融合，将带动技术能力和效率指数级增长[2]。

1.2 数字经济成为经济增长新引擎

1.2.1 数字经济是信息化时代下的新型经济形态

数字经济（Digital Economy）最早由 Don Tapscott 在其 1996 年出版的 *The Digital Economy* [3]一书中提出。他认为，在传统经济中，信息流是以实体方式呈现的，在新经济中，信息以数字方式呈现，因此数字经济基本等同于新经济或知识经济。2016 年 G20 杭州峰会发布的《二十国集团数字经济发展与合作倡议》[4]对数字经济做了定义：以使用数字化的知识和信息作为关键生产要素、以现代信息网络作为重要载体、以信息通信技术的有效使用作为效率提升和经济结构优化的重要推动力的一系列经济活动。

随着数字经济的深入发展，其内涵与外延也在不断演化。目前大家普遍认同，数字经济涵盖数字产业化、产业数字化和治理数字化。数字产业化是信息的生产与使用，涉及信息技术的创新、信息产品和信息服务的生产与供给，对应信息产业部门和信息技术服务等新业态、新模式。产业数字化是传统产业部门对信息技术的应用，表现为传统产业通过应用数字技术所带来的产出增加、质量提高及效率提升，其新增产量是数字经济总量的重要组成部分。治理数字化是将数字技术运用到基本公共服务和社会治理领域，利用数字技术完善治理体系，创新治理模式，优化办事和治理流程，提升治理效率及综合治理能力。

数据资源是数字经济的关键生产要素。数字经济时代，一切信息均能够以数字化形式表达、传送和存储，数据成为数字经济最为关键的生产要素和最有价值的新型资源[5]。"云＋网＋端"是数字经济的核心基础设施。数字经济条件下，"云＋网＋端"的数字基础设施通过对传统物理基础设施进行数字化改造，促使以"砖和水泥"为代表的物理基础设施向以"光和芯片"为代表的数字基础设施转变，从而实现由工业经济向数字经济的时代转型。知识智能是数字经济的经济形态特征。数字网络技术的创新及广泛应用推动了全球产业结构的进一步知识化。智能、数据、知识、信息等新兴生产要素取代了资本和劳动力，成为决定产业结构竞争力强弱的关键力量；知识、数据等创造价值比例持续增加，经济形态向知识型、智能型转变。

1.2.2　数字经济快速发展对社会经济贡献增大

数字经济推动经济迈向更深层次的质量变革、效率变革、动力变革。第一，全球数字经济化不断发展，数字经济增加值规模从 2018 年的 30.2 万亿美元扩张至 2019 年的 31.8 万亿美元。第二，数字经济对全球经济的贡献持续增强，2019 年数字经济 GDP 比重为 41.5%，较 2018 年的 40.3% 提升了 1.2 个百分点。第三，在全球经济增长放缓的背景下，数字经济的快速发展，为缓解下行压力的贡献越来越大。2019 年全球数字经济平均名义增速为 5.4%，比同期全球 GDP 名义增速 3.1 个百分点。

数字经济推动产业升级，促进新业态蓬勃发展。相对于传统农业经济和工业经济，数字经济是一次大的裂变，被誉为打开第四次工业革命之门的"钥匙"。通过数字技术应用对传统产业进行全方位、全角度、全链条赋能，新一代信息技术与三次产业深度融合，有助于加快传统产业的数字化、网络化、智能化步伐，全面重塑产业链、供应链和价值链，推动产业发展向中高端水平迈进。

数字经济改善个人生活方式，提升公共服务水平。高质量发展要求更加平衡充分的发展，数字经济突破了时空限制，在公共服务领域的广泛覆盖，增强了社会公众的获得感。随着服务业的数字化运行，电子商务、数字餐饮、智慧出行、智慧康养、互联网金融以及在线点菜、网上挂号、扫码支付、刷脸支付等现代化数字服务竞相涌现，从方方面面极大地提高了生活便捷度。世界经济论坛对经济合作与发展组织（以下简称经合组织）成员的调查表明，数字化程度每增长 10%，经合组织幸福指数上浮约 1.3%。

1.2.3　各国政府促进数字经济发展政策

为了摆脱经济增长持续放缓的困境，各国高度重视数字经济的发展，并针对数字经济发展纷纷做出了前瞻性布局。例如，美国 2018 年发布《美国机器智能国家战略报告》，2019 年启动"美国人工智能计划"，发布了最新的《国家人工智能研究和发展战略计划》。英国 2017 年发布《英国数字战略》。德国 2016 年发布《数字化战略 2025》，2018 年发布《高技术战略 2025》推出人工智能应用，并在同年发布《人工智能发展战略》，将人工智能的重要性提升到国家高度，计划在 2025 年前投入 30 亿欧元用于该战略的实施。日本 2018 年发布《第 2 期战略性创新推进计划（SIP）》，从智能制造、人才培养等领域推动数字经济发展。随着各国数字经济发展战略的频繁出台，2018 年 8 月 23 日，中国国家主席习近平在致首届中国国际智能产业博览会的贺信中指出："促进数字经济和实体经济融合发展，加快新旧发展动能接续转换，打造新产业新业态，是各国面临的共同任务。"[6]

1.3 产业数字化是数字经济发展的主战场

数字经济的高速发展，为传统产业的转型升级带来新的契机，数字化转型正加速进入全面发展阶段。

1.3.1 信息化浪潮催生数字化转型

全球共经历过 3 次"数字化转型"发展。20 世纪 80 年代 PC 诞生后，基于 PC 和单机软件掀起了全球第一次大规模信息化浪潮，催生了第一波"数字化转型"。20 世纪 90 年代互联网的兴起掀起了全球第二次大规模信息化浪潮，催生了第二波"数字化转型"。如今，以移动互联网、大数据、人工智能、物联网、云计算和区块链为代表的信息技术的快速发展掀起了全球第三次大规模信息化的浪潮，催生了第三波"数字化转型"。

第一波"数字化转型"的特征是办公电子化和自动化，以微软 Office 为代表的办公软件在全球广泛应用，PC 的使用初步提升了个人以及企业的效率；第二波"数字化转型"的特征是电子商务、电子政务和社交网络，基础电信网络逐渐普及，局域网、城域网和广域网等广泛连接企业与个人，企业自有数据中心和互联网技术开始深入提升个人与企业的局部效率；第三波"数字化转型"的特征是以移动互联网、大数据、人工智能、物联网、云计算和区块链为代表的新兴技术在企业、个人生活以及政府中的应用促进数字化转型，使得个人和中小企业的效率和能力得到全面提升，政府、企业与个人从效率提升进入组织模式再创新阶段。

当下，随着 5G 在全球的商用部署，5G 以其大带宽、低时延、广连接、高可靠等特性，开启万物广泛互联、人机深度交互、智能引领变革的新时代。作为基础的联接技术，5G 可以与云、智能、计算行业应用等技术协同，即多域协同，推动千行百业实现全要素、全产业链、全价值链的全面连接，不断催生新模式、新业态、新产业，重塑生产制造和服务体系，推动经济社会进入全新的发展阶段。

1.3.2 产业数字化持续增速

随着移动互联网、云计算、人工智能、大数据、物联网等技术在经济社会中的逐步渗透，产业数字化成为全球经济发展的主导力量。目前，产业数字化在数字经济中的占比逐年上升。2019 年全球数字化产业占数字经济比重为 15.7%，占全球 GDP 比重为 6.5%，产业数字化占数字经济比重达 84.3%，占全球 GDP 比重为 35.0%。各国产业数字化占数字经济比重均超过 50%，数字经济中产业数字化占比超过数字化产业。2019 年德国产业数字化高度发达，占比达 90.3%，英国、美国、俄罗斯、日本、南非、巴西、挪威等 15 个国家产业数字化占比超过80%，新西兰、意大利、韩国、印度、新加坡、荷兰、马来西亚等 26 个国家产业数字化占比在 60%～80%。2019 年，中国产业数字化占数字经济比重达 80.2%。

产业数字化进程正不断加速，作为数字经济蓬勃发展的主引擎地位日益凸显。

1.3.3 产业数字化给产业发展注入新活力

产业数字化驱动产业效率提升。作为核心生产要素，数据在驱动产业效率提升的同时，优化了传统生产要素的配置，提高了全要素生产率。波士顿咨询公司对实施数字化转型的 100 多家欧美企业进行调研后发现，2002—2016 年，这些企业的业务流程、决策审批、业务沟通等程序性业务效率提高了 50%～350%。数字化转型提高了企业的生产效率，进而驱动产业效率的升级。根据埃森哲的研究数据，过去 3 年中，数字化转型领先企业取得了丰硕的成果，营收复合增长率高达 14.3%，其他企业的营收复合增长率仅为 2.6%。

产业数字化推动产业跨界融合。在数字经济下，企业之间通过建立数字化连接，降低了交易成本，促进数据的实时共享，实现业务无缝化衔接，提高响应速度，成为企业发展的新引擎。波士顿咨询公司的调研结果显示，在过去的 4 年中，企业之间建立的数字化合作数量增加了大约 60%，而这一数字还会继续上升。数字化合作不仅可以在上下游企业之间建立，而且可以发生在跨行业的企业之间。数字化连接打破了传统边界对于企业发展的束缚，促进了企业之间的数据共享，也推动了产业之间的跨界融合，有助于形成数字化生态。

产业数字化重构产业组织的竞争模式。竞争机制是市场经济的核心动力。企业之间建立的虚拟连接打破了物理环境对企业发展的约束，创造了跨界发展的新机遇。数字化转型将重构产业组织的竞争模式，进而构建产业高质量发展的动力机制。在跨界互联的战略思路下，互联网企业通过跨界整合建立商业生态，不断扩大业务范围，对传统企业形成了较大冲击。面对互联网企业的崛起，传统企业要通过数字化转型和增强价值供给以巩固市场地位[7]。

1.3.4 新冠疫情加速数字化转型步伐

新冠疫情的暴发和蔓延，进一步凸显了数字经济的优越性，加快了产业数字化的进程。诺贝尔经济学奖 2010 年得主 Christopher A.Pissarides 在第三届世界顶尖科学家论坛的经济峰会上表示，新冠疫情放大了经济生产过程中的数字化特征，加速了全球数字化趋势。国际数据公司（IDC）全球研究副总裁 Rick Villars 也表示，尽管 2020 年新冠疫情造成了混乱，但全球经济仍在走向"数字使命"，因为大多数产品和服务都基于数字交付模式，或者需要数字增强才能保持竞争力。随着这一转变，到 2022 年，全球 GDP 的 65% 将由数字化推动，从 2020 年到 2023 年，将推动 6.8 万亿美元的 IT 支出。从总体表现看，疫情倒逼各国数字经济发展。

一是疫情推动政府治理数字化转型。面对疫情，各级政府迅速搭建数字化治理平台，助力科学防控、精准施控。新一代信息技术提高政府治理效率，非接触式数字化技术提高政府服务能力，新媒体提升政府公信力。据统计，全球超过 28 个国家推出了追踪新冠病毒密切接触者的应用程序，另有 11 个国家还在加快开发这类应用程序。各国重新审视数字经济监管与应用的关系，如美国卫生与公众服务部决定暂时松绑远程看诊隐私规范，允许医疗院所或医师通过 FaceTime、

Facebook、Messenger、Google Hangouts 和 Skype 等平台或软件进行各种科别的远端看诊，以满足该国快速增长的在线诊疗需求。

二是疫情使个人数字化生活增多。新一代通信技术改变了人们的办公和社交习惯，而这种现象在疫情期间尤为突出。以在线办公为例，ZOOM 的用户长期徘徊在一千万左右，疫情冲击下，短短 3 个月，就增长到 2 亿。2020 年 3 月相比于 2019 年年底，在线教育、网络直播、网络支付、网络视频、网络购物等，分别提升 81.9%、29.2%、21.3%、12.1%、11.2%，增速超过 2019 年平均增速，进入"加速轨道"。

三是疫情推动企业数字化转型。疫情对依托工业互联网等数字化手段推动供/需对接、快速畅通产业链、供应链提出了迫切诉求，受此需求拉动，仅 2 月就促使工业互联网平台快速推出了超过 240 款助力了复工复产和疫情防控的新型工业 App，同时也拉动了基于工业互联网的多种数字化生产新模式快速发展。据艾媒咨询统计，2020 年 1—2 月，远程办公企业规模超过 1800 万家，远程办公人员超过 3 亿人。从长期看，远程办公模式将使企业管理更具弹性和韧性，加快企业数字化应用。

总体而言，疫情加快了数字化转型速度。面对疫情带来的经济影响，各国也快速制定并推出了与疫情防控相关的数字化转型进程的政策。如美国在 2020 年 3 月份推出财政刺激计划，出资 5 亿美元抗疫经费用来升级更新数字化医疗设备。欧盟在最新的 2021 财政年度预算中，向网络防御及支持欧洲数字化过渡的《数字欧洲计划》优先提供了 13.4 亿欧元拨款，旨在加快欧洲在医疗保健等领域的数字化转型。长期来看各国着眼于夯实基础，补齐短板，提升数字软实力。欧盟公布了覆盖 7 年（2021—2027 年）达 1.1 万亿欧元的中期预算提案和高达 7500 亿欧元的欧洲复苏计划，均聚焦数字化转型和绿色发展主题，力图全面提升欧盟应对各种不确定性危机的韧性。韩国公布了一项高达 76 万亿韩元（约合 4509 亿元）的中长期经济刺激计划，明确提出要加快推进数字化进程，并把 5G 和人工智能作为关键内容。2020 年 5 月阿联酋推出第二阶段长期刺激计划，鼓励对数字经济进行投资，重点发展 5G 技术、人工智能、生物技术和绿色经济等前沿科技，以期推动国家经济转型升级和逐渐复苏[8]。

总之，从长期看产业数字化是经济发展的趋势也是刚需。在新的技术经济背景下，如何更好地探讨构筑促进产业数字化转型的 ICT 基础设施，是未来实现产业数字化价值的关键命题。

第二章　实现数字化转型所需的ICT基础架构

当前，数字经济正在改变着人们的工作和生活，ICT的不断更新演进也在改变着现有的商业模式和产业生态：工业领域可以通过远程操控大型机械，保证人员作业生产安全；医疗领域可以借助高清视频实现异地远程会诊，实现医疗资源共享互通；电力行业可以通过立体巡检、配网保护与控制、智慧用电等新型业务方式增强电力系统管理能力，助力推进智能电网建设、加速电网数字化转型升级进程。在此过程中，企业对数字化转型的需求愈发强烈，这就对IT应用和CT基础设施的进一步融合提出了更高要求。

ICT基础架构是数字化转型之路上最重要的革新力量。在数字化转型过程中，越来越多的企业意识到，只有拥有良好的ICT基础架构才能构建数字化的企业，让ICT融入每项业务中，助力企业构建新的竞争力。

2.1　数字化转型与5G

"数字化转型"基于信息通信、云计算、人工智能、物联网、大数据等 ICT，让企业自身业务和技术产生交互而采取的一系列措施。其目的和核心是实现业务转型、创新和营收利润增长。

具体而言，数字化转型包括 3 个方面：

"转换"——从传统的信息技术承载的数字转变成"新一代 IT"的数字，实现技术应用的升级；

"融合"——从实体状态的过程转变成信息系统中的数字、从物理形态的数字转变成虚拟形态的数字，打通全方位、全过程、全领域的数据实时流动与共享，实现信息技术与业务管理的真正融合；

"重构"——适应互联网时代和智能时代的需要，在数字化实现精准运营的基础上，加快传统业态下的设计、研发、生产、运营、管理、商业等变革与重构。

如今，世界经济仍处在国际金融危机后的深度调整期，全球经济增长仍持续放缓。加之 2020 年突如其来的新冠疫情，打破了社会发展的正常秩序，经济下行压力加大。此时，数字经济对经济增长的贡献不断加大，成为带动经济增长的新引擎。"数字化转型"作为能够带动经济增长的最好办法，成为越来越多传统行业未来的发展趋势。

2020 年，随着 5G 全球化规模部署，5G 以其大带宽、低时延、超级上行、安全可靠等联接增强特性，提升了电信运营商网络的管道能力。5G 技术将成为各行业数字化转型的重要引擎。

从 5G 当前首发的产业创新实践来看，包括远程操控类的应用、图像识别类的应用、无人机器类等场景应用在内，真正能够对行业的数字化转型与智能升级起到作用的是与 5G 结合的行业应用，仅靠单纯的 5G 是不够的。5G 仅仅是连接万物的"管道"，而真正想要发挥应用效能，必须要有通用计算或智能计算能力的加持，同时必须要与行业信息化系统结合，才能产生聚变效应，释放出强大的数字经济驱动力，体现出 5G 的社会价值。5G 与 ICT 新技术融合发展，将实现数字经济应用模式和服务模式的创新。5G 与云、智能、计算等技术深度融合，将推动数字经济生产组织方式、资源配置效率、管理服务模式的深刻变革，物理实体与数字虚体一一映射、交互孪生，智慧城市、智能家居、车联网、工业互联网等行业领域将迎来爆发式增长。

实现数字化转型，需要以 5G 为代表的联接技术协同云、智能、计算和行业应用，共同使能千行百业数字化转型，即多域协同。其中的联接、云、智能、计算技术就像一百多年前的电力，而行业应用就像家用电器和工业电气化，几种技术互相赋能，共同成就了电气时代。5G 将驱动传统企业真正实现万物互联，为产业数字化发展提供联接保障；云和计算将成为数字世界的底座，提供强大的算力支撑；AI 将为企业赋予真正的智能，让 AI 算法、模型与智能化需求相融合，成为驱动企业迈向智能化的新引擎，帮助企业实现降本、提质、增效的目标。

多域协同——联接：E2E 全域连接

5G 步入商用阶段，带来了高速、低时延的网络，催生实现了网络的无缝覆盖和万物互联。以 5G 为代表的"联接"成为了未来赋能行业转型升级不可或缺的关键因素之一，其核心目标是迈向智能联接，提供泛在千兆、确定性体验和超自动化。作为新一代信息技术载体，5G 与云、智能、大数据等关键技术协同，为行业应用提供了联接保障。

多域协同——云：构筑 toB 核心竞争力

5G 的来临将有力推动云计算的发展。5G 时代，网络速度飞跃式提升，万物互联进入智能新时代，而其背后大量的数据就需要有强大的计算和存储能力，而这种能力，改变了整个软件架构，让很多企业开始选择用云、上云。云的应用，一方面能够让企业通过 5G 组建边缘网络，缩短传输时延，减少网络抖动，增加网络安全性；另一方面能够立足联接，改变运营商传统 toB 商业模式。4G 时代，运营商拓展政企客户的方式主要是专线专网的经营。进入 5G 时代，5G+云网的模式使得运营商可以随需建网，将云服务场景拓展到 5G 覆盖的广泛区域。通过 5G 切片实现面向行业的快速物流管道，通过 MEC 实现行业业务的多级承载，切片+MEC 结合，将构建面向行业的高保障交付体系。

如今的云计算发展已经从提供普通云服务发展到提供高度融合云服务。提供这些云服务如果没有现代化、智能化的网络基础是不行的，网络的智能化为云计算纵深发展提供了一个联接基础。与此同时，云计算对 5G 网络的发展也具有进一步的促进作用。因为云计算的强有力支撑，5G 将更快达到使能千行百业的应用目标。随着 5G 建设的加速推进，云计算将全面赋能企业创新。与 5G 相关的行业应用也将继续推动云计算的完善和发展。

多域协同——计算/存储：异构开放、数据融合

随着 5G 网络的全面建设，其大带宽和低时延的特征，将促进 5G+智能计算应用场景逐渐丰富，对算力的需求不断增加，算力需求逐步从端、云向边缘扩散。例如经营分析管理应用需要通用计算能力，视频、图片处理应用需要图形计算能力，政企智能应用等则对智能计算有较高需求。而同样在 5G 时代，海量数据引爆存储需求，对于存储的需求也呈现多样化的特点。因此需要借助 AI 加速智能计算，协同云服务进行数据辅助存储，借助 MEC（Mobile Edge Computing，移动边缘计算）提升数据在边缘侧的分析处理和存储能力。

多域协同——智能：普惠智能加速行业智能升级

智能技术的突破，已让智能化上升到一个新的层次。智能使得海量的数据、算力和行业知识充分结合，创造出新的业务体验、新的行业应用和新的产业布局。未来，联接和计算通过智能发生协同和关联：智能联接向计算输送数据，计算给智能联接提供算力支撑。云、智能、5G 融合将使智能无处不在，促使智能移动应用爆发。例如，在快速拍照智能美化场景，终端侧智能算力受限，难以满足智能处理的需求，而在云上实现智能处理便可以摆脱端的束缚，快速实现业务功能。

多域协同——行业应用：使能千行百业

4G 改变生活、5G 改变社会。5G 应用呈"二八律"分布，即用于人与人之间的通信只占应用总量的 20% 左右，80% 应用在物与物之间的通信。由此可见，5G 将更多聚焦于为垂直行业赋能赋智。5G 深度融入经济社会发展将是一项系统性、社会性工程，需要加强应用创新探索，协同推进 5G 与垂直行业融合应用。5G 与经济社会各领域融合应用，将加快实现人与人的连接到物与物、人与物的连接，推动信息通信技术加速从消费领域向生产领域、虚拟经济向实体经济延伸拓展，开启万物互联新局面，打造数字经济新动能。

在过去的几十年间，云计算、人工智能、大数据等数字生产力得到了长足发展。5G 技术作为连接这些新技术以及行业应用的桥梁，将助力构建 5GtoB 新的产业生态，实现各行业的多种场景化应用，赋能智能制造、智慧矿山、智能电网、智慧物流、智慧港口、智慧医疗等各个行业，打造数字经济新蓝海。

2.2 多域协同：ICT 架构新范式

2.2.1 "云-管-端"：移动互联网时代的智能管道

2009 年以来，随着宽带网络的快速发展，电信业务和互联网业务的相互渗透与融合，电信运营商在 3G 时代开始迈入向信息服务转型的关键发展阶段。这给当时的电信领域带来一系列深刻的变化，对电信网络架构提出严峻的挑战：每年新增的 10 余万种业务如何实现快速部署？传统电信业的规模极限被超越，社会智能化形成的 500 亿 M2M 的各种机器终端互联如何管理？2009 年后的未来 10 年，网络数据流量的增长高达 70~100 倍，而带来的收入每年仅增长 5%~10%。海量数据的处理、存储和传送如何实现？如何结构性地将单位流量的成本降低到原来的 1/10 甚至 1/100 以减小投资压力？

以上这些挑战给当时的电信网络架构带来深刻的变革。原有封闭的 IT 架构、模式和软件平台难以适应面向未来多种业务类型的数据中心，数据中心之间需要互联，基于数据中心构建起来的公有云之间、公有云与私有云之间也都需要互联。原有的 ICT 基础架构将从"烟囱式"的业务垂直子系统向业务云化、网络 IP 化和终端智能化的"云-

管—端"信息服务架构转变，"云—管—端"架构如图 2-1 所示。

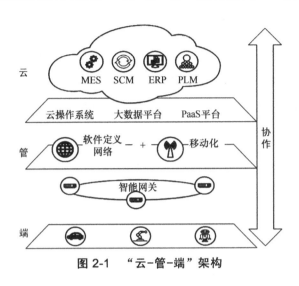

图 2-1　"云—管—端"架构

"云"，指业务的 IT 化，焦点是海量信息的处理问题。因此，新一代数据中心和新一代业务平台成为关键。云平台是未来信息服务架构的核心，带来个人和企业获取业务能力的全新的商业模式。云平台主要带来两个方面的变化。一是从以七号信令为代表的语音业务为主体，被以 Web 为代表的数据业务替代，以 Web 为代表的 IT 成为电信业务的主导技术，实现业务的 IT 化。二是新一代分布式计算技术替代传统单机的计算，成为新的计算和存储模式，这种新的计算模式采用分布式和虚拟化两个关键技术，实现了"软件与业务的解耦"，软件不是运行在固定的一台服务器上，而是所有的软件共享所有的计算和存储资源，从而促进数据中心"云化"和业务"云化"，数据中心云化形成独立的超大规模云计算数据中心，业务云化是指各种业务（如通信、短信、彩信、IPTV、Appstore、网络管理、BOSS 等）运行在云计算数据中心上，向分布式计算的模式迁移。云平台彻底抛弃了过去传统电信"烟囱式"的业务垂直系统，通过虚拟化、资源共享大大提升了资源的利用率和资源使用的弹性，从而大大提升业务部署速度和处理能力。

"管"，指网络 IP 化，焦点是海量信息的传送问题，因此需要运营商以 All-IP 技术为基础，以 HSPA/LTE、FTTx、IP+光、NG-CDN 构建新一代的网络基础架构。在高清和 3D 视频的驱动下，固定接入向超宽带方向发展，FTTx 成为主要的发展趋势；在这个过程中，光纤和铜缆长期共存，优化铜缆的带宽能力仍然是非常重要的，如运用 DSM（Dynamic Spectrum Management，动态频谱管理）和 Vectoring（VDSL2 矢量化）技术相结合，实现近似无串扰的理想环境下的 DSL 性能，有助于使铜线发挥更优的性能。移动宽带是未来几年业界发展最大的趋势，移动宽带呈现出一个新的特点，就是流量的不均衡，少数的热点地区占据了大多数的流量，因此，网络的建设呈现出"连续云"和"高速云"混合的组网模式，基站的小型化、多网协同融合和自组织运维是最重要的技术。全网的 IP 化已经成为业界共识，并取得了长足的进展。IP 技术作为一个与业务无关的技术，成为接入网、城域网、骨干网等设备的共同技术，成为下一代网络的核心，IP 技术以其开放性、统计复用的高效率成为降低网络成本的关键，成为下一代网络中接入网、城域网、骨干网的核心技术。

"端"，指终端的智能化，关键是信息的多媒体呈现。只有多样化的终端才能支撑海量的多媒体应用和行业应用。而只有实现"云-管-端"的信息服务新架构，才能实现运营转型。终端智能化建立在强大的 CPU 和开放的操作系统基础上，可以运行各种应用程序，并接入云端的服务。终端有两大发展趋势，一个是综合化，另一个是专业化。综合化表现在个人手持终端，融合"手机、数码相机、音乐播放器、电子书、PDA（Personal Digital Assistant）"等具备的各种功能，即所谓数字"瑞士军刀"；专业化表现在各种行业终端以及专业功能的数字设备，如电子书等。这些都对终端的智能性提出更高的要求：处理低成本化、高效性、信息业务呈现一致性等各种需求。

简单地说，"云"是云服务，"端"是智能终端，而"管"则是连接"云"和"端"之间的各种设备。3G、4G 时代以云计算为核心、"云""管""端"协同的新 ICT 架构，让云端应用和终端有效连接、无缝协同，从而支持新应用、新产业、新商业模式。

2.2.2　"端–边–云–网"：5G 时代 ICT 架构

随着数字化转型的深入、5G 技术的快速发展，云与网的关联性将越来越紧密。3G/4G 业界经常将一个业务的实现分成"云、管、端" 3 个层级，但随着不断产生的新应用对网络带宽提出更高的要求，传统架构已不能满足新业务对计算能力、传输性能、安全保障和节能方面的需求。一方面，我们期待 5G 网络加快布局；另一方面，在云端用智能处理大数据成为所有行业进行数字化转型发展的方向。5G 时代，大带宽、低时延、广连接的应用正在推动"云–管–端"向基于多域协同设计理念的"端–边–云–网"新型 ICT 基础架构发展。

"边"即边缘计算，是靠近物或数据源头一侧，采用网络、计算、存储、应用核心能力为一体的开放平台，就近提供最近端服务。边缘计算的应用服务在边缘侧发起，产生更快的网络服务响应，满足行业在实时业务、应用智能、安全与隐私保护等方面的基本需求。

5G 时代，边缘计算将与云计算协同，满足不同用户的差异化业务需求。边缘计算负责对终端设备采集的部分数据进行实时处理，再传输到云端进行深度的计算分析，最后将分析结果反馈到边缘侧。在这个过程中，云计算负责全局性、非实时、长周期、高复杂度的大数据处理与分析，而边缘计算则根据特定的需求对局部性、实时、短周期数据进行实时处理与分析。边缘计算与云计算相辅相成，共同构成一套完整的系统，从而满足用户多样化、差异化的业务需求。因此，从产业发展趋势看，未来边缘计算与云计算必将密不可分，云计算的普及也将带动边缘计算的高速发展。

边缘计算与人工智能结合，实现边缘智能化。边缘计算能够打通人工智能"最后一公里"，McKinsey&Company 调查发现，某工业现场安装了上万个传感器，但只有 1%数据用于分析决策，很多有用的数据并没有被保存下来用于分析，利用边缘智能可以让数据变得更有价值。边缘设备与数据处理端靠近时，可以降低数据处理成本，人工智能赋予边缘节点后，将进一步压缩成本空间。边缘智能将边缘计算与用户、业务相结合，是边缘计算发展的下一阶段，如阿里未来酒店在边缘实现各类设备/系统的管理、调度、应用，以边缘智能为核心，实现一体化的智能酒店系统。海康威视的智能摄像机可以在前端实现高效的图片对比与人脸识别，不依赖于后端服务器。

此外，5G 时代的网络层也较 3G/4G 时代有所变革。由于智能制造、智能电网等领域对网络隔离度要求更高，以及有跨地域组建虚拟LAN（Local Area Network，局域网）的需求，第三代合作伙伴计划（3rd Generation Partnership Project，3GPP）在 R16 中定义了 5G LAN。许多企业也推出了基于 5G LAN 的商业解决方案。通过 5G LAN 解决方案，客户可对 5G vLAN 子网隔离，自定义网段、自运营；并可基于R16 定义的 N19 接口实现企业不同车间、不同工厂之间跨地域协作，组成广域专网。5G LAN 解决方案不仅支持层 3 组网，还新增支持层 2 组网。

5G、云、智能、计算、行业应用的相互协同促进，为 5GtoB 带来了新机遇，同时也带来了新的挑战。以前运营商主要集中在企业外网提供服务，5GtoB 业务需要运营商深入企业内网提供更高的服务，譬如：

（1）产品服务从以往的卖号卡、卖专线到提供 5G 专网、行业解决方案及集成服务；

（2）交付、运维也从单纯的 CT 交付、网络保障到提供 ICT 集成交付、网络 SLA 保障和面向企业的网络自管理自运维能力；

（3）业务的延伸导致接触的客户层级也变得更高，从行业客户的 IT 部门、中基层管理者，到客户核心生产部门及 CIO、CEO 级别；

（4）市场的竞争合作关系也从传统运营商之间延伸到业界有影响力的 ICT 厂商和互联网公司。

面对这几个方面的挑战，传统的运营商需要突破自身的能力边界，集产业合力，拓展新的商业模式，构建属于 5G 时代的新型 ICT 基础架构，助力数字化转型，释放 5G 价值。

5G 时代面对 5GtoB 带来的新机遇，构建新型 ICT 架构还需要业务运营系统的能力转变，以便支撑不同的商业流程。我们可以简单分析传统商家、互联网企业再到 5GtoB 领域云服务商，它们的业务运营系统的一些差异。

可以看到互联网厂商亚马逊的商业模式创新，基础是重构端到端运营流程。与传统的连锁企业沃尔玛提供的实体店、配送中心、物流集散中心相比，亚马逊更突出其在电商平台、订单履行中心、物流配送方面的优势。亚马逊商城不仅提供了产/商品上架、订购等"信息流"

的数字化，还结合电子商务的特点对"资金流"和"物流"进行了变革，创新性地重新定义了电子商务的端到端流程。亚马逊和沃尔玛的业务运营比较如图 2-2 所示。

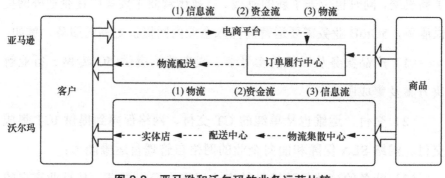

图 2-2　亚马逊和沃尔玛的业务运营比较

通过重新定义电子商务的端到端业务运营流程，亚马逊带来了电子商务整体效率的提升，成为全球商品品种最多的网上零售商和全球 Top 互联网企业。

另一方面，也看到云服务商业务延伸到 5GtoB 领域，它们的业务系统正在经历的一些转变。与亚马逊提供的电商平台、订单履行中心、物流配送相比，云服务商正在积极地联合电信运营商开展在行业市场、订单履行中心、集成交付方面的能力构建，展现其业务优势。云服务商不仅提供了 5G 网络产/商品上架到 5GtoB 行业市场、订购流程等"信息流"的数字化，还结合 5G 使能千行百业，满足不同行业第三方应用需求，引入了面向行业应用的"集成交付流"，对"资金流"和"物流"进行了变革，创新性重新定义了云服务商的端到端流程。

集成交付流是集成开发的管理流程，包含集成交付的各个环节，复杂性更高，其中包含合约签订、设计、开发、测试、验收、上线使用。集成交付流类似物流一样有标准的平台和接入要求，整体以软件开发的 DevOps 流程支撑。云服务商和亚马逊的业务运营比较如图 2-3 所示。

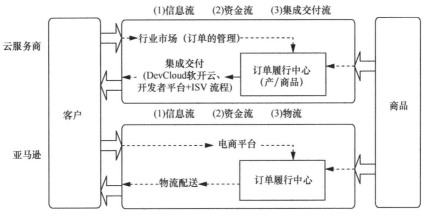

图 2-3 云服务商和亚马逊的业务运营比较

从传统商家到互联网企业再到 5GtoB 领域云服务商，它们的业务系统的商业流程三要素和含义不同，代表商家的商业流程要素比较见表 2-1。

表 2-1 代表商家的商业流程要素比较

	传统商业流程	toC 商业流程	toB 商业流程
代表商家	沃尔玛	亚马逊	云服务商
三要素	（1）物流	（1）信息流	（1）信息流
	（2）资金流	（2）资金流	（2）资金流
	（3）信息流	（3）物流	（3）集成交付流

据预测，到 2025 年，全球将产生千亿联接，垂直行业的应用将会达到亿万级别，没有任何一家公司能够凭借一己之力为所有行业提供

差异化的应用服务。云服务商除了不断推出满足客户需求的新产品外，更要致力于成为一家生态型公司，通过开放端边云网协同的新 ICT 架构和接口，汇聚和培育千万开发者，对多个行业的 ICT 解决方案进行横向整合，推动"生态协同式"的产业创新，带动新生态系统的崛起。云服务商的使命是使能千行百业，构建 5GtoB 的行业市场（信息流、资金流）、网络能力中心（信息流，把运营商的网络能力开放变现）、应用使能中心（集成交付流），促进行业走向成功。综上，5G 时代 ICT 架构支撑起面向不同行业应用的数字经济，5GtoB 迫切需要构建这 3 种能力：行业市场、网络能力中心、应用使能中心，5G 时代 ICT 架构核心三能力如图 2-4 所示。

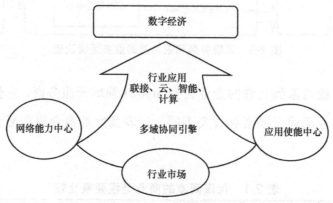

图 2-4　5G 时代 ICT 架构核心三能力

2.2.3　基于多域协同的 5GtoB 目标业务架构

5G 时代已经来临，真正能够对行业的数字化转型与智能升级起到作用，仅靠运营商提供的 5G 联接能力是不够的。因此需要建立基于多域协同的 5GtoB 通用 ICT 架构，统筹五大通用技术能力，集运营商、行业云服务商、系统集成商、行业应用开发者和客户等角色的合力，提升运营运维效率，探索新的商业模式，拓宽行业市场空间，加速千行百业用好 5G，激发行业新价值。

面对碎片化的市场，我们可以基于多域协同理念，以"端–边–云–网"为设计思路，提出 5G 时代统一的 ICT 目标业务架构，如图 2-5 所示。

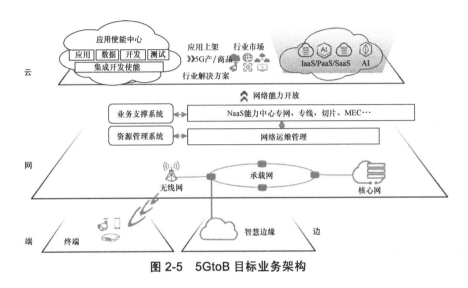

图 2-5　5GtoB 目标业务架构

网络层在该架构中提供 5G 连接能力，并将网络能力标准化，对外提供调用接口，供行业合作伙伴集成和应用。各垂直行业也在寻找与 5G 技术结合的方案，加速自身的数字化转型步伐。在这个过程中有如下挑战：对于运营商，在售前、售中、售后以及在 5GtoB 的产/商品开发设计中，都依赖手工活动，缺乏自动化的工具，各个环节以及不同部门之间没有一个共同的工作平台，无法紧密地合作交流，销售渠道单一，主要依赖线下客户拜访或者门店的沟通。而各行业间对 5G 的需求各异，此低效的业务开发和发展方式会严重制约 5G 的行业应用创新。对于行业客户，他们缺乏便捷的渠道获取与 5G 相关的方案，特别是生产流程中应用 5G，需要的不仅是网络连接能力，还需要配套的运营运维和使能行业客户具备业务自管理的能力。此外，由于行业客户对通信行业的各种专业指标理解不深，无法灵活、直观地订购所需的网络能力，因此需要制定简单便捷的网络能力订购方案，打通垂直行业和通信行业之间对话的渠道。

为了应对以上挑战，可以建设网络即服务（Network as a Service，NaaS）能力中心，通过通信服务管理功能（Communication Service Management Function，CSMF）平台和网络运营使能（Network Operation Enabling，NOE）平台，拉通 5GtoB 的业务运营和网络运营，构建完整的基于用户体验的运营数字化解决方案，NaaS 能力中心如图 2-6 所示。

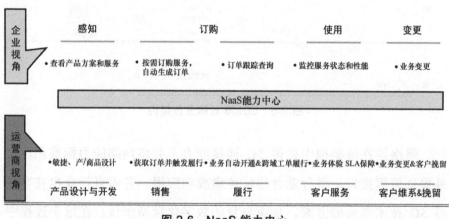

图 2-6　NaaS 能力中心

NOE 平台将 5G 物理网络，设计编排成带宽、时延、切片等网络能力提供给上层调用；CSMF 平台将 NOE 提供的网络能力结合各行业的需求设计开发成不同的产/商品，发布到自有销售渠道或者主流的公有云上。企业购买运营商的 5GtoB 商品后，在 CSMF 平台会生成对应的订单，并且下发给 NOE 平台，NOE 平台把该商品对应的网络能力转换成命令脚本并下发到各域网元，完成网络服务的开通。因此，借助 NaaS 能力中心，网络能力能够便捷地开放给行业云服务商，NOE 及 CSMF 平台如图 2-7 所示。

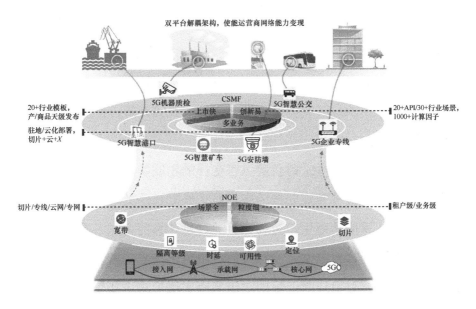

图 2-7　NOE 及 CSMF 平台

云服务层作为 5G 时代助力数字化转型的必要因素，在提供行业云 IaaS 算力、PaaS 平台以及 AI 等能力的同时，还提供面向行业应用开发者的应用使能中心和面向行业客户、系统集成商的行业应用市场。

一方面，作为 5G 应用的创新中心，行业应用使能中心便捷打通从运营商 5G 网络能力到资产开发和运营，再到应用开发的全流程服务，加速 5G 应用的敏捷构建和规模商业化，使能行业创造新价值。

另一方面，目前运营商都在积极进行组织、能力、业务的云化转型。当前，行业客户若想要达到一定的网络能力需求，需要组合订购多项云服务，而这个过程往往需要用户具备一定的通信专业知识，了解网络各项指标之间的关系。为了简化云服务订购流程，便于行业客户配置，可以通过构建 5GtoB 行业市场，将零散的云化能力进行整合，形成行业通用型解决方案。而行业客户则可根据自身业务需求，灵活订购行业市场上已成型的方案组合。行业市场聚合行业解决方案和 5GtoB 产/商品，通过与公有云、行业云、边缘云的协同，简化了交易模式，实现行业 5G+云业务的规模复制和一站式开通，使能 5GtoB 解决方案规模复制。

在边缘层，面对 5G 时代数以百亿计的物联网终端接入所形成的强大负荷，同时很多智能联接的应用要求低时延的处理，促使计算力下沉，边缘计算应运而生。边缘计算通过将计算能力从云端下沉至边缘，满足低时延、大带宽、高可靠的应用需求，成为云计算的重要补充与演进方向。目前边缘计算的边缘节点实现形式主要包括 4 种：

（1）服务器，常见于智能家居、智慧城市等场景；

（2）通信基站，常见于智慧交通（如自动驾驶）等场景；

（3）网关设备，常见于智慧楼宇、智慧零售等场景；

（4）终端设备，常见于智慧零售、智慧交通等场景。

以 VR 直播为例，它需要将多路多视角的视频上传到云端/边缘，进行合成、渲染处理等，再分发到 VR 终端，整个过程既需要 5G 上下行大带宽、低时延能力，也需要云和边协同。同时，云边协同还可以将一些终端的处理能力上移到边缘，从而打造瘦终端的商业模式，让 5G 应用更易普及。云边协同需求，将进一步推动网络架构扁平化和 DCI 网络的构建，提升边云、边边互联能力。由于边缘计算可部署在各级数据中心，为提高数据中心之间的互联，基础网络架构正向去中心化方向演进。

5G 时代将通过"多域协同"端边云网一体化的 ICT 架构，灵活地为各行各业提供差异化服务，从而使能丰富多彩的行业应用，为运营商和各行各业创造更大的价值。通过构建基于多域协同的 5GtoB 业务架构，能够有效整合各方资源，汇聚产业生态，加速 5G 赋能千行百业进程，真正激发 5G 价值。

第三章　5GtoB 的商业机会和市场空间

|||||| 3.1　5GtoB 市场将诞生全新产业支撑体系 ||||||

5G 与人工智能、大数据、云计算、物联网等技术结合，赋能千行百业，将创造丰富多彩的行业应用场景。随着 5GtoB 应用的深入，为了规模化地向行业客户提供包括连接、存储、计算、分析和应用在内的多种 ICT 能力，5GtoB 应用将形成融合交叉更深入、生态耦合更紧密的融合产业体系，并带来更多的增长机会。从长期发展趋势看，这一产业体系将有望包括融合终端、融合网络、平台、应用、软件以及安全产业体系。其中，5G 与行业融合终端作为 5G 赋能行业数字化转型的关键领域，将迎来发展机遇；行业 5G 网络作为 5G 行业应用的关键网络元素，具有广阔市场；行业应用平台借助云计算、大数据、人工智能等通用能力，并结合行业的具体需求为行业提供相对共性的能力；5G 行业应用解决方案将是融合应用发展的重要环节，为行业客户提供端到端的 ICT 能力。此外，作为产业体系的支撑环节，软件和行业 5G 安全等也将具有巨大的发展空间。5G 融合应用产业支撑体系如图 3-1 所示。

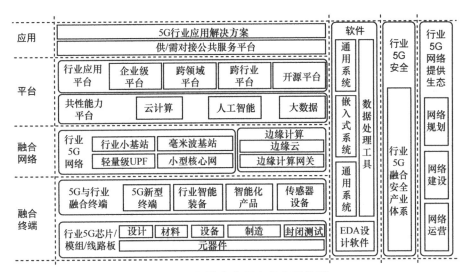

图 3-1 5G 融合应用产业支撑体系

据 IDC 预测，2020—2023 年全球数字化转型投资支出将达 6.81 万亿美元，其中 5GtoB 的规模将占据更大份额，并在数字化转型中发挥重要作用。

3.2 行业芯片模组及终端

5G 与行业应用深度融合催生多领域泛智能终端，呈现类型多样化、数量增长快的特点。随着 5G 网络基础设施建设逐渐完善，5G 终端应用业务逐步向各行业应用领域延伸和拓展，以 AR/VR、机器人、无人机等为代表的 5G 新型终端纷纷出现，为打造 5G 全场景新生态创造条件。疫情期间 5G 技术优势被行业广泛接受，如 5G 云端机器人、医护人员可穿戴设备、5G 小推车远程会诊系统、5G 救护车，实现病区、救护车与远程专家的视频和通信连接，让诊断更加专业高效；环保领域，利用 5G 环境监测系统，实现大规模、广范围的环境监测；农业领域智能农场设备、无人驾驶拖拉机、无人喷洒农药机已经投入使用；在媒体与艺术展出领域出现线上博物馆、线上展览等新兴业态，AR/VR 终端、超高清直播背包、5G+8K 机顶盒进一步促进行业的转型升级。预计 2023 年全球物联网终端市场有望达到 11000 亿美元，2025 年终端数量规模达到 249 亿。

5G 时代应用场景多样化，行业模组将发挥重要作用。目前，全球已有 20 多家供应商提供超过 60 款 5G 模组。运营商与模组厂商共同推进行业模组成熟。例如，中国移动、Sprint 等运营商联合合作伙伴共同启动"GTI 5G 通用模组计划"；中国电信推动模组标准化和系列化，包括独立组网（Standalone，SA）/非独立组网（Non Standalone，NSA）双模手机、模组接口插件化。模组厂商方面，广和通与紫光展锐共同发布搭载春藤 V510 芯片的 5G 模组 FG650，进一步推动 5G 技术在物联网领域的普及。按照正常产业发展预计，5G 模组发货量在 2021 年将达到百万级，模组类型将进一步丰富，价格也将持续下降。

3.3 行业专网

行业专网是根据企业生产场景专门设计的，基于 5G 的专用网络解决方案，对企业有更强的本地化能力以及更好的适用性和可控性。5G 时代，垂直行业对运营商网络服务提出新要求。首先，现有行业专网在 5G 商用背景下存在技术限制。传统专网的实现方式主要基于窄带物联网、Wi-Fi 网络等，分别存在设备移动性受限和稳定性、安全性不足的问题，部分无线专网使用非 3GPP 标准，限制多、技术更新慢。其次，生产园区和业务场景对无线网络覆盖的质量、时延、上行带宽、数据保密性等要求要高于公共大网。行业客户对于专网的需求具有覆盖场景多样化、网络部署局域化、网元资源定制化、网络性能可配置、网络运维可管控等特点，因此需要综合性强、灵活便捷的 5G 行业专网，以提供定制化使用方案，补充现有公共大网能力。最后，5G 专网有能力向垂直行业数字化转型提供精准供给。5G 技术有广泛应用前景，对于制造业、工程制造、公共安全等垂直行业，能够在数据感知、生产决策和操作执行等环节实现充分运用，提升生产要素的数字化水平。

按照网络服务范围划分，行业专网可分为广域专网和局域专网。其中，广域专网基于运营商端到端公网资源的切片服务，主要针对业务分散、广覆盖应用场景，包括交通、电力、车联网等大型企业；局域专网适用于业务限定在特定地理区域，实现业务闭环，保障行业核心业务，主要应用场景有制造、钢铁、石化、港口等。

各大运营商对行业专网进行构建并面向行业提供服务。中国联通利用运营商网络频谱资源及移动网络运营优势，针对工业制造、能源矿山、交通物流和港口码头等场景，为行业客户打造"专建专维、专用专享"的专有网络，提供以 5G 为核心技术的综合性专网。中国移动于 2019 年提出"5G+计划"，通过灵活的网络能力，提供 3 类行业专网——优享、专享和尊享模式，以全面满足行业客户需求。中国电信 5G 专网实现连接、计算与智能的深度融合与灵活定制，满足不同行业的差异化需求，有效地降低行业客户专网成本。中国电信推出"网定制、边智能、云协同、应用随选"的 5G 定制网解决方案，其专网部署分为致远、比邻、如翼 3 种模式，以实现"云网一体、按需定制"。

未来，5G 专网将广泛应用于大量垂直行业。诺基亚 2019 年统计数据显示，全球有 9 个垂直行业的近 1500 万家企业和场所具有潜在 4G/5G 专网需求，其中工业制造领域需求最大，超过 1000 万家。市场研究公司 ABI Research 预测，到 2036 年 5G 专网支出将超过 5G 公网，5G 专网在未来应用中将具备与公网平分天下的能力。

3.4 行业云

随着越来越多的企业开始向云端迁移，全球行业云市场规模逐年增长，当前应用云计算的主要行业集中在金融、医疗保健和制造业，公共部门的占比也逐年增加。5G 推动云网业务融合，从提供虚拟化基础资源的云平台逐步演进到典型行业应用的行业云，实现教育、安防、能源、工业等实体经济领域深度融合，打造经济发展新动能。

目前，全球行业云市场主要分为互联网、IT 和运营商三大阵营，企业都竞相开发新的解决方案应对不同行业的发展特点。互联网阵营争夺的云计算市场主要集中在小型企业及初级客户，后续可以通过与大型企业合作进入虚拟专有云、政务云市场，互联网阵营主要厂商有亚马逊、微软、谷歌、阿里巴巴及 IBM；IT 阵营主要面向企业级客户，行业客户既是服务提供者，也是服务使用者，主要以主流 IT、软件、网络设备和系统服务商为主；运营商阵营的优势在于网络、数据中心、大规模可靠性、运营能力、客户资源与关系等方面，通过对原有业务架构进行优化和云化改造，为中小企业、政府及行业客户提供公有云和私有云托管及定制服务。

美国、欧洲及亚洲主要地区行业云发展情况。近年来美国云计算服务企业不断增加云计算领域的并购合作与国际化过程，逐渐将云计算打造成为面向未来的主流商业模式；欧盟主要云计算服务企业为电信运营商，其拥有自主产权的云计算产品和行业解决方案，但市场主要由美国企业主导；日本构建了政务云、医疗云、教育云、农业云等，是云计算应用最好的国家之一；中国行业云市场目前仍处于高速增长期，发展成熟的有政务云、金融云、制造行业云以及物流云等，大型厂商以混合云模式发展为主，小型企业和创新企业则更多选择公有云。

IDC 数据显示，全球行业云市场仍处于新兴阶段，但是增长速度快，预计未来 5～10 年将保持两位数增长状态，2025 年之前行业云市场是技术提供商和专业服务公司最大的垂直市场机会之一。行业市场结构方面，预计金融业、制造业和医疗服务业 2021 年的行业云市场发展规模将分别达到 123 亿、150 亿和 174 亿美元，仍是全球云计算厂商关注的焦点。

3.5 边缘计算

根据欧洲电信标准化协会定义，边缘计算指在移动网络边缘、无线接入网内部以及移动客户近处提供一个 IT 服务环境以及云计算能力，且可以利用包括固网在内的一系列接入技术。边缘计算自身优势有利于满足行业需求。边缘计算代表着计算向本地化、分布式转变，其应用能够有效减少系统响应时延、节省网络带宽、保护数据安全，从而满足包括智能制造、智慧城市、直播游戏和车联网等垂直应用要求。5G 和工业互联网的快速发展对边缘计算的需求更加迫切，主要体现在时延、带宽和安全 3 个方面。5G 网络的三大典型应用场景与边缘计算密切相关，其中 uRLLC 对超高可靠低时延通信的要求、eMBB 对高带宽的要求、mMTC 对广连接的要求，都需要边缘计算的引入。因此，5G 时代的到来离不开边缘计算，边缘计算也是 5G 时代网络发展的重要方向之一。此外，边缘计算的综合发展需要考虑 6 点因素，见表 3-1。

表 3-1　边缘计算综合发展考虑因素

因素	具体要求
带宽	大量连接设备产生的数据传输到集中的云服务上需要超大带宽和回传容量，边缘计算和本地数据处理有利于减少传输的数据量
时延	远距离和多跳网络中实现低时延难度较大
安全	商业公司不希望将敏感数据离开现场或自由服务器，涉及数据隐私的国家法律也是影响因素之一
弹性	边缘计算能比集中模式提供更多的通信路径，边缘分布可以更好地保障数据通信的弹性
成本	远距离传输海量数据产生的成本较大，且多设备产生的大量数据可能与业务无关，因此不需要传输至中央服务器
分析	将数据转换为实时（近时）分析和操作能力，需要将处理和计算功能的位置转移到更接近生成或使用数据的设备

目前，边缘计算仍处于起步阶段。美国、中国、欧洲和亚太地区的发达市场已进行试点和小规模部署，移动和云生态中的许多公司正在探索初期边缘计算，典型地区/企业与边缘计算相关布局见表 3-2。

电信运营商正在开展边缘计算试点或推行边缘商用产品、解决方案等，随着 5G 的逐渐商用和部署，边缘技术也将受益于 5G 网络能力，从而更加充分地运用分布式计算的潜力。

表 3-2　典型地区/企业与边缘计算相关布局

企业类型	地区/企业	与边缘计算相关布局
电信领域	美国	AT&T 商用面向行业客户的 MEC 平台，该平台未来可应用于多行业；Verizon 已实现自有边缘计算平台，其 MEC 技术主要部署于城市和工业区，同时使用自有数据中心和第三方数据中心；CenturyLink 计划对边缘计算网络进行数亿美元投资
	欧洲	BT 的"网络云"项目计划把云平台扩展到英国上百个地区，将有效降低 BT 网络时延并提供新业务，目前 BT 拥有近 1200 个本地端局，可作为第一交汇点；Telefonica 将 MEC 作为总体网络演进战略的重要组成部分，目前正在部署数据中心虚拟化和边缘能力
电信领域	亚太地区	Telstra 与 Ericsson、澳大利亚联邦银行合作，通过 5G 网络测试端到端银行解决方案，探索金融行业边缘计算应用和网络能力；KT 在韩国主要城市的 8 个地点部署了边缘计算，并计划通过 MEC 中心支持自动驾驶、智慧工厂和 AR/VR 业务；Rakuten 计划进行大规模边缘部署，初始阶段主要用于支撑公司核心移动业务交付
云服务公司	AWS	AWS 在 Verizon 5G 网络推出 AWS Wavelenth，客户可使用现有 AWS API、工具和功能，在 5G 网络边缘部署需要超低时延的部分应用程序，该服务已在波士顿和旧金山正式上线
	Microsoft	Azure Edge Zone with Carrier 是 MS 针对网络时延等问题的一个解决方案，使用运营商的 5G 网络，将计算要求高、时延要求低的应用送至靠近用户的边侧，时延保证在 10 ms 以内；Private Edge Zones 是 Azure Edge Zones 的版本之一，内置对 5G 和 LTE 的支持，供客户创建专有无线网络

边缘计算未来发展前景广阔，能够实现持续高速增长。2019 年全球边缘计算市场规模为 130 万美元，其中北美拥有超过 45% 的收入份额，亚太地区也取得可观收入。Grand View Research 数据显示，全球边缘计算市场规模到 2027 年将达到 154 亿美元，预测期内年均复合增长率为 38.6%[9]。

||||||||||||||||||| 3.6 大数据分析 |||||||||||||||||||

5G 推动世界数字化经济迈入新阶段，将对大数据产业海量数据的存储、传输、处理带来深远影响。首先，5G 网络使数据量急剧增长。物联网是大数据的主要数据来源，5G 落地将全面激发物联网领域发展，在此情形下物与物之间的连接数据迅速增长，IDC 报告显示，物联网每年产生超过 600 ZB 的数据，对大数据分析进一步发展的需求更加旺盛；其次，数据类型更加丰富。5G 时代数据采集渠道将更加丰富，从连接的内容看，5G 催生的智能制造、智慧能源、无人机等新型应用将创造新的丰富的数据维度，AR/VR、视频等非结构化数据的比例也将进一步提升；最后，5G 将推动大数据技术不断发展。一方面，数据量和数据类型增加对存储技术与采集技术提出更高要求，另一方面，大数据分析的应用场景更加丰富，将对算力、实时引擎、数据处理引擎提出更高的要求。

随着人工智能、云计算等技术的推动，全球大数据市场规模逐年增长。Statista 于 2019 年 8 月发布的报告显示，在 2018—2020 年的预测期内，大数据市场整体的收入规模将保持每年约 70 亿美元的增长，复合年均增长率约为 15.33%。随着市场整体的日渐成熟和新兴技术的不断融合发展，未来大数据市场将呈现稳步发展的态势，增速维持在 14%左右。

3.7　系统集成商

5G 的高带宽、低时延、高可靠、广连接特征，在行业应用具有广阔发展前景。5G 与云计算、大数据、人工智能等技术的深度融合，将有力推动传统行业研发设计、生产制造、市场服务和经营管理等运营流程全面变革，借此产生行业一体化解决方案市场，为运营商转型发展创造新的机遇。从 5G 行业一体化解决方案需求来看，企业希望能提供端到端定制化的整体解决方案，包括定制化 5G 网络切片、企业信息管理系统、生产经营管理全过程的打通、实现远程控制、打造应用平台、数据存储和大智能分析等。因此，电信运营商需要推进专业化运营，与产业链合作伙伴共同打造新型核心竞争力，为行业客户提供一体化解决方案，推进数字化转型。

此外，系统集成在未来也具有广阔发展空间。5G 最终目的在于带动 toB 产业发展，因此势必要引领包括蜂窝网络技术在内的一系列通信技术共同进步。相较于企业大规模数字化转型所产生的需求，目前运营商、设备商等参与一体化解决方案的企业缺少 IT 基础，因此在实现带动 B 端产业发展过程中，需要集成商利用通信连接能力，以形成众多针对不同行业的解决方案。而这部分企业服务能力，将是在 5G 新基建投资之外，由 5G 带动实体经济增值机会最大的部分。

2020 年全球 5G 已经进入初步商用阶段。GSA 报告显示，截至 2020 年 9 月中旬，全球商用 5G 网络数量已超过 100 张。据 IDC 预测，2020—2023 年全球数字化转型投资支出将达到 6.81 万亿美元，其中 5GtoB 的规模在其中将占据更大份额，并在数字化转型中发挥重要作用。

近年来，各赋能行业整体投融资规模及数量增长趋势明显，IHS Markit 研究表明，到 2035 年 5G 将创造 13.2 万亿美元经济产出。与 5G 深入联动后的交通、工业、视频娱乐、教育、医疗等领域投资机会无限。

第四章 5GtoB 使能企业生产

5G 可以赋能传统产业的数字化、网络化、智能化转型，从而实现对垂直行业的业务改造或重构。虽然部分行业已经通过光纤、有线（铜线）、Wi-Fi、4G 等通信技术实现信息化传输，但是综合带宽、时延、成本等指标，5G 更具有整体优势，5G 技术与传统通信技术的对比详见表 4-1。具体而言，虽然光纤在理论网络传输带宽与时延两个指标上占优，但是部署的灵活性较差，且易被折断、磨损，从而限制了部署范围。有线网的运维与铺设成本较低，但是传输速率与时延两个指标明显低于 5G，而且在井下、矿山等领域铺设难度过高。Wi-Fi 和 4G 在网络可靠性需求高的场景（如远程操控、自动导引车（Automated Guided Vehicle，AGV）等）无法满足行业需求。在企业生产领域，5G 可以融入研发、生产、管理等各个环节，使能企业对生产系统的升级换代。本书挑选了工厂、电力、矿山、港口四大代表性领域进行阐述。

表 4-1 5G 技术与传统通信技术的对比

通信技术	典型传输配置下理论网络传输速率	时延	运维铺设成本
光纤	理论带宽速率已达 Tbit/s 级	微秒级（约 200 μs）	运维铺设成本极高，有易折断、磨损等缺陷

（续表）

通信技术	典型传输配置下理论网络传输速率	时延	运维铺设成本
有线网	千兆宽带理论速率约为 1 Gbit/s	毫秒级（1～30 ms）	运维铺设成本较高,特殊工作环境网络接入成本高、难度大
Wi-Fi	理论速率为 150 Mbit/s	毫秒级（约 30 ms 端到端时延），移动性不足,无切换机制，AP 间重选重连时延大	运维铺设成本低,但接入实时性差
4G	TD-LTE 理论速率约为 100 Mbit/s	毫秒级（约 50 ms 空口时延）	运维铺设成本较低
5G	10 Gbit/s 峰值速率	uRLLC 场景不高于 1 ms 空口时延，移动性支持最大时速 500 km/h	NSA 可基于当前 4G 平台进行建设,SA 运维铺设成本较高

4.1 智慧工厂[10]

在制造领域存在行业设备连接率低、产线部署不灵活、人工运营成本高等痛点，5G+边缘计算可以解决工业互联网在异构网络融合、业务融合、数据融合、数据安全、隐私保护等方面的需求，使得无线技术应用于工业设备实时数据采集、控制、远程维护及调度、图像智能处理等领域成为可能。

在智慧工厂领域，5G 主要驱动制造产业完成 3 个升级转变：第一是通过 5G 数字化连接实现物理世界与数字世界的融合，完成从物理世界到数字世界的转化，从而实现大规模的数据采集和在线运维；第二是通过远程自动控制、机器视觉、云化 AGV 等技术辅助，实现生产现场的无人化柔性生产，从密集劳动转向少人化或无人化；第三是通过智能化监控设施，完成厂区的安全保障。基于 5G 网络，以机器视觉、远程控制为核心，结合智能终端、工业互联网平台及细分领域行业应用打造场景，最终满足制造业企业生产经营转型升级、降本增效的需求。

4.1.1　自动控制

自动控制是制造工厂中最基础的应用，核心是闭环控制系统。在该系统的控制周期内每个传感器进行连续测量，测量数据传输给控制器以设定执行器。典型的闭环控制过程周期低至 ms 级别，所以系统通信的时延需要达到 ms 级别甚至更低才能保证控制系统实现精确控制，同时对可靠性也有极高的要求。由于 4G 的时延过长，部分控制指令不能得到快速执行，控制信息在数据传送时易发生错误，导致生产停机，造成巨大的财务损失。

在规模生产的工厂中，大量生产环节都用到自动控制过程，所以高密度、海量的控制器、传感器、执行器需要通过无线网络进行连接。闭环控制系统不同应用的传感器数量、控制周期时延要求、带宽要求都有差异。5G 切片网络可提供极低时延、高可靠、海量连接的网络，使得闭环控制应用通过无线网络连接成为可能。强大的网络能力能够极大满足云化机器人对时延和可靠性的挑战，实现高精度时间同步。

工业实时控制分为两个部分：设备自主控制和远程实时控制。其中，设备自主控制主要体现在端到端的通信。基于 5G 的移动边缘计算技术，将服务器尽量下沉，部署在无线网络的边缘。这样终端与服务器交互时只需要一跳，从而能大幅压缩端到端的时延。

远程实时控制，通过在工业设备上加装摄像机、传感器改造工业设备控制器，将生产现场的环境监测情况通过 5G 网络实时回传至远端控制平台，由操作人员或人工智能算法对现场的情况进行判断后实时下发控制指令，从而实现远程精准操控工业设备作业。目前工厂内的远程操控可完成远程精准点位焊接、物料和成品的高精度智能搬运等工作。

4.1.2 柔性生产

柔性生产线可以根据订单的变化灵活调整产品生产任务，是实现多样化、个性化、定制化生产的关键依托。在传统的网络架构下，生产线上各单元的模块化设计虽然相对完善，但是由于物理空间中的网络部署限制，制造企业在进行混线生产的过程中始终受到较大约束。在智能制造生产场景中，需要机器人有自组织和协同的能力满足柔性生产，对机器的灵活性和差异化业务处理能力提出较高要求。通过云技术机器人将大量运算功能和数据存储功能移到云端，将大大降低机器人本身的硬件成本和功耗。并且为了满足柔性制造的需求，机器人需要满足可自由移动的要求。

5G 通信可联网设备数量增加 10～100 倍，同时 5G 网络可以支持99.999%的连接可靠性，5G 切片网络也能为云化机器人应用提供端到端定制化的网络支撑，使机器人具备自组织与协同能力。

5G 将在两个方面赋能柔性生产线，一是提高生产线的灵活部署能力。未来柔性生产线上的制造模块需要具备灵活快速的重部署能力和低廉的改造升级成本。5G 网络进入工厂，将使生产线上的设备摆脱线缆的束缚，通过与云端平台无线连接，进行功能的快速更新和拓展，并且自由移动和拆分组合，在短期内实现生产线的灵活改造。二是提供弹性化的网络部署方式。5G 网络中的 SDN（软件定义网络）、NFV（网络功能虚拟化）和网络切片功能，能够支持制造企业根据不同的业务场景灵活编排网络架构，按需打造专属的传输网络，还可以根据不同的传输需求对网络资源进行调配，通过带宽限制和优先级配置等方式，为不同的生产环节提供适合的网络控制功能和性能保证。在这样的架构下，柔性生产线的工序可以根据原料、订单的变化而改变，设备之间的联网和通信关系也会发生相应的改变。

4.1.3　辅助装配

工厂以往的装配过程是刚性自动化的传统方式，需要人工操作找正位置才能够装配成功。生产现场装配工艺传达不到位，复杂工艺施工难度高，且施工过程及结果没有很好的核对手段，装配顺序、工艺参数等查阅不便。

智能辅助装配对传输时延有很高的要求，在 4G 网络下，由于带宽和传输速度的限制，视频等信息的传输有时会卡顿。采用 5G 网络后，为快速满足新任务和生产活动的需求，AR/VR 将发挥很关键的作用。

通过具有采集功能的终端（如 AR/VR 眼镜、手机、PAD 等），将现场图像、声音等通过 5G 网络传回至计算单元，计算单元结合定制化的智能分析系统对数据进行分析处理，并通过 5G 网络实现辅助信息（如操作步骤的增强图像叠加、装配环节的可视化呈现）等内容下发，帮助现场人员实现复杂设备或精细化设备的标准装配动作。

利用 5G 网络的低时延、大带宽和高可靠性，能够实现多个智能装配台之间的协同工作。基于 5G、AR 等技术的高度融合，可以形成一套成熟的智能装配方案，防止人为失误和无关人员操作，全过程作业指导，提高装配的品质。通过模拟装配过程，可以辅助确定相关的工艺信息。在装配过程操作各环节，为工人提供详细的装配过程注意事项与操作细节指导；采用基于 AR 的协同装配方法，不仅可以传递 3D 模型和难以用具象内容表示的交互信息，还可以传递实景交互内容，随着对方的 3D 场景信息而变化的动作，让工艺人员通过语音、标记等交互手段对工人进行直观的指导。

4.1.4 机器视觉质检

在制造行业，传统工业企业的质量检测仍使用人工方式，存在标准化程度低、整体效率低、准确度不高等问题，并且检测产品通过人员判断后，难以形成可溯源的数据记录，不能给产线工艺的提升提供有效数据支撑。即使部分自动化程度高的大型企业已开始采用拍照对比与人工复检相结合的方式，但机器视觉对网络带宽、实时性提出较高要求，现有有线方式能力不足，想要完成实时反馈的自动化质量检测存在较多困难。

借助大带宽、低时延的 5G 网络，工厂可将工业相机等视觉检测设备采集的高清产品图形信息实时传输到云平台进行智能分析和模型训练。训练好的模型下发至本地/边缘服务器，对接图像采集系统，对图像采集系统输出的图像做二次识别。本地/边缘服务器存储的图像及识别结果还可定期上传到人工智能平台，不断迭代优化模型，提高模型准确率，减少设备误判和人工复检工作量。5G+机器视觉质检方面的应用可以替代人工质检，完成零件品控自动管理，对于积累的海量数据进行人工智能训练构建模型可进行故障的提前预判，最终实现工厂的快速全面检测。

4.1.5　设备在线运维

大型企业的生产场景中，经常涉及跨工厂、跨地域设备维护，远程问题定位等场景。传统的车间运行维护让工程师疲于奔波，消耗企业大量的人力物力。

制造工厂内部机械设备繁多，可以利用 5G 大带宽、广连接等传输特性和灵活布网优势，布置大量传感器，自动采集生产现场温/湿度等环境信息和设备运行的参数数据。数据通过 5G 网络传输到云计算平台，可实现机械失效分析、故障定位、劣化分析、残余寿命预测等功能，并根据设备运行状况给出维护保养建议。

工厂中传感器连续监测数据上传，日常制造数据庞大，大数据需作为设计必须考虑的问题。广连接、低时延的 5G 网络可以将工厂内海量的生产设备及关键部件进行互联，提升生产数据采集的及时性与智能感知能力，为生产流程优化、能耗管理提供网络支撑。

5G 具有可连接百万级别的物联网终端数量的能力，在机械设备、工具、仪器、安全设备上加装压力、转速等传感器，通过加装 5G 物联网通信模块，将采集到的运行数据发送到云端，替代现有状态感知的有线传输方式，满足端到端的数据传递。5G 传感器信号的无线传输，具有低时延、无相互干扰、可靠性高、传感器部署覆盖面更广的优势。通过设备上安装传感器的广覆盖，直接将采集的数据传递到云端，进行大数据分析等。基于边缘计算、云端计算、数据分析，结合设备异常模型、专家知识模型、设备机理模型，对产品运行趋势分析，形成产品体检报告，提出预测性维护与维修建议。边缘计算、云计算与知识库资源相结合，建立分析模型，形成预测报告。提高设备有效作业率，提升设备使用寿命，建立设备维护与维修标准。远程运维实施示意图如图 4-1 所示。

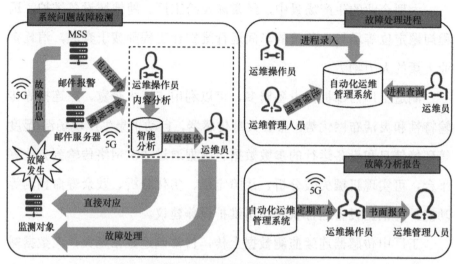

图 4-1 远程运维实施示意图

5G 广连接的特性有利于远程生产设备全生命周期工作状态的实时监测，使生产设备的维护工作突破工厂边界，实现跨工厂、跨地域的远程故障诊断和维修。将设备状态分析等应用部署在云端，同时可将数据输入设备供应的远端云，启动预防性维护，实时进行专业的设备运维。三维模型的实时渲染需要极大的带宽支持，基于 5G 的 VR 技术运用于工业生产的故障检测中，可提升检测的安全性。借助 5G 的高速运算能力，可以有效识别异常数据，将数据与专家系统中的故障特征对比，形成基于 5G 的故障诊断系统。在线实时状态监测系统可以有效地实现预测性维护，预知设备故障，预防非计划停机，保证设备长周期、满负荷、安全可靠地运行，减少维修和大修时间以及维修间隔，降低维修成本和生产成本。

4.1.6　透明工厂

在智能工厂生产的环节中涉及物流、上料、仓储等方案判断和决策，生产数据的采集和车间工况、环境的监测愈发重要，能为生产的决策、调度、运维提供可靠的依据。传统的 4G 通信条件下，工业数据采集在传输速率、覆盖范围、时延、可靠性和安全性等方面存在各自的局限性，无法形成较为完备的数据库。

5G 技术能够为智能工厂提供全云化网络平台。精密传感技术作用于不计其数的传感器，在极短时间内进行信息状态上报，大量工业级数据通过 5G 网络收集，庞大的数据库开始形成，工业机器人结合云计算的超级计算能力进行自主学习和精确判断，给出最佳解决方案，真正实现可视化的全透明工厂。在一些特定场景下，借助 5G 下的 D2D（Device to Device，设备到设备）技术，物体与物体之间直接通信，进一步降低了业务端到端的时延，在网络负荷实现分流的同时，反应更为敏捷。生产制造各环节的时间变得更短，解决方案更快更优，生产制造效率得以大幅度提高。

同时，通过 5G 网络高通量的带宽，采用人脸识别技术、行为识别技术和安全预警，实现利用分布在不同地点的多个相机检测和区分每一个人，得到某段时间内某人或者某几个人在一定区域内的工作轨迹。采用深度学习和数据分析进行质量检测、生产过程控制中的行为识别与轨迹追踪、优化资源配置及提高工人的操作水平与工作效率。利用 5G 技术监控整个生产工程，对生产过程中可能出现的伤害行为通过智能算法进行预判，给出安全预警，将使整个生产过程都在管理范围内，更加安全、有效。

4.1.7　云化 AGV

在 RFID（Radio Frequency Identification，射频识别）、EDI（Electronic Data Interchange，电子数据交换）等技术的应用下，智能物流供应的发展几乎改善了传统物流仓储的种种难题。目前大型工厂内已广泛使用 AGV 代替传统的人工配送料和成品分拣。但现阶段 AGV 调度往往采用 Wi-Fi 通信方式，存在着易干扰、切换和覆盖能力不足问题。4G 网络已经难以支撑智慧物流信息化建设，如何高效快速地利用数据区协调物流供应链的各个环节，从而让整个物流供应链体系低成本且高效运作是制造业面临的重点和难题。

5G 具有大宽带特点，有利于参数估计，可以为高精度测距提供支持，实现精准定位。5G 网络低时延的特点，可以使得物流各个环境都能够更加快速、直观、准确地获取相关的数据，物流运输、商品装捡等数据能更为迅捷地达到用户端、管理端以及作业端。5G 高并发特性还可以在同一工段、同一时间点由更多的 AGV 协同作业。

结合 5G 技术，可以将 5G 模组或终端集成于 AGV 内部，利用 5G+边缘云将 AGV 的定位、导航、避障、图像识别及环境感知等需要复杂计算能力需求的模块上移到 5G 的边缘服务器中；而运动控制等实时性要求更高的模块仍然保留在 AGV 本体，以保障安全性的要求。5G+边缘云为 AGV 大规模调度组网提供能力支撑，大幅降低单台 AGV 成本。同时运用实时视频高清画面无损传输、工况数据对比、视觉导航、平台统一调度等技术，通过与自动化管理系统对接，完成 AGV 物流线与人员、产线、生产辅助设备的结合。最终实现自动化物流与工业流程实时协同作业，大幅度降低人力成本、提高作业效率、缩短物流周期。

　　基于 5G 的智慧物流着重体现设备自决策、自管理及路径自规划，实现按需分配资源。通过 5G 低时延的网络传输技术建立 D2D 实时通信，并利用 5G 中的网络切片技术完善高时效及低能耗的资源分配，最终实现智能工厂中 AGV 智能调度和多机协同，让生产过程中与物料流转相关的信息更迅捷地触达设备端、生产端、管理端，让端到端无缝连接。

4.1.8　安全厂区

　　传统安防视频系统老旧，海量视频人工查看，费事费力，且可能存在漏看、误看的现象，只能事后追责，无法事前预防。通过部署 5G 网络与监控终端，结合机器视觉、大数据等技术，实现对作业人员、作业设备、作业环境的安全监控。系统通过智能算法模块识别场景，并对相关特征进行提取和智能化分析，自动得出识别结果。实现人员的安全着装规范检测、违规行为识别、危险源检测、人员越界告警和通报、防火通道占用告警、高清视频监控和电子围栏等功能，从而对企业生产环境进行无间断监控，辅助监管人员及时纠正并处理各生产环节的安全隐患，大大降低人员成本和人员疏漏，提高厂区整体安全管理水平。

　　在智慧工厂领域，5G 相对于有线和 Wi-Fi 的关系并不是替代，而是对特殊场景的补充和增益，对于工业较为关键的 5G uRLLC 标准于 2020 年 7 月刚刚冻结，产品实现相对于标准还有一定滞后。随着 5G 技术的不断成熟以及工业体系的变革，智慧工厂应用将逐步从工业辅助环节向核心生产环节渗透，应用类型将逐步从大带宽主导向低时延、广连接等多类型发展，向覆盖更多垂直行业延伸。

|||||||||||||||||||||||| **4.2 智慧电力** ||||||||||||||||||||||||

电力系统包括发电、输电、变电、配电、用电五大环节。电力通信网经过多年建设，35 kV 以上的骨干通信网已具备完善的全光骨干网络和可靠高效数据网络，光纤资源已实现 35 kV 及以上厂站、自有物业办公场所/营业所全覆盖。但是在配电通信网侧，由于点多面广，海量设备需实时监测或控制，信息双向交互频繁，且现有光纤覆盖建设成本高、运维难度大、公网承载能力有限，难以有效支撑配电网各类终端的可观可测可控。随着大规模配电网自动化、高级计量、分布式能源接入、用户双向互动等业务快速发展，各类电网设备、电力终端、用电客户的通信需求呈爆发式增长，迫切需要构建安全可信、接入灵活、双向实时互动的配电通信接入网，并采用先进、可靠、稳定、高效的 5G 新兴通信技术予以支撑。

5G 技术在智慧电力各个环节都有非常出色的应用场景。首先，对于发电、输电、变电三大环节，5G 技术主要以移动巡检、视频监控、环境监测等新型立体巡检方式增强电力系统管理能力。在配电环节，5G 技术将有效推动配电自动化转型：一方面，通过提升配电设备数字化、网络化、智能化水平，实现配电网设备可管可控，并提升控制的精细化水平；另一方面，通过 5G 实现分布式能源泛在接入和智能化管理，保障配网稳定。在用电环节，5G 助力用电端向服务化、智能化方向发展，例如通过支持阶梯电价、实时电价等业务实现精准预测用电需求，并提升供/需协同能力。

4.2.1　立体巡检

立体巡检包括移动巡检、视频监控、环境监测等方面,利用 5G 高速率、低时延、海量连接等特性实现巡检终端遥控及数据采集、高清视频实时回传及远程控制作业。同时结合多种巡检终端（如载有 5G 终端的无人机、机器人等）,提供多路高清视频图像及红外、温感、湿感、辐射等多元的传感信息,有效扩大巡检范围,实现巡检的智能化。在 5G SA 网络下采用切片技术智能分配数据带宽,无人巡检设备将现场采集的大量数据和视频通过 MEC 快速处理分析,在突发状况下迅速与消防、新风、除湿等系统联动调用。通过人工智能预警预判,及时发现线路安全隐患,增强电缆通道防外力破坏和电力管廊火灾消防能力。通过 5G 网络回传巡检中的实时视频,指挥中心人员可远程对多个变电站内设备状态进行同时诊断。面对复杂问题或需要人工干预时,可以启用 5G 智能头盔巡检系统。检修人员佩戴 5G 智能巡检头盔到达作业现场后,后方管理人员和技术专家能够通过 5G 头盔及时获取现场画面并指导作业,极大提升巡检效率。

4.2.2　配网保护与控制

在配网保护方面,基于 5G 网络低时延、高可靠性以及网络切片等技术,通过配网差动保护、智能分布式自动配电、配网同步相量测量单元（Phasor Measurement Unit,PMU）等方式,建立新型控制系统。该系统能够对接入的海量新能源、储能设施、可中断负荷等开展毫秒级响应控制,从而实现对配电网运行状态的智能分析、远程控制、故障定位和隔离以及对非故障区域供电恢复等操作,减少故障停电时间和范围，提升配电网供电的可靠性。在分布式能源调控方面，由于目前电网已从一个单电源网络结构转变为多电源网络结构，成为多种分布式能源的并网。虽然分布式能源可以在电网遇到紧急情况时作为备用电源，但是随着分布式光伏、分布式储能、电动车充换电站、风电站大量接入配电网后，通信连接数量成倍增长，客户是用电方的同时也成为发电方。这些因素导致配电网的运行更加复杂，为电网的稳定运行带来挑战。分布式能源基数过于庞大，现有的信息通信方式难以有效地进行能源调控，而这正是 5G 电力切片的主要研究方向之一。基于 5G 网络能够实现分布式储能调节能力评估、发电预测以及场站运行分析等模块数据的实时交互，从而提升电网实时调度和稳定控制能力。

4.2.3　用电智能化

用电智能化场景主要分为两个方面。第一是精准负荷控制，指利用 5G 网络的毫秒级低时延能力，结合网络切片的服务等级协定（Service-Level Agreement，SLA），提升突发电网负荷超载情况下对末端小颗粒度负荷单元的精准管理能力，实现电源、电网、负荷等相关数据的采集和高级计量，提高对工厂、电动汽车等重要负荷的精准控制能力，提升电网实时调度和稳定控制能力。第二是高级计量，未来用电采集将不仅是智能电表与客户产生关系，而是以智能电表为基础，把充电桩、分布式电源、智能电器连接起来，与客户产生更加深层次的互动，从而实现客户的用电信息共享。

总体来看，5G 在电力领域的应用仍处于探索期，其应用呈现从采集监控类业务向实时控制类业务梯次发展的局面。基于大带宽特性的

5G 移动巡检业务相对成熟，未来无人机、机器人巡检等新型运维业务将支撑能源领域监控、作业、安防向可视化、高清化、智能化升级。具备较高安全性和可靠性要求的控制类业务现处于探索阶段，随着网络安全架构、终端模组等的逐渐成熟，控制类业务将会进入高速发展期。设备信息采集等广连接类应用后期会随着相关标准的完善得到进一步发展。

4.3 智慧矿山

矿山行业安全生产高于一切，"无人化、少人化"是行业刚需。矿产可分为井下煤矿和露天矿山两大类，其中井下煤矿需要优先满足井下网络融合覆盖需求，重点发展 5G 井下高清视频、无人采掘等应用；露天矿山需要重点满足装运无人化需求，重点发展无人运输等应用。

对于井下煤矿而言，传统井下一般存在采煤系统、掘进系统、通风系统、运输系统、排水系统、机电系统六大系统。目前多数矿山系统都有独立的光纤通信，造成网络重复投资。同时由于井下环境，粉尘和震动造成光衰严重，影响通信质量，维护成本也高。煤矿最重要的作业面、综采面，始终在不断掘进中，光纤有线的连接方式不能很好地适配，无法满足移动场景的需求。5G 替代光纤解决了井下最后 500 m 连接的问题，合并了六大独立的作业系统，帮助煤矿实现"井下一张网"。同时可以满足作业面、综采面等移动场景，并采用防爆处理，满足井下安全作业需求。对于露天矿山而言，需要满足无人化的需求。传统露天矿山作业环境恶劣，采矿企业招聘难、用工老龄化问题突出。依托 5G 通信技术"低时延、大带宽"的优点，利用 5G+北斗高精度定位、智能作业、双向自动驾驶运输、中央控制算法，可完成矿山设备集群的远程遥控、智能自动化作业与协同作业，从而实现露天矿铲、装、运的全程无人操作。

近年来伴随着 4G 技术在矿井应用的成熟，极大提高了煤矿生产效率和管理水平，但不足之处也逐渐显现。

目前部分采矿企业已有的无线通信系统可靠性达不到工业控制要求，对于未来采矿机远程精确控制，以及无人矿车、无人机巡逻、机器人巡检的自主控制通信等需求来说，当前通信系统的时延、可靠性是远远不够的。与其他无线解决方案相比，5G 技术具有更好的覆盖范围、更高的可靠性和更强的安全性，这些都是矿区内的机器和设备终端共享信息时需要的重要功能。5G 通信技术的高可靠、低时延特性，结合边缘计算，可以满足工业控制要求。另外井下已有的无线系统带宽有限，4G 通信的带宽无法满足多路 4K 高清视频传输需求，而 5G 网络的大带宽可以满足工作面多路高清视频传输的需要。矿井生产环境需要接入的系统和设备众多，已有的通信系统接入能力有限，而 5G 通信系统能达到每平方千米 100 万的连接数密度，完全可以保证矿井所有设备同时接入系统。

边缘计算是实现井下煤矿海量高清视频进行实时分析、智能分析的必要技术，是后续实现井下超低时延、自动控制的必要条件。通过部署边缘计算服务器和相关服务软件，实现基于 5G+MEC+人工智能物联网（AIOT）技术的应用，为采矿行业智能化赋能。

MEC 通过将移动网与互联网业务深度融合，一方面可以改善用户体验，节省带宽资源，另一方面通过将计算能力下沉到网络边缘位置，成为第三方应用集成及移动边缘入口的服务创新空间。长期以来，采矿行业都属于高危行业，在采矿过程中，透水、瓦斯爆炸、塌方等不安全因素时刻威胁着矿工们的生命安全。通过云、边、端一体化的方式打造矿山安全态势感知与信息共享体系化协同的融合管控平台，不仅可以拥有设计、实施、评测一体化智能监控平台，还包括视觉、语音、OCR 多维度作业场景分析模型，以及层级职能部门执行异常事件联动与处置机制，确保采矿企业安全生产。

因此要以智能化系统构建的角度作为出发点，利用 5G 通信技术大带宽、低时延和广连接的优势，打通不同应用场景间信息高效交互的通道，满足大数据、边缘计算、人工智能、虚拟现实、生产管控、硬件通信等技术应用所需的高效信息传输需求，最终实现矿山的智能化升级。

4.3.1 无人采掘

矿山生产环境恶劣，工作场所偏远、艰苦，作业方式枯燥：工作时容易出现矿石坠落，造成人员伤亡；井下高温、高湿、采掘设备工作产生大量粉尘；多层重叠采空区容易出现塌方和滑坡，易遇瓦斯、顶板冒落、冲击地压等安全事故。利用 5G 技术大带宽、低时延特性打造无人化采掘场景，在提升生产效率的同时减少或避免人员现场作业，从而提升矿山安全水平。在作业现场部署高清全景摄像机，在工程机械本体加装远程操控系统及配套的控制传感器和视频监控终端，将现场情况实时回传，为远程控制台上的操作员提供如同在采矿设备本体上的作业视野。操作员在控制台的每一个操作，通过 5G 网络低时延到达钻机、挖掘机、破碎锤等采矿设备，采矿设备按照指令执行对应操作，实现采矿设备的远程精准操作和采矿流程的无人化，达到安全生产的目的。

4.3.2　无人运输

矿山运输系统实现自动化和无人化，需要对物料、人员运输过程中涉及的运输车辆、运料装备、调度装备、自动化转运装置及相关运输对象进行整体协调。通过 5G+V2X、5G+边缘计算等技术对矿卡进行改造，实现方向、油门、制动等控制全电动传感。在以上基础上辅以北斗高精度定位系统，在车与车、车与调度中心间搭建实时通信网络，并基于边缘计算能力和矿山调度系统平台实时对接，实现重型矿车的精准停靠、自动装卸、停车避让等作业任务。以上改造可有效提高特殊环境下的矿车作业效率，减少危险区域作业人员数量，提升矿区生产作业的安全性。同时，在矿卡还可以采集车辆自身状态、运输状态，实现矿卡保养提醒、车况检查、故障报警、车队管理等功能，有效提高矿卡运营效率，降低成本和事故风险。

4.3.3　井下定位

通过 5G 提供的实时定位功能，打造井下实时定位服务，联网人员、设备可以实时上报位置，生成井下三维地图，人员、设备位置状态一目了然。目前技术可同时满足 30 多路 4K 监控画面的传输要求，做到井下综采面作业可视可管。同时在井下危险地方通过高清视频实时监控，出现任何情况可以第一时间发现和及时响应。此外，还可以通过基于 5G 的信息交互平台，实现井下装备和人员的定位及信息实时交互。具体而言：终端设备的客户端内置 5G 基站+NFC 定位功能，系统按照后台配置的定位规则（定位日、定位时间段、定位频率、定位人员对象）自动进行定位并上传到管理服务端；管理人员通过计算机、手机可以实时查询指定人员的当前位置，并在手机地图上进行显示。5G 技术利用大规模天线、高频段通信等技术特征为实现井下定位提供了技术保障。

4.3.4 安全监测

矿山的作业区域和作业设备需要大量感知节点，5G 广连接的特性可满足矿区安全监测和信息采集的需求，实现感知、监控、告警、操作等数据的互通和联动。例如井下终端设备自动识别瓦斯浓度、二氧化碳浓度、温度、湿度、尘埃密度等数据，通过 5G 网络自动上传至远程云服务，利用云计算自动反馈实时安全指数。再如部分矿山在矿石输送廊道的沿线安装 5G+履带巡检机器人，通过实时采集沿线设备的声音、温度、高清视频等信息并回传，实现异音识别、高温预警和沿线画面远程监测。上述操作可及时发现设备故障，解决由于检修、维护不及时造成运输廊道维护成本高的难题。

总体来看，矿山生产环境特殊，地理条件复杂，直接推动了矿山生产对 5G 通信的需求；同时支护强度大，信号衰减快、安全防爆要求高也给 5G 基站、终端设备的发射功率等提出较大挑战。目前在无人运输以及视频监控、安全监测等场景落地较多。5G 技术将大幅缩短网络时延，拥有更大的覆盖范围、更快的传送速度，提高智能无人矿山生产力、增强安全性并降低运营成本，为采矿行业实现自动化、数字化、无人化提供保障。

4.4 智慧港口

随着信息与技术的发展，全球港口码头作业正从劳动密集型逐渐转向科技密集型。在港口生产数字化与自动化转变中，港口的战略焦点从控制资源转为精心管理资源，从优化内部流程转为生产管理系统的数字化和港口机械操作的无人化。港口生产运营系统呈现以机器代替人力、多种信息技术与港口生产运营相融合的特征，例如堆场自动化控制系统、智能闸口系统等。建设新一代智慧港口，实现码头智能化已成为行业发展的必然趋势。

港口作为国际物流和供应链的必经节点，在促进国际贸易和地区发展中起着举足轻重的作用，同时也是信息化建设的重要阵地。目前港口码头可大致分为传统人工码头和自动化码头两种。人工码头整体比例较大，自动化程度低，人工成本很高，急需借助远程控制技术等实现无人化，进而大幅降低人工成本；自动化码头的信息化程度较高，主要业务以借助有线网络实现远程控制等功能为主，但仍有大量场景（受自身移动条件所限）无法实现有线连接，急需大带宽、低时延的无线化改造。依托 5G 等新技术可实现港口智慧化升级改造、全面感知可视化监控，从而助力业务效率显著提高。

港口作业可分成六大主要环节，分别为船只进/出港（货船将集装箱运至港口）、岸桥装/卸货（完成集装箱装/卸货并搬运至水平运输区）、集卡运输（完成岸桥区到堆场区的搬运）、堆场管理优化（完成集装箱堆码）、集卡出/入港（完成集装箱出/入港运输）和陆港联运（港口与其他运输体系的联动）。5G 技术主要通过助力大型吊机远程控制、智能理货系统优化和水平运输工具无人驾驶完成港口的智慧化升级。

4.4.1　吊机远控

龙门吊是集装箱码头中最为常见的大型机械，由于港区高温高湿高盐的特殊环境，现场人工操作存在较大安全隐患。以港口传统堆场龙门吊为例，龙门吊高度约 30 m，司机室位于龙门吊顶部，作业条件艰苦，且现场操作容易因疲劳而造成安全隐患。港口为保证 24 h 作业，每台龙门吊需要配备 3 名司机进行轮换，一个码头就需要上百名龙门吊司机。通过利用 5G 高清视频回传进行远程控制改造后，司机可在中控室观看多路实时高清视频，通过 5G 网络超低时延特性进行精准操作。改造后，1 名远程控制人员可操控多台龙门吊，一方面降低操作人员工作强度和现场作业风险，另一方面降低人力成本，提升港口作业效率。

4.4.2　智能理货

港口集装箱的装/卸过程中，涉及运输环节的责任权属的转换。需要对集装箱的状态和朝向进行判断，识别箱体是否有破损及掉漆等情况，读取箱体的编号等数据进行归集汇总。以上操作确保集装箱在进入港区、开展场桥运输、运送至堆区后的位置定位及岸桥吊装等环节能够对号入座，避免出现因为信息混淆而错装错运的情况。现阶段普通港口为人工理货，需要在装/卸现场进行人工作业，不仅存在一定安全隐患，同时也可能由于人员疲劳、环境干扰等因素导致识别错误。

使用 5G 技术，集装箱装/卸作业过程中的多路高清视频/图像可实现实时回传，通过基于 MEC 边缘云的智能运算对图像进行分析，完成核查箱体状态、朝向、箱号、箱型、大小、归属单位、报关信息、是否为危险品等信息，并确认是否有箱体破损、掉漆等异常，从而实现自动规划箱体堆放、运送等相关流程。同时智能理货系统还可为协助海关加强外贸集装箱的监管，为实现 24 h 全天候通关提供有效的技术支撑。

4.4.3 港区无人驾驶

普通港口的集装箱运输是基于人工驾驶集装箱车辆、按照固定线路行驶的工作模式。5G+AGV 可以根据港口运输需求，自动调度和执行运输任务，同步协调岸桥、轨道吊等装卸设备，实现港区平面运输无人化。通过 5G 网络，能够实现数据的低时延传输，确保调度指令实时有效。此外，通过 5G 网络将 AGV 集卡上各路传感器的实时数据回传 MEC 边缘云平台，通过在 MEC 边缘云平台中部署智能算法自动判别车辆状态及位置，将分析计算结果数据及时反馈给 AGV 集卡和云端控制中心。5G+MEC 的应用将使自动驾驶车辆的响应时间缩短至50 ms 以内，运输效率提升 30%以上。同时，在智能集卡异常状态及紧急情况时，管理人员可以直接借助 5G 网络低时延的特性和基于AGV 集卡上的高清视频远程接管和控制车辆，将异常车辆通过远程驾驶驶离作业区域，确保安全生产。

4.4.4 无人巡检

利用 5G 大带宽能力，可为港口打造立体无人巡检系统。一方面港口可以针对不同应用场景安装不同静态监控设备：如针对港区道路及公共场所安全情况监控的网络监控球设备；针对集装箱货品与报关信息整体查验处的高清红外线摄像机；针对码头桥塔及船舶停泊泊位的精确定位匹配的高清云台摄像机等。这些超高清视频监控设备可以实时进行信息采集，并汇总至监控中心。另一方面，还可以派出无人机、无线巡逻机器人，实时对码头边界及关键节点进行全天候执勤。数据监控中心借助 5G 大带宽特性，可同时显示多路视频接入信号，实时回传的视频数据将在云端进行智能分析，识别如船舶、车辆不按规定非法停靠等各类异常和可疑情况，并自动通知港口管理人员处理，提高处置效率。同时监控中心还可将人、车、物数据与公安部人员身份、车辆备案大数据自动对比，快速识别高危人员、车辆，并进行实时位置跟踪，提前防范风险。

5G 智慧港口，旨在利用 5G 通信技术的低时延、大带宽和广泛互联特点，以 5G+AICDE（人工智能（AI）、物联网（IoT）、云计算（Cloud Computing）、大数据（Big Data）、边缘计算（Edge Computing））作为核心能力，推动智慧港口技术和应用高速发展，促进各个层级的深度融合，同时借助于物联网、大数据、云计算、"互联网+"等特性，构建智慧港口整体建设，满足现代港口的生产、运营、管理的严苛要求，与港口综合物流体系深度融合，打造新一代智慧型港口。

总体来看，智慧港口体系是将以 5G 为代表的信息技术和自动化技术通过网络的连接应用到整个港口物流作业、运输服务及港口管理中。在信息全面感知和互联的基础上，实现港口集输/运体系、生产操作、仓库管理、物流跟踪、海关监管等方面的智能化；实现车、船、人、物与港口各功能系统之间无缝连接与协同联动的智能自感知、自适应、自优化。5G 智慧港口在吊机远控、智能理货、港区无人驾驶、无人巡检等场景下的可行性已得到验证，同时港口物理空间相对独立，可较早实现规模化推广。应用 5G 打造智慧港口将助力港口形成安全、高效、便捷、绿色可持续发展的形态。

第五章 5GtoB 使能社会民生

5G 在推动生产系统升级的同时，应用范围不断扩大，正为全社会数字化转型拓展出无穷无尽的新空间，迸发出源源不断的新动能；5G 在生活工作中的广泛应用将激发全新体验，给生活带来翻天覆地的变化。特别在新冠疫情期间，5G 数字治理新空间得到充分体现，基于 5G 基础设施的舆情感知、生态保护、公共服务等将全面助力国家治理体系和治理能力现代化。

5.1 医疗健康[11]

医疗健康肩负着救死扶伤、国计民生的重任。传统医疗环境存在多重问题。一是医疗资源配置不平衡。从全球医疗资源分布来看，优质医疗机构过度集中在经济相对发达地区和大城市，在中国东西部区域医疗资源差距明显。迫切需要借助高效灵活的无线通信手段，打破时空界限，架起基层医院与上级医院间的桥梁。二是医生与患者比例有失调趋势。随着全球老龄化和环境恶化，各类慢性病、恶性肿瘤等疾病的发病率逐步升高，从医人员增加的速度远远跟不上患者增加的速度，给健康就医带来了严重挑战，迫切需要使用无人辅助医疗设备代替部分人力工作，缓解医患比例失调的问题。三是配套设施不完善。分级诊疗存在推行阻力大、患者就诊烦琐、医疗管理机制不完善等痛点，亟须通过信息技术手段，推进深化医药卫生体制改革，推动医疗健康产业发展。

5G 网络的超高速率、超低时延、万物互联以及对移动环境的高适应性等特点，能够应对智慧医疗应用过程中的海量数据实时传输、远程操控、准确响应等挑战，可有效保障远程医疗、远程手术、应急救援、智慧医院、可穿戴设备、医疗机器人等智慧医疗应用的稳定性、可靠性和安全性，让远程医疗、移动医疗等医疗服务能力得以彰显，促进医疗资源的线上流动，打破医患地域时空限制，大幅提升医疗效率，推动医疗行业向无线化、远程化、智能化发展。

5.1.1 远程诊疗

远程诊疗指采用通信、计算机及互联网等技术完成医疗诊断，提供医学信息和服务。1988 年美国将远程医疗系统作为一个整体，提出开放分布式系统的概念并得到广泛认可，即采用计算机及通信技术为特定的人群提供医疗服务。

远程诊疗中专家能够通过视频实时指导基层医生对患者开展检查和诊断。在 4G 网络中，远程诊疗最高可支持医患两侧 1080P 高清视频，但存在实时性差、清晰度低和卡顿等问题。随着 5G 时代的到来，5G 网络高速率、低时延的特性对于可靠性要求极高的医疗领域非常重要，能够支持 4K/8K 的远程高清视频、AR/VR 技术会诊和医学影像数据的高速同步传输与共享，并让专家在线开展会诊，提升诊断准确率和指导效率，促进优质医疗资源下沉。

2020 年新冠疫情期间，中国部分三甲医院与互联网医学中心承担了新冠肺炎危重症、重症患者国家级远程会诊平台的任务，武汉战疫一线医院的一线医务人员通过 5G 专网，在平台上将本地医疗数据（CT 影像、检测指标等）共享给省外专家，省外专家与一线医护人员可实时互动、紧密配合，共同实施现场救治，在一定程度上缓解了武汉一线医护人员调配紧张、超负荷工作的痛点，也可减少外地医疗专家前往武汉的风险。随着医疗设备朝小型化和移动化发展，出现了手持超声和移动数字 X 光摄影系统等移动式无线医疗设备，越来越多的医疗检查开始由检查室延伸到病房，从而推动了远程实时会诊延伸到患者床旁。5G 通过赋能远程实时会诊可有效提升医疗服务能力：一是有效解决偏远地区医疗机构光纤建设周期长、运营成本高等问题；二是满足医生随时随地接入需求，充分利用医生的碎片化时间开展远程诊疗服务；三是提升诊疗服务能力和管理效率。此外 5G 技术与诊疗服务创新融合催生远程超声检查、远程手术等新型应用场景。

5.1.2　应急救护

急救医学是一门处理和研究各种急性病变和急性创伤的多专业综合科学，指在短时间内，对威胁人类生命安全的意外灾伤和疾病，所采取的一种紧急救护措施的科学。急救医学不处理伤病的全过程，把重点放在处理伤病急救阶段。急救医学需要研究和设计现场抢救、运输、通信等方面的问题，其中院前处理（急救中心）是急救医学的重要组成部分。

在现场没有专科医生或全科医生的情况下，通过无线网络能够将患者生命体征和危急报警信息传输至远端专家侧，并获得专家远程指导，对挽救患者生命至关重要，并且远程监护也能够使医院在第一时间掌握患者病情，提前制定急救方案并进行资源准备，实现院前急救与院内救治的无缝对接。

急救人员、救护车、应急指挥中心和医院之间通过相互沟通协作开展医疗急救服务。在疾病急救和自然灾害救援现场，医疗人员需要紧急进行患者伤情检查，并将检查结果传输到应急指挥中心和医院，同时针对疑难病情患者，通过移动终端由医院进行远程救治指导。在急救车转运途中，医疗人员可通过移动终端调阅患者的电子病历信息，通过车载移动医疗装备持续监护患者生命体征，并通过车载摄像机与远端专家会诊病情、协同诊断治疗。

5G 在救护车、应急指挥中心、医院之间构建应急救援网络，确保急救车在外出接回病患的途中即可传回高清无卡顿的视频影像和生理数据，从而联动院内各科室及系统，帮助院内医生做出正确指导并提前制定抢救方案。高速移动中的智能救护车对通信网络的稳定性、时延和传输速率都提出了极高的要求。

借助 5G 网络上行超过 100 Mbit/s 的数据传输速率，5G 救护车搭载了 4K 高清视频监控设备，可将高清影音视频、患者体征数据实时回传至指挥部，以便监控人员与随车工作人员就转运细节、患者情况进行及时充分的交流。必要时，指挥部还可启动与救护车上医疗人员及医院专家的三方 5G 远程视频会诊，实现院前急救与院内救治的无缝对接。5G+4K 病患救护车有效实现了移动工作场景视频化、生理体征数据化、指令传达即时化，改变了以往的转运模式，提高了收治的效率和效果。

5.1.3　远程超声

远程超声基于通信技术、传感器和机器人技术，可在通信网络下实现对机械臂及超声探头的远程控制，助力远程超声检查医疗服务的开展。超声专家在医生端可利用高清音/视频系统实现与下级医院医生和患者的实时沟通，同时移动操控杆控制下级医院的超声机械臂进行超声检查。

随着 5G 技术的发展和应用，5G 超低时延特性将能够支撑上级医生操控机械臂实时开展远程超声检查。与传统的专线和 4G 网络相比，5G 网络能够解决基层医院等偏远地区专线建设难度大、成本高、不安全、远程操控时延高等问题，显著提高基层医疗机构的医疗水平，对于解决医疗资源分布不均的问题具有重要意义。传统远程超声技术与5G 远程超声技术对比见表 5-1。

表 5-1　传统远程超声技术与 5G 远程超声技术对比

特点	传统远程超声技术	5G 远程超声技术
传输模式	异步传输	同步传输
信号时延	200～500 ms 存在丢包情况	1～20 ms，无丢包情况
带宽	100 Mbit/s	10 Gbit/s
传输距离	短	长（已完成 3000 km 以上距离远程诊疗）
图像品质	较差，不能满足超声诊断需求	较高，满足诊疗需求
就诊形式	医生端间接了解患者病史，依据患者端医生采集的图像作出诊断	医生端面对面与患者交流，实时操作机械臂对远程患者进行检查并诊断
患者端是否需要超声医生	需要，且图像质量以及诊断准确度受限于患者端医生的操作手法	不需要，医生端实时操作

5.1.4　远程监护

远程监护指通过通信网络技术将远端的生理信息和医学信号传送到监护中心进行分析并给出诊断意见的一种技术手段。

远程监护系统一般包括 3 个部分：监护中心、远端监护设备和联系两者的通信网络。在 5G 网络场景下，高速率、低时延的特性能够让患者的远程监护变得更为准确及时。

5G 结合生命体征检测设备，将患者生命体征数据实时传输到管理平台，并且具备智能预警等功能，助力医护人员护理工作以及患者出院后的管理工作高效进行。目前有两类患者对无线监护诉求较强烈。一是术后患者，术后患者早期下床活动，可以帮助患者康复，预防多种术后并发症，但术后病情变化风险大，医护人员需要持续对患者的生命体征进行监护；二是突发性疾病患者（如心脏病患者），正常活动状态下也需生命体征监护。

对这两类患者，医院可采用无线可穿戴监护方式，实现无活动束缚的持续患者监护。部分医院已经开展 5G 生命体征监测试验，利用 5G 网络解决穿戴设备上的体征数据与系统间的交互传输问题。病人的智能手表可监测其每日运动量、生命体征、饮食热量等数据，这些数据直接联入诊疗系统，自动比照医生为病人制定的运动饮食方案，一旦体征数据有超标或不达标的情况，手表就会发出提醒，同时将数据传送给医生。通过健康体征实时监测设备，病人可以进行健康自我管理，医生也能有效开展健康管理和随访工作。

5.1.5 远程示教

医疗教育指面向医疗卫生技术人员进行的教育培训，客户包括医疗、护理、医技人员。远程医学示教主要包括：基于音/视频会议系统的教学平台、基于使用场景的教学平台和虚拟教学平台。

其中，基于音/视频会议系统的教学平台主要用于病例讨论、病案分享等教学培训，基本功能为音/视频会议系统和 PPT 分享。基于使用场景的教学平台除了音/视频设备，还需要结合具体场景对接相应的医学设备，如心脏导管室手术示教、神经外科手术示教、B 超示教等。虚拟教学平台以 AR/VR 眼镜等设备为载体，结合 3D 数字化模型进行教学培训，与传统方式相比，受教者的沉浸感更强，具备更多交互内容，使用成本更低。

5G 手术示教指通过对医院手术相关病例直播、录播等进行教学培训，主要面向医院普外科、麻醉科、心外科、神经外科等与外科相关的科室的医疗技术人员，旨在提高外科相关科室医护人员案例经验及实操水平。

5G 手术示教系统的核心功能包括手术图像采集、手术转播、手术指导、移动端应用等。5G 医学示教系统适用于手术室内的多个业务场景，如示教实时观摩手术、主任办公室观看指导手术、医联体医院观看手术、学术会议转播手术以及移动端远程指导手术等。

5.1.6 远程查房

远程查房技术在传统视频通信基础上融合图像识别技术与跟踪定位技术，最大限度地提高工作中远程查房指导、教学等环节的效率。

通过远程查房系统，现场医护人员或学习人员将当前状况通过 AR 设备实时传送给远方的专家和领导，专家和领导可以通过远程协助平台给予声音、文字及图形上的指导，并即时展示在现场医护人员的 AR 设备上。

远程协助平台可以多线程连接，借助 5G 低时延、大带宽和广连接的特性，能够使身处各地的专家和领导同时参与指导、教学，并可以录制整个过程的视频用于学习指导，提高工作及教学效率。

远程查房技术在 AR 技术的支持下，通过网络和软件平台将 AR 智能眼镜、智能手机、平板触控计算机等相结合，可实时接收/传输现场画面和虚拟信息，远端专家无须到现场即可对现场医生进行远程精准指导。通过系统配备的视频光学透视增强现实系统，在远程查房时医生或专家可方便地将病患的信息调出，除病历外，还包含电子计算机断层扫描（Computed Tomography，CT）片、核磁共振成像（Magnetic Resonance Imaging，MRI）等医疗影像资料，甚至包含病患的 3D 模型等。

通过快速的病患信息共享，将增强远程诊断的准确性。远端专家不需要到现场指导与教学，只需通过后端手持设备，就可以完成需要到现场才能进行的工作。这为专家们节省了大量的交通时间。

5.1.7　远程病理

病理诊断是疾病诊断的"金标准"，是指导选择临床治疗方案、判断预后的关键依据。

远程会诊可大大提升基层医院病理诊断的质量和效率，有效缓解基层病理科的发展困境。然而，数字病理切片的数据量巨大，一张标准切片（15 mm×15 mm）以 40 倍物镜扫描，产生的图像可达数十亿像素，即使压缩后，单张数字病理切片也可达 2～3 GB。利用传统的有线宽带或 4G 网络传输，非常耗时，极大地制约了远程病理会诊的发展。

术中快速冰冻病理诊断是临床医师在手术过程中决定进一步手术方案的重要手段，要求病理科在收到送检标本后，30 min 内出具冰冻诊断报告。因而对基层医院的样本取材能力、制片质量以及诊断水平，均有极高的要求。基于远程的术中快速冰冻诊断可以有效解决基层医院无法开展术中快速冰冻诊断的困境。

但是，这依赖于远程专家通过超高清的音/视频系统与基层医生实时沟通互动，指导其取材、制片，同时也要求数字病理切片可以实时浏览，极大地考验通信网络的速度与可靠性。传统网络条件下，音/视频通信往往会产生卡顿、时延等问题；同时数字病理切片上传花费时间较长，严重影响诊断速度。5G 网络的超高上下行带宽和超低时延，可以帮助远程专家准确高效地指导基层病理医生或技师进行精准的检查与取材，同时也可实现数字病理切片近乎实时的上传，将大大提升远程术中快速冰冻病理诊断的效率和质量。

近几年，病理人工智能得到快速发展。利用深度学习算法可实现自动检测数字病理切片中的病变区域，并给出定性或定量的评估结果，帮助病理医生作出快速、准确、重复性高的病理诊断。目前，由于数字病理切片巨大的数据量，上传需要花费大量时间，导致无法为医生提供实时的智能诊断反馈，制约了病理人工智能产品的使用场景，影响医生的使用感受。5G 技术可实现数字病理切片的"实时"上传，从而实现实时的 AI 辅助诊断，这对提升人工智能产品的使用体验、促进病理人工智能的快速发展和应用，具有非常重要的意义。

总体来看，5G 无线采集与监护、图像与视频交互类医疗应用技术方案在前期探索阶段已取得良好的应用效果和社会效益，未来随着 5G 网络成熟和医疗卫生体系的完善，将实现医生从在医院到在云端；医疗设备从医院内到随身携带，从院内全连接到少量设备远程化，再到设备普遍远程化。从当前 5G 实际应用效果来看，远程诊疗将很快进入推广应用阶段，应急救援需要等到 5G 网络全域有效覆盖后才能逐步落地，无线监护等预计需要 2～3 年的时间。后续在明确各场景需求的同时，进一步加快应用推广，促进产业化落地。5G+远程手术等远程操控类应用仍处于探索初期，需要政策法规、技术标准、设备研发、测试验证的进一步推动。

5.2　智慧教育[12]

教育是社会进步的基石。当今教育的发展，不仅要基于过去人类知识和技能的传递，还应该面向当下经济社会的现实需求，更应着眼于人类社会未来的发展趋势。未来的教育将是更加开放、多样、个性、可持续的教育，将突破时空界限和教育群体的限制，更加重视学生的个性化和多样性，更加关注学生的心灵和幸福，让所有孩子都能享受优质教育资源。教育对象和教育环境正在发生巨大的改变，人的学习方式正在朝"网络化、数字化、个性化"方向转变，智能化的学习环境及自主学习活动将成为未来学习的新形态。教育发展与变革的现实需求，对教育教学的信息化和智能化提出了全新的挑战。

传统的网络环境和技术环境下，学习教育资源千人一面，很难打破时间、空间、内容、媒介的限制实现数据的汇聚和跨空间的传输，教育服务的柔性化调节不足，教育信息很难完成无缝流通。多年来，教育资源分配不均始终是教育的头等难题，乡村教学区域缺师少教、课程开设不全，设备、老师、资源等都是追求教育公平路上的"艰难石阶"，如果要实现教育公平，首先需要破除这些难题。

5G 与智慧教育的融合应用会极大提升教育信息化和智能化水平，推动教育现代化的进程。5G 网络覆盖能力的不断提升和融合应用的有序推进，将为智慧教育带来良好的发展机遇，5G 与 AR/VR、云计算等技术在教育领域的融合应用，可有效解决教学资源老旧、教学手段落后的问题，全面提升教学信息化水平，促进区域间教育质量均衡发展，目前在互动教学、远程教学、教育云、智慧校园等场景取得积极进展。

5.2.1　互动教学

互动教学是在基于智能交互大屏、平板计算机、答题反馈器等智能终端所构建的智慧课堂中实现的一种教学模式，可以支撑课堂习题下发与上交等教学信息的智能互动，是推动课堂教学数字化、网络化和智能化发展的重要应用。

智慧课堂包括纸笔互动课堂等应用，智慧课堂上的互动教学一般以智慧黑板为中心，通过连接手机、答题器等移动终端，以及摄像机、空调等设备，可以实现老师与学生之间"一对多"互动教学以及对教室环境的智能感知与控制。在教学过程中，可以实现多屏分组合作学习，并通过智能录播设备和智能终端等自动采集课堂教学数据。具体而言，在智慧课堂的互动教学中，教师可以将课堂教学内容、课堂提问等同步发送到学生的手机等智能学习终端，学生通过智能终端将回答结果实时同步反馈给老师，并由系统基于图像识别、大数据分析实现自动批阅，减轻了老师的工作量，提高了课堂教学效率，并且所有的课堂问答数据都会被采集，从而作为后续智能分析和学习评价的重要支撑。

目前智慧课堂与互动教学的实现主要依靠有线网络以及 Wi-Fi、蓝牙、ZigBee 等局域无线网，5G 与互动教学相结合主要是将 5G 大带宽、低时延的优势应用于支持互动教学中，使互动教学更加顺畅。5G 虽然没有从根本上颠覆现有的智慧课堂与互动教学，但通过网络能力的提升，可以显著优化智慧课堂与互动教学的应用效果，从而进一步提升教学质量。

5G+互动教学将进一步提高数据传输效率，提高互动教学的空间灵活性，支持更大范围的移动教学，并且可以支撑高清视频与 AR/VR 等教学内容的实时传输。例如，老师可以随时调用 5G 边缘云平台的教学应用，基于 5G 网络将形式多样的教学内容分组推送，分发到不同学生小组的学习终端上，并且支持互动教学中的常态化录播以及直播。此外，可以通过 5G 将远程教学与互动教学结合，实现更大范围的互动教学，进一步提高优质教学资源覆盖度，实现传统教学无法达到的教学效果。

与传统互动教学相比，5G 互动教学通过各组成硬件终端的 5G 化，充分利用 5G 网络与生俱来的技术和业务优势，解决原有系统成本高、灵活性差、网络不稳定等痛点问题，带给学校客户更快、更好、更流畅的体验。5G 互动教学将进一步提高数据传输效率，提高互动教学的空间灵活性，支持更大范围的移动教学。

5G 结合 AR/VR、全息投影等技术实现场景化交互教学，打造 5G 沉浸式智慧课堂，让知识更易懂、学习更快乐，让天文、地理、生物、化学等知识通过更加生动的形式传播，提高学习效率。

比如杭州电信在浙江公路技师学院打造基于 5G 的 AR/VR 一体化实训基地，北京市首个 5G 网络下 VR 教学服务教育解决方案正式在北京市朝阳区实验小学部署完成并投入使用。随着 5G 网络建设进度的加快和覆盖范围的扩大，未来 5G 将成为智慧课堂与互动教学的重要支撑，并带来教学质量更大幅度的提升。

5.2.2　远程教学

远程教学是基于互联网进行授课和学习的在线教育形式。在线教育被视为学校课堂教育的重要补充，以满足随时随地产生的学习需求。

5G 网络的大规模商用将极大改善在线教育的学习环境。首先，5G 可以支持远距离移动环境的在线教育，满足更多情境下的远程教学需求；其次，5G 融合人工智能技术可对在线教育进行实时分析，在远程教学过程中，帮助教师及时获取学生的学习效果反馈，进行个性化的学习辅导；最后，5G 高速率、低时延的特性将支持音/视频流、XR 等需大带宽的技术，丰富远程课堂的内容，为师生带来毫无时延感的沟通交流体验。

5G 远程教学可以实现多地区的优质教育资源共享，针对各地区教育资源分配不均的问题，5G 远程教学借助 5G 技术对海量数据的超低时延传输和实时的图形图像处理、画面渲染，可实现一对一、一对多及多对多直播互动的模式。以名师名校网络课堂等方式，开展联校网教、数字学校建设与应用，实现"互联网+"条件下公平而有质量的教育，促进优质教育资源的均衡分配。最终通过打破时间、空间、内容、媒介的限制，推进网络条件下的精准扶智。如山区学生通过 5G 远程教学与重点中学学生同上一堂课。随着偏远山区 5G 网络覆盖的加强，全息远程课堂将会带来身临其境的教学体验。

学校基于 5G 大带宽和低时延特性，结合 4K/8K 超高清视频、智能云化媒体平台等新技术成功打造了 5G 同步课堂云平台。平台将互动教学、直播录播、课程分享、线上培训、网络教研、视频会议等应用整合统一，打破应用孤岛，打通 5G 教育虚拟专网和互联网，实现全连接。总体来说，5G 同步课堂云平台具有 3 方面价值：一是有利于资源互享，提高教师专业水平；二是有利于提高课堂教学效率；三是有利于打造智慧教育应用场景。

双师课堂是远程教学的重要应用场景，双师课堂的应用领域非常广泛，从中小学 K12 教育、大学教育到职业教育以及技能培训等都可以采用双师课堂的模式进行远程教学。双师课堂一般采用主讲老师与助教相互配合、线上与线下相结合的教学模式。其中，主讲老师通过直播的形式讲解课程内容，助教在课上负责与主讲老师配合开展教学及互动。在双师课堂模式下，学生仍需到教室通过观看直播内容上课，并在课上通过答题器等设备与主讲老师互动。基于 5G 网络的高速率、低时延特性，可以实现随时随地灵活开课，同时可以支持 4K/8K 高清视频传输以及低时延互动的双师教学应用，将有效改善传统双师课堂的交互体验，为双师课堂的推广应用提供有力保障。

此外，在远程教学中，可以用全息投影的方式，将老师的真人影像以及相关课件和教学用具以立体效果呈现在远程课堂的学生面前，并实现远程同步实时互动，为学生营造逼真的课堂环境，大大提升远程教学的课堂体验感。但是，实时传输的全息投影技术对网络传输带宽有很高的要求，传统远程教学中应用的 Wi-Fi 等网络往往难以满足。

而 5G 的实际传输速率超百兆，可以达到 4G 的 10 倍以上，而 5G 端到端的时延可以达到 10 ms 左右，基于这些技术特性，5G 网络可以有效承载全息和 XR 等需要大带宽、低时延的应用，支持更具沉浸感与体验度的远程教学。因此，作为 5G 远程教学的重要形式，5G+全息课堂可以进一步突破时空壁垒，将不同地区、不同学校的老师和学生聚集在一个虚拟化的共享课堂上进行实时的互动交流。

5.2.3　沉浸式教学

在各类教学应用中，可以利用 AR、VR 以及 MR 等 XR 技术，为学生营造虚实融合的学习环境，以形象化的方式为学生讲解抽象的概念和理论，或者使学生体验现实中难以经历的场景和活动，突破现实环境的限制，创造沉浸式的教学环境，提高老师的教学效率和学生的学习体验。

但是各类 XR 技术的高质量应用对于传输带宽与时延要求更高，既要画质好，又要交互快，沉浸体验层次也要更高。以 VR 技术为例，在画面质量方面，部分沉浸阶段带宽需求达百兆，而 4G 用户速率难以满足，5G 用户速率是 4G 的 10 倍以上，能够支持百兆甚至千兆传输。在交互响应方面，用户移动到相应画面完成显示的时间应控制在 20 ms 以内，以避免产生的眩晕感。如果仅依靠终端的本地处理，将导致终端复杂、价格昂贵。若将视觉计算放在云端，能够显著降低终端复杂度，但会引入额外的网络传输时延。目前 4G 空口时延在几十毫秒，难以满足要求，而 5G 空口时延可以达到 10 ms 以内，能够满足交互响应时延要求。

因此，5G 将降低以 VR 为代表的 XR 类终端使用门槛。用户体验与终端成本的平衡是现阶段影响 VR 等各类 XR 技术应用的关键问题。5G 云 VR 通过将 VR 应用所需的内容处理与计算能力置于云端，可有效大幅降低终端购置成本与配置使用的繁复程度，保障 VR 业务的流畅性、沉浸感、无绳化，有望加速推动 VR 规模化应用。

鉴于 XR 教学能够帮助学生加深对学习内容的理解，提升教学质量，通过打造 5G+云 XR 交互式教学场景，可以深化虚拟+现实的教学方式，进一步调动学生视觉、听觉等多感官参与学习的过程，使抽象的概念和理论更加直观、形象地展现在学生面前，寓教于乐，提高课堂效率。

基于 5G 的高速率、低时延、广连接等特性，可以将 XR 教学内容存储在云端，并利用云端的计算能力实现 XR 应用的运行、渲染、展现和控制，同时将 XR 画面和声音高效地编码成音/视频流，通过 5G 网络实时传输至终端。通过建设 XR 云平台，开展 XR 云化应用，包括虚拟实验课、虚拟科普课等教学体验，将使学生更加沉浸式地体验学习内容，并对数字化学习内容进行可操作化的交互式系统学习。

在教学中，许多昂贵的实验、培训器材，由于受到价格的限制而无法普及。利用 XR 技术，在云端建立虚拟实验室，学习者便可以走进这个虚拟实验室，身临其境般地操作虚拟仪器，操作结果可以通过仪表显示反馈给学生，以判断操作是否正确。这种实验既不消耗器材也不受场地等外界条件限制，可重复操作，直至得出满意结果。

此外，XR 虚拟实验的另一优点是其绝对的安全性，不会因操作失误而造成安全事故。化学、物理、机械等学科在教学过程中需要动手操作，其过程有时具有一定的危险性，例如涉及放射性物质或有毒物质的部分实验开展较为困难。通过 XR 技术进行虚拟科学实验，可以有效地解决实验条件与实验效果之间的矛盾，在获得同样效果的情况下避免教学中的安全隐患。

5.2.4　安全校园

视频监控是实现校园安全管理的主要方式。当前大部分学校的校园安全仍依赖于传统的视频监控，是一个被动且滞后的防御系统。部署在学校的各个摄像机将监控画面传到监控室，安保人员通过人工处理很难及时获取视频画面中的有效信息。

智能安防系统则可以实现人脸识别、图像识别、跨境追踪和行为识别，及时发现异常情况和安全隐患并主动报警，基于视频图像信息整合，通过视频巡逻以及智能布防，把校园的安保从"事后调查"升级为"事先预测"，可以对发现的可疑"目标"和隐患"苗头"进行前期处置，大大提高了校园安保的速度。

而在 5G 网络的支撑下，不仅可以实现高清视频监控，加强对视频流的实时监控和智能识别，而且可以进一步构建覆盖整个校园的智慧安全监控系统，建设一个实现各种物联网传感器集中接入、存储、分析和共享的统一平台，可以将校园视频与物联网监控资源有效整合，并在此基础上针对各类安全应用需求提供支撑。

以 5G 网络为支撑，结合 5G 的网络切片，融合运用物联网、云计算、边缘计算、人工智能、卫星定位、地理信息系统（Geographic Information System，GIS）等技术，在整合校园日常出入安全管控和校园内部环境数据的基础上，进行综合分析，对重点公共区域、校园边界、教学楼、宿舍楼、食堂、图书馆内部安全进行有效监控。

以校车安全管理为例，利用安装于校车上的高清视频摄像设备，实时感知车辆运行环境、车辆载客信息以及内部环境等信息，通过高速率、低时延的 5G 网络将海量数据传回学校管理中心，方便学校管理者实时了解车内情况，实现对校车的远程监控和管理，并对超速、不按规定线路行驶等情况进行报警，彻底解决车内遗留儿童、校车司机超速及疲劳驾驶、校车超员超载等问题，提高事件的反馈速度，确保校车的行车安全。

此外，在 5G 教育专网模式下，能够实现校内视频监控数据不出校，防控数据整合处理，方便管理部门查看，实现统一管理、统一防控，使防控部门可以准确快速地应对校园突发事件。通过分析安防数据，还能进一步帮助学校确定校园的人流模式和危险高发区域，制定更科学的安全防御计划，从而进一步提升校园视频监控的安全管理能级。

某些高校利用 5G 通信设备建设校园安防监控系统，依托 5G 网络广连接、大带宽等特点，在校内实现 360°的视频监控，通过巡检机器人采集校园内人、车、设备的监控视频数据，并进行实时分析处理，识别人员身份、车辆信息、设备运行状态。与公安部门实现联网共享，遇突发事件自动报警，实现校园智能监控管理。特别在疫情期间，学生逐步开始返校上课，对各学校卫生安全提出更高的要求，5G 技术将极大提升智慧校园的安全管理水平和能力。

此外，学校是一个封闭式管理空间，需要进行严格的访客管理。

根据管理需求,使用出入管理人脸识别系统对通行人员进行验证识别。出入管理人脸识别系统可以实现人脸采集、识别和验证,系统主要由人脸注册管理器、人脸采集摄像机、人脸验证识别服务器组成。

其中,人脸采集摄像机部署在出入口进行不间断视频录像,并提供人脸图像检测、采集和传送功能。人脸验证识别服务器接收人脸采集摄像机传送的人脸图像,提供人脸图像预处理功能、人脸图像特征提取功能、人脸特征对比识别功能以及识别结果传送功能,同时需要具备人脸特征库本地存储、更新功能。人脸验证识别服务器采用独立设备的方式部署,具备同时处理多路人脸采集摄像机传入的人脸图像或视频流的能力。

寝室是访客管理系统的重要应用场景。依托人脸识别寝室管理系统的智能签到模式和通道考勤管理模式,能实现学生刷脸进出宿舍楼的管理方式,整合学生信息并设置权限。人脸识别寝室管理系统包括智能签到系统、通道考勤系统、楼层签到系统,能够将学生进出宿舍信息、系统报警信息等实时上传至监控中心。

在 5G 网络支撑下,可以实现人脸验证识别服务器的云端部署与边缘计算,提升数据处理能力的同时提高数据处理速率,进一步提升访客管理的安全性,实现人员出入管理的安全、快速、智能化,学工考勤管理系统化、简单化,以及身份识别与实时监控规范化、人性化。

总体来看,5G 智慧教育目前主要应用于教学环节,处于初始应用阶段,远程教学 1~2 年内将从试点示范发展到区域化常态运营阶段,互动教学和沉浸式教学在 2 年内随着教学终端设备的逐步完善和教育内容的不断丰富将迎来快速发展期,安全校园建设则一直处于不断迭代更新的发展过程。随着 5G 与教育行业的深度融合，对教学、教研、教管各环节数据的实时感知、采集、监控和利用，促进智慧教育行业全价值链的信息交互和集成协作。5G 智慧教育将逐步从 5G 教育标准发展阶段迈向 5G 教育网络成熟阶段，至此，将对各国民生健康发展产生重要而深远的影响。借助 5G 等技术，各国的诸多教育系统将互联互通，在全球范围内实现教育的公平，终生学习型社会也将成功构建。

5.3 媒体融合

近些年来，随着全球经济的发展和人民生活水平的提高，新媒体行业的发展迅猛，媒体形态和传播方式不断推陈出新。新媒体行业的快速发展，对通信技术提出了新的需求，媒体行业激增的数据量对网络传输能力提出了前所未有的挑战，5G 技术的商用为媒体行业的创新发展带来了希望。

"5G+媒体融合"涵盖了云计算、大数据、人工智能、区块链、超高清视频和 AR/VR 等技术，赋能主流媒体和网络媒体。"5G+媒体融合"在信息采集、新闻选题、内容制作、传播分发、审核跟踪、自媒体参与等各环节，形成高速互联的自动采集、远程采访、机器写稿、智能编辑、超高清直播、虚拟展示、精准匹配、智能审核等典型应用场景，在精准化、沉浸化、智能化、高效化等方向上发挥重要作用，并将最终改变媒体的生产机制，颠覆媒体的生态格局。

5.3.1　现场制播

5G 提高了主流媒体的整体工作效率。当前报纸/广播电视等传统业态向全媒体演进，多家机构利用 5G 网络的高性能通道提升了超高清和 VR 虚拟视频等内容的传输效率；重大活动中普遍使用 5G+超高清直播增强了媒体的现场播报能力；利用 5G 网络高速互联和人工智能技术的结合，大大提升了新闻现场采集效率，突破了现场采访的诸多局限。有些媒体机构利用 5G+全息成像技术实现了跨地域的"5G全息异地同屏访谈"；多家媒体机构采用的"5G+智能"采编装备已经可以借助 5G 网络，通过云端协同实现对现场目标实时识别、资料实时采集、语音识别和语言翻译等实时完成。未来的工作重心将向生产效率全面提升方面倾斜，加大"5G+智能+大数据+云计算"等技术与媒体运行的深度结合，推动制作、编辑、播报、采集等环节的智能化能力全面增强，最终实现主流媒体的融合发展不断走向深化。

5.3.2　新媒体

5G 促进网络新媒体多业态发展。5G 新业态还在探索中，但"高速、智能、泛在连接"的新趋势已经显现，新应用的爆发预计将滞后网络建设 2～3 年。5G 的高速互联和广泛连接将使网络媒体平台对全社会信息资源的聚合度全面增强，并从社会生活延伸到各行各业内部信息流动中，对用户需求的即时精准把控力和思想的深度影响力大大提升，开始向连接生活和生产的社会信息枢纽转型。同时可以预见到，一系列文化安全和数据安全问题会随之出现，如媒体内容展现的"人人不同"让原先以平台为核心的监管体系根本无法承受。

总体来看，5G 将推动媒体领域出现颠覆性变革，有望在 1～2 年内加快主流媒体融合化水平提升，在网络媒体智能和高速连接社会方面开辟出新的发展途径。5G 在现场制播的发展将分步推进，首先在 5G+超高清直播、5G+在线新闻采集等传输提速方面展开，预计 1～2 年内进入成熟阶段；然后逐步加大和人工智能技术的结合，形成在内容自动选题、智能生产等方面的能力增强型应用，渗透到包括全程控制、用户精准匹配和生态组织等更深的层面，并最终形成对媒体格局的再度颠覆。

‖‖‖‖‖‖‖‖‖‖‖‖‖‖‖‖ 5.4 智慧文旅 ‖‖‖‖‖‖‖‖‖‖‖‖‖‖‖‖

随着人民生活水平的日益提升，大众旅游的新时代早已到来，当前消费者对文化和旅游的需求已经从"有没有"发展到"精不精"的新阶段，从市场需求来看，消费能力越来越强，生活节奏不断加快、整体知识水平不断提升。在这种大环境下，文化行业也必须从单纯数量的追求提升到最佳品质的服务，这迫切需要借助信息技术手段提升大众的体验感。随着旅游出行人数和频次的暴增，景区管理者需要利用信息技术准确、及时感知和使用各类旅游信息，从而实现旅游服务、旅游管理、旅游营销等业务运作效率的全面提升，助力旅游业蓬勃发展。

随着 5G 技术的兴起，文旅行业聚焦在虚拟现实和产品可视化领域的应用也迎来新的发展。高速率、低时延的 5G 技术与 VR 技术结合，让这些交互式应用迎来更大的发展空间，让体验和互动形式更加丰富，更有身临其境之感。同时，5G 能够促进智慧旅游的跨越式发展，目前已经在沉浸式旅游、景区智能化管理、VR 数字博物馆、智慧商圈等场景展开试点应用，带来了积极效果。

5.4.1　沉浸式游览

5G 将为旅游和展览业带来新体检。多样化 5G 终端为景区娱乐项目创造了更新颖、更有文化内涵的展示手段。随着 4K/8K 大屏、VR 终端等终端形态的逐步丰富，游客可通过不同的方式感受景区风貌，获得全新的沉浸式游览体验。中国的黄山景区利用 5G 网络环境实时传输画面，实现远程 360°VR 纵览黄山美景，使游客"身临其境"地感受黄山美景。5G+VR 数字博物馆将文物从历史带进现实。传统博物馆展示多以单向观看和解说为基础，参观者对着静止而冷冰冰的文物，难以知晓文物背后的历史场景。在中国故宫博物院，5G+XR 新技术为文物的展出提供了一个无限的、安全的网络空间，在这个虚拟空间里，可以将故宫的 186 万件藏品同时展出，并且任意一件作品都可以随意变动、展览。这个可以从视觉、听觉和触觉全方位参观的虚拟数字博物馆，不仅可以让观众更亲近地感受中国传统文化，而且会为传统文化艺术的传播提供新的方式，为文化艺术的创造者提供最佳的研究空间。

5.4.2　景区智能化管理

5G 助力景区提升智能化管理水平，带来全新商业价值。首先，5G 无人接驳车能有效提升游客接待效率。旅游区通过 5G 智能网联运行支撑平台提供可视安全、可管可控的智能驾驶、人车路协同、智慧交通的运营支撑，同时提供车内 AR/VR 体验、广告等多样业务的支撑。基于 5G/V2X 技术在景区内的应用落地，较大地提升了园区内循环效率，节省了大量人力物力，并且激活园区无人驾驶商业应用多样化，提升多种增值服务收益。其次，5G 赋能景区应用，在互动中引导客户贡献知识和评价。景区、商圈可以借此汇集大量的游客信息，更深入地了解游客喜好，从而挖掘高价值的目的地文化内容和商业价值，呈现给游客高质量的文化属性名片。再次，可扩充景区管理的广度和深度。5G "智联万物" 的特性帮助景区进行更细颗粒度的管理，景区内的人、物和流程都会纳入景区的管理范畴，基于泛在化信息收集，可以实时对景区的人流和物资进行合理调度调配。

5.4.3　智慧商圈

5G 智慧商圈有效扩充商业综合体的信息消费市场。5G 与 XR、导航定位等新技术相结合可以推动信息消费，采用线上、线下联动，以线上消费、线下接受服务的新形式精准对接，实现商业场景重构、消费体验升级、线下消费复苏。中国部分商业综合体通过 AR 探宝、AR 红包、AR 景观、AR 智享、VR 店铺、VR 直播，在增加客流的同时提升了商户营业额，5G 的应用促进了文旅业的形式创新，为疫情后重启的文旅业带来了新的商机。

总体来说，目前 5G 在文旅业的应用正处于探索期，沉浸式旅游和数字博物馆将在 1～2 年内较快落地，景区智能化管理和智慧商圈应用场景需要 2 年以上的培养期，预计 3 年后将逐步成熟。随着 5G 与文化和旅游行业的不断深入融合，5G 应用将会覆盖消费者旅行的全过程，实现全流程信息的有序沉淀，将以主题化和舞台化的形式为游客提供更为丰富的旅游体验。以文化为内涵，以旅游为载体，以技术为驱动，智慧文旅将会进一步提升大众的文化和旅游体验。

5.5　城市治理

随着全球城市建设发展加速向数字化、网络化、智能化方向演进，城市的管理者和社会大众对城市运行的精细化感知需求日益加剧。迫切需要应用新一代信息技术手段整合城市运行核心系统关键信息，强调城市信息的全面感知，城市生活的智能决策与处理，实现城市经济和社会组织的高效化和协作化，城市社会服务的普惠化与人性化。

5G 技术为社会治理和公共服务方式变革提供新的机遇，将从治理过程、治理范围、治理手段等维度，推动政府治理方式从经验驱动转向数据驱动，决策过程从事后解决转向事先预测，极大地提升城市的综合治理能力。

5.5.1　精细化管理

5G 助力城市管理步入精细化、精准化新阶段。5G 与物联网、智能、大数据等技术融合，给城市管理、照明、抄表、停车、公共安全与应急处置等行业带来新型应用，助力打造精准智能的城市管理体系，在城市智能感知、城市运行管理、社区管理等领域率先应用。在城市智能感知方面，基于 5G 的智慧城管系统能连接更多设备，采集的海量数据将大幅提升城市管理能力。在城市运行管理方面，实现对"人、地、事、物、情、组织"等城市运行态势的量化分析、预判预警和直观呈现，为城市管理提供"一站式"决策支持。例如，利用 5G+无人机实现应急处理、森林防火、交通指挥、重大活动保障、市容环境监控、河道汛期巡检等远程巡查，指挥中心获取重要的作业数据，辅助管理者调度指挥，帮助城市管理从静态转向动态。在社区管理方面，助力实现社区智能出入、可疑人迹追踪、智能井盖防移动、电动车防盗等功能。例如，门禁系统利用高清视频结合大数据智能分析，能够实现对社区常住人口和外来人口的自动识别，通过对可疑人员的精准抓取和轨迹分析，辅助社区保安人员研判潜在风险。

5.5.2　远程政务

5G 将提升政务审批效率。在政务审批办理领域，5G 能够在审批业务受理、远程服务等方面发挥巨大作用，尤其是在目前疫情冲击影响下，不见面办事、零接触审批成为需求常态，但政务审批/办事往往涉及身份审核、信息填报、资料上传下载等，对于视频图像采集、网络访问性能等能力均有需求。首先通过 5G 能够让人脸识别更加精准快速，现场办理信息填报和上传更加快速，有助于提高审批受理和办理实效；再者 5G 超高清视频有望连接更多普通家庭和个人智能终端，实现随时随地在线办事，真正让政务审批服务"触手可及"。

5.5.3　智慧环保

5G 助力城市开展全方位生态保护行动。在生态保护体系建设领域，5G 重点在智慧水务、生态环保、城市环卫等领域发挥作用。如在智慧水务方面，5G 无人船可以实现自动采集水域信息，实时回传高清视频，对水质超标进行实时预警，对污染源信息快速锁定。无人船等新型装备能够采集复杂场景下的水质信息，让水生态监管无死角。在生态监测方面，通过在各类设施上加载 5G 智能终端，实现对各类资源要素及污染源的全面智能感知。利用 5G 无人机、VR 等技术直观监测污染情况，有助于实现污染快速处置，例如在福建、新疆等地区，采用 5G 网联无人机对河道进行巡检，同时进行水质检测或取样。在城市环卫方面，基于 5G 传感器的大规模部署，有助于提高城市环卫系统回收效率。

总体来说，目前 5G 智慧城市应用在重点城市有局部的应用，未能形成规模化推广，预计远程政务将在 1～2 年内得到推广应用，智慧环保和城市精细化管理将分批分步骤有序推进，预计 3 年后应用基本成熟，真正迎来快速成长期。随着隐私保护政策的逐步完善，5G 将加快智慧城市的建设与发展进程，加速城市中人与人之间、物与物之间、人与物之间的联结，智能化产品将大量涌进城市管理活动和居民日常生活，城市生活幸福指数将会有极大的提升。

5.6　智慧安防

智慧安防需求已经从"看得见"向"看得清""看得全""看得懂"转变，安防视频监控及安防终端的高清化、立体化以及智能化成为行业发展的必然趋势，对要求灵活性、多样性、可控性的安防布局提出迫切需求。

依托 5G 大带宽、低时延、高可靠的特性，在情况复杂无法布线的区域，布线施工成本大、用时长的区域，在不能破坏原有环境的区域以及紧急安全保障区域，无线高清视频监控部署变得更加容易。同时，5G 带动多种智能终端在安防领域开展协同应用，依托 5G 高速基础网络优势，高清视频监控、无人机巡防、AR/VR 监控仪器、智能巡防机器人等都可作为安防智能终端接入网络，实现优势互补，构成安防数据传输、分析和利用的重要枢纽，大幅提高突发事件的响应速度，全面提升智慧安防能力。

5.6.1 智能防护网

5G 织就智能防护网。5G 在实施层面，从多个维度不断加密城市安全防护体系，为经济社会平稳运行发展提供了有力保障。深圳 5G 智慧警务项目依托 5G 低时延、大带宽、组网灵活、快速部署的特点，建设了一张 5G 智能感知网。该感知网的应用场景包括 5G 空中巡防、5G 空地协同、5G 地面无人巡防指挥、5G 地面单兵巡防、5G 水面/水下巡防等。增强前端摄像机和视频云平台的智能能力，编织泛在感知网络，提高对各类风险隐患自动识别、敏锐感知和预测预警预防能力。广州市天河区公安局推进 5G 智慧安防应用，协同运用 AR 执法仪、高空天眼、无人机、警车/机器人等高清视频监控结合人工智能分析能力，形成立体安防系统。

5.6.2　应急管理

5G 为公共安防提供基础保障。在公共安防应急领域，5G 将率先与超高清视频监控融合，助力发展多种智能终端巡检，为智慧安防提供通信传输保障。在超高清视频安防监控方面，5G 网络将推动 4K/8K 高分辨率视频监控普及应用，凭借其高速数据传输能力，使高清视频数据采集、传输、存储和实时回传成为可能。基于智慧安防指挥云平台，结合大数据和人工智能等技术，对人脸、行为、特殊物品、车辆等实现精确识别，形成对潜在危险的预判能力和紧急事件的快速响应能力。

总体来看，应急管理场景将在 1 年内率先取得应用，智能防护网的全场景布局需要 2～3 年培育期，未来随着 5G 网络覆盖的逐步完善，无线视频监控部署将变得更加容易，在移动载体、危险环境、有线不可达等应用场景下的优势更为凸显，将迎来巨大发展空间。安防监控市场规模呈现逐年增长的发展态势，大大提升了各区域的安防能力，带动了相关产业的发展，当前安防监控产业处于由网络高清向智能化过渡阶段，呈现出新的发展趋势。

第三篇

5GtoB 成功要素构建与分析

第六章　5GtoB 成功要素体系构建

6.1　5GtoB 成功要素体系

　　5G 作为新一代移动通信技术，与 4G 相比，具有更高速率、更低时延和更广连接等特性。5G 在大幅提升移动互联网业务能力的基础上，进一步拓展到物联网领域，服务对象从人与人通信拓展到人与物、物与物通信，将开启万物互联的新时代。5G 重点支持增强移动宽带、超高可靠低时延通信和海量机器类通信三大类应用场景，将满足 20 Gbit/s 的接入速率、毫秒级时延的业务体验、千亿设备的连接能力、超高流量密度和连接数密度及百倍网络能效提升等性能指标要求。

　　5G 采用全球统一国际标准，通过灵活的系统设计满足多场景的业务需求。5G 技术带来的机遇远超 3G 和 4G，将给各行各业带来巨大的经济效益。目前，5G 正处于商用部署初期，增强移动宽带类的生活娱乐应用（如高清视频、沉浸式内容、AR/VR、可穿戴设备、在线游戏等）会最先得到普及。不久的将来，5G 将会渗透到各行各业（如无人驾驶、无人机、远程医疗、智能机器人、智慧城市等）。5G 的生命力在于万物互联的创新应用，在应用方面潜力巨大。目前全球多个国家和地区的众多运营商正在积极推进 5G 网络建设，随着 5G 商用网络的部署，将有更多超乎想象的应用出现。

目前，世界各国的电信运营商、垂直行业龙头企业等市场主体在智能制造、智慧医疗、智慧教育等领域不断探索与实践，发掘了大量优秀 5G 行业应用案例。但业界尚未形成系统性和公认的商业转化模式与发展路径，对于 5GtoB 的相关成功要素、发展规律与驱动机制缺少系统性研究和分析。

因此有必要针对目前 5GtoB 面临的挑战，对影响 5GtoB 业务发展的成功要素进行深入探究和实证分析，得出系统性和可量化的结论，进而丰富相关理论并为相关企业的实践提供参考。

以满足 5GtoB 场景应用需求为目标，以梳理相关利益方资源供给为牵引，以能力交付为导向，推导 5GtoB 的关键支撑要素体系，具体构建框架如图 6-1 所示。

场景（Scenario）、角色（Role）与能力（Capability）3 个要素共同搭建了 5GtoB 的成功要素逻辑框架，不同场景对应的不同角色需要具备不同的能力，可以通过把能力表述为场景与角色的函数来说明3 个成功要素之间的关系。

（1）场景定义。结合垂直行业（如智能制造、智慧医疗、远程教育等）方向，分析行业痛点和关键需求，树立靶向标，并进一步识别可以通过 5G 技术解决的痛点和需求，归纳总结 5GtoB 的共性应用场景（如高清视频、远程控制、AR/VR 等），并以场景为牵引构建通用的综合性解决方案。

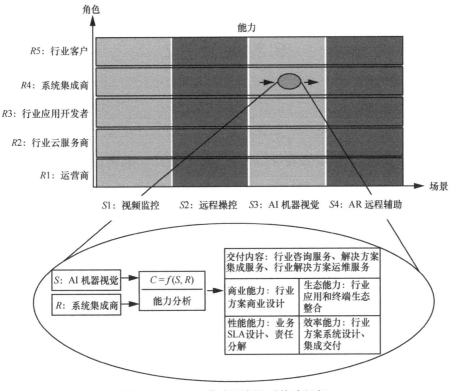

图 6-1　5GtoB 成功要素体系构建框架

（2）角色定义与职责。通过对 5GtoB 产业链进行剖析，识别关键的角色和参与者，包括行业客户、系统集成商（SI）、行业应用开发者（ISV/IHV）、行业云服务商、运营商等，并依据其生态位协同关系构建闭环的 5GtoB 价值传递链条。

（3）能力梳理。根据 5G 应用场景面对的技术挑战以及不同角色承担的职责，可以分析得出每个角色需要具备的能力，即能力是由场景和角色决定的，可以表达为 $C = f(S, R)$。其中，能力包括性能能力、效率能力、生态能力和商业能力等，梳理不同能力要素的内涵与内在的逻辑关系，确定各项要素的作用与定位，是使能 5GtoB 成功的关键。

6.2 场景定义

5GtoB 最终的服务对象是各个垂直领域的行业客户，涉及经济运行、生产生活、城市管理等，包括制造、医疗、教育、电力、金融、商贸等诸多行业的企业主体。本节将通过"T-S"两张表对 5GtoB 领域的转型需求以及主要应用场景进行梳理。

6.2.1 数字化转型清单（T 表）

基于垂直行业领域的业务需求和痛点分析，寻求通过 5G、智能、云等新一代信息技术融合，推动垂直行业应用创新和转型发展的重要机会和新兴市场空间。数字化转型清单（T 表，T 即 Transformation）见表 6-1。

表 6-1 多域协同使能数字化转型清单（T 表）

转型类别	具体转型举例（以家电产品制造为例）
多域协同使能效率提升	企业内/外部网络改造，设备智能化升级，实现设备和信息系统互联互通； 通过 5G 云化机器换人解决生产瓶颈，或通过智能技术平衡生产节拍； 柔性工装或智能夹具实现快速换模； 设备自动化/智能化改造提升生产能级
多域协同使能成本降低	必要工位机器换人，节约劳动力成本； 基于大数据分析优化物料消耗； 基于 AI 实现故障诊断预警； 通过产业链/产线数据联动、自动化仓库等提高库存周转率
多域协同使能质量改善	通过 5G+智能+自动化技术实现应检尽检； 通过 5G+智能+智能传感+大数据等技术实现智能化检测，升级检测手段； 基于标识解析、区块链等技术实现质量问题全生命周期追溯

（续表）

转型类别	具体转型举例（以家电产品制造为例）
多域协同使能安全提升	基于 5G+物联感知技术实现生产环境在线监测； 机器换人/辅助等方式降低劳动强度； 机器换人隔离恶劣劳动环境
多域协同使能价值增值	基于产品平台持续更新软件，不断升级客户交互和体验； 基于智能冰箱、智能音箱等给客户提供健康饮食指导、音频内容服务等增值服务； 实现冰箱、空调等家电产品个性化定制
多域协同使能其他转型	…

6.2.2 场景清单（S 表）

结合 5G 自身定义的三大基本场景，即增强移动宽带、超高可靠性低时延通信、海量机器类通信，依据不同行业转型清单（T 表）进行归纳总结，形成 5GtoB 共性应用场景清单，见表 6-2。

表 6-2 共性应用场景清单

场景名称	对应 5G 特性与应用举例
远程控制	uRLLC，如机器人、无人设备远程操纵等
智能识别	eMBB、uRLLC，如无人驾驶障碍识别、大型结构件精度分析与质量检查等
精准定位	mMTC，如工厂内工作人员定位、无人驾驶车辆高精定位等
泛在物联	mMTC，如智能水表、智慧路灯杆、智能窨井盖、烟感、门禁等城域物联设备的泛在接入
高清视频	eMBB，如 4K/8K 高清视频、直播与监控等
沉浸式体验	eMBB、uRLLC，如 AR/VR 等
其他	…

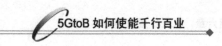

6.3 角色定义与职责

基于对 5GtoB 典型产业生态体系的分析,首先可以明确的是,5G、智能、云等新一代信息技术只有赋能于垂直领域的核心业务能力提升、转型升级和创新发展才能真正创造价值。因此,从相关利益方不同的角色定位,划分为行业客户、系统集成商(SI)、行业应用开发者(ISV/IHV)、行业云服务商、运营商 5 个重要角色,5GtoB 相关利益方角色定位与分层示意图如图 6-2 所示。

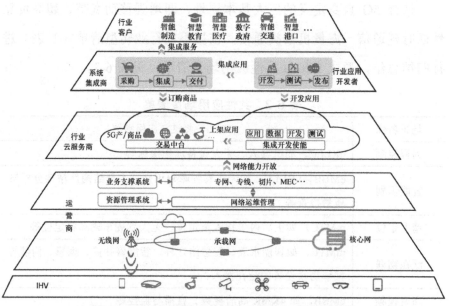

图 6-2 5GtoB 相关利益方角色定位与分层示意图

(1)行业客户

即垂直行业中具体应用 5GtoB 解决方案的企业,包括产业链核心企业、产业链生态企业以及客户单位等相关角色。行业客户的主要职责为开展可行性研究、立项招标以及合同签订，并开展实施、联调、验收与运营维护。在其职责范围内主要提供相关的可行性研究、投资、立项报告，系统集成建设方案需求以及企业/行业规范等相关标准交付件。

（2）系统集成商

主要为面向行业客户交付整体 5GtoB 解决方案的责任主体，提供包括业务咨询、顶层设计、建设规划咨询等服务，并负责总体方案设计、业务 SLA 责任分解、系统预集成测试、集成交付。其主要交付内容包括行业解决方案、系统集成服务以及系统运维服务等，并输出系统集成验收方案和标准等相关体系化标准交付件。

（3）行业应用开发者

主要为行业客户提供产品化或者定制化的行业应用，包括软件和硬件的设计、开发和制造。ISV/IHV 的主要交付内容包括行业应用软件和硬件终端产品等，并输出行业应用场景定义、应用系统功能与接口说明、终端产品说明与服务以及行业终端认证/测试规范等标准交付件。

（4）行业云服务商

主要为行业客户、系统集成商提供行业应用软件运行需要的与云计算相关产品及服务，并为行业应用开发者提供行业应用开发的整套云上开发流水线，并提供行业市场汇聚行业场景化解决方案，为行业客户和 SI 提供良好的交易界面。

（5）运营商

主要为行业解决方案提供 5G 网络连接服务，负责网络产/商品设计、网络运维保障等。其主要交付内容包括网络产/商品、网络规划设计、网络运维保障服务、网络终端等。

5GtoB 的五大关键角色立足于自身职责，需要构建与之匹配的能力体系，具体见表 6-3。

表 6-3　关键角色能力体系

关键角色	5GtoB 关键使能能力
行业客户	• 5GtoB 应用场景选择
系统集成商	• 行业 5GtoB 应用咨询 • 业务 SLA 设计和分解 • 行业终端、网络连接、应用的预集成 • 行业解决方案商业设计
行业应用开发者	• 5G 行业终端开发辅助 • 芯模端生态建设
行业云服务商	• 行业市场构建 • 应用开发使能 • 边云协同
运营商	• 5G NaaS 产/商品设计 • 可靠性 • 网络切片 • 企业自服务能力支持 • 网络 SLA 保证

对关键角色的能力进行分类，根据其特征，可以整合到性能能力、效率能力、生态能力、商业能力等不同的类别。

6.4　能力梳理

6.4.1　能力体系

5GtoB 能够可持续发展的核心成功要素主要包括性能能力、效率能力、生态能力和商业能力 4 个方面，如图 6-3 所示。

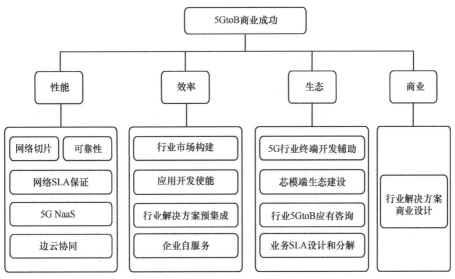

图 6-3　5GtoB 商业成功关键能力体系

第一，性能能力聚焦业务 SLA 的设计和实现，是 5GtoB 成功的根基和其他成功要素发挥作用的基础支撑。第二，效率能力聚焦行业解决方案的 1→N 复制，是 5GtoB 进入千行百业的关键能力，是实现可持续发展及批量复制的关键。第三，生态能力聚焦行业应用和终端生态整合，5GtoB 相关利益方构成的良好产业生态有助于产业整体的稳定发展。第四，商业能力聚焦行业的商业模式设计，关注 5GtoB 产业链责任和利益分配，是 5GtoB 生态繁荣的关键。

6.4.2　性能能力

（1）要素定位与说明

性能能力是 5GtoB 成功的根基，是 5GtoB 能够为行业创造新价值的必要条件，也是 5GtoB 自身进化与发展过程中实现能级跃迁的核心驱动力。5GtoB 关键技术是指能够与 5G 技术相结合，共同解决行业技术痛点，提升企业经营效率，满足场景应用需求的一系列不可或缺的重要技术，是 5G 集成创新赋能行业发展的核心驱动。

5GtoB 的关键赋能技术主要包括信息技术（IT）、通信技术（CT）和数据处理技术（DT）3 个方面（见表 6-4），如各类芯片、操作系统、数据库、传感器、物联网、人工智能、大数据、边缘计算、云计算以及区块链等技术；而行业专用技术则是不同应用领域特有的技术，如医疗领域的超声技术、免疫检测技术等，化工领域的气体制备工艺、质量优化模型、物流调度算法等。其中，网络切片、边缘计算、毫米波、上行增强、基站定位以及低功耗等技术是对 5GtoB 发展影响较大的通用赋能技术。

表 6-4 5GtoB 关键技术举例

技术类型	内涵	举例
IT	信息技术	芯片集成电路、ERP、MES 等软/硬件信息化系统开发技术
CT	通信技术	NB-IoT、网络切片技术、边缘计算技术、低功耗技术等网络通信技术
DT	数据处理技术	人工智能、大数据、边缘计算、云计算等数据分析处理与应用技术

（2）要素如何使能 5GtoB

关键技术使能 5GtoB 主要体现两个方面，一是以新技术满足行业现有需求，二是以新技术创造新的市场需求，使得 5GtoB 具有潜在的市场价值。

以新技术满足行业现有需求是问题导向、需求导向的技术创新，需要深入行业之中，挖掘场景痛点，针对性地通过 5G 与各类关键技术集成创新加以解决。例如，5G+XR 技术应用于教育领域可以满足教育行业构建沉浸式的教学环境的需求，一方面可以用于形象化地讲解抽象理论和概念，以及现实生活中难以观察到的自然现象或事物变化过程等内容；另一方面，在职业技术培训中，5G+XR 技术构建虚拟的培训环境或者在真实操作设备上叠加虚拟信息指导，从而提高培训效率和安全性。5G+XR 技术的融合发展不仅可以有效解决 XR 内容云端存储与低时延传输问题，而且可以将 XR 教学扩展到远程教学的场景，丰富远程教学的形式和内容。

以新技术创造新的市场需求是对市场的重新挖掘，能够为行业带来新的发展机遇和更为广阔的发展空间。5G 使得泛在物联网建设、大规模机器人与无人机协同作业成为可能，基于物联网、机器人和无人机的创新应用将不断涌现，不仅可以催生一批 5G 行业应用终端产业，也会带来新的服务型产业，例如 5G+车联网的发展将带来新的安全问题，除传统道路交通安全问题外，5G+车联网的发展还会产生通信安全和数据安全问题，必然会在设备检测和安全运维服务领域产生新的市场需求。

因此，对于 5GtoB 而言，性能能力的主要作用是为行业提供了新的生产力，为其他要素发挥作用提供基础支撑，具体体现为催生新工艺、新产品、新服务、新业态、新模式、新产业。

性能能力催生新产业是技术创新价值的终极体现，3G 和 4G 的发展带来了智能手机等硬件终端，以及包括移动支付、移动社交、手机游戏等软件应用在内的一系列新产业的兴起，尽管目前 5G 的发展还没有带来新的产业，但是数字产业化和产业数字化已是大势所趋，5G 时代的新产业值得期待。

6.4.3 效率能力

（1）要素定位与说明

5GtoB 业务的本质仍然是 ICT 业务，因此项目建设的完成只是成功的一半，运营与运维的效率能力则是决定项目最终是否成功的重要因素。运营运维是凸显应用导向特点的关键要素，是商业模式在 5GtoB 项目运营和运维环节的具体化。运营运维要素包括 5GtoB 项目运营和项目运维两个环节，其中，5GtoB 运营包括解决方案运营和生态合作运营，对于运营商而言，解决方案运营主要体现为网络能力+服务能力以及场景化方案竞争力的持续构建，而生态合作运营则体现为与系统集成商、服务商、终端厂商等主体之间的深度合作体系。5GtoB 运维则包括规划设计、集成交付、维护保障和持续优化，对于运营商而言，重点体现为网络的运维能力。5GtoB 运营运维如图 6-4 所示。

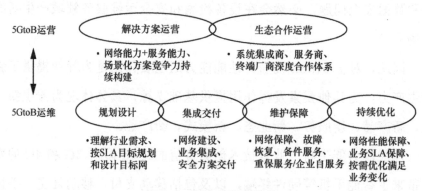

图 6-4　5GtoB 运营运维

（2）要素如何使能 5GtoB

运营运维是 5GtoB 业务形成完整闭环的重要环节。对于运营商而言，提升运营运维能力不仅是保证服务质量的关键，也是摆脱管道局限的必然选择，而对于业务集成服务商与行业应用开发者而言，强化运营运维环节投入同样是提升客户关系与增强自身竞争力的重要举措。

从 5GtoB 业务整体发展来看，运营运维模式不仅决定了运营运维环节的效率与收益，也最终影响着整体商业模式是否成功。同时，运营运维也是持续挖掘场景业务机会，不断导入新技术、新能力的重要渠道。

进一步地，通过将运营运维与集成交付的流程标准化、模块化，实现面向 5GtoB 工程项目落地实施的相关资源与能力快速组织和匹配，举一反三，实现从 1 到 N 的快速复制推广。

6.4.4　生态能力

6.4.4.1　产业生态

（1）要素定位与说明

产业生态是在政治、经济、文化和技术等宏观背景下，产业链、供应链、创新链及价值链各环节相互交易所形成的企业间关系的总和，反之也是个体企业发展面临的外部环境。因此，产业生态是特定宏观背景下企业相互竞争与合作的内生产物，同时，又以竞争环境、行业标准、交易机制等影响生态体系内每一个企业的发展。

对于 5GtoB 而言，产业生态主要包括终端生态和应用生态两个子生态。终端生态以 5G 行业终端产业链为核心，包括终端设备、模组、元器件、芯片、检测仪器仪表等环节的企业；应用生态包括电信运营商、行业云服务商、系统集成商、ISV/IHV 以及行业客户等环节的企业。此外，高校等创新研发机构以及行业联盟等组织也会出现在产业生态中。而行业规范、国家政策等环境因素将作为其他成功要素单独

进行分析。

（2）要素如何使能 5GtoB

产业生态是 5GtoB 相关利益方发展面临的最基本的外部环境，是外部机遇和挑战的直接来源。良好的产业生态是 5GtoB 相关企业发展的重要基础，有助于产业整体的稳定发展。对于个体企业而言，产业生态是其获得各类资源的来源，也是其销售产品和服务的市场，良好的产业生态能够发挥优胜劣汰的自然选择机制，驱动产业整体的有序发展。

完善的产业生态能够使不同 5GtoB 业务环节的企业专注于自身优势业务，从而形成个体企业与产业生态相互促进的良性循环。产业生态形成的前提是产业规模的扩大与市场分工，而市场分工则意味着专业化，因此随着产业生态的不断成熟，将出现越来越多的专业服务商，从而大幅降低产业进入门槛，吸引更多企业加入 5GtoB 产业生态中。

6.4.4.2　行业规范

（1）要素定位与说明

以标准为核心的行业规范已成为 ICT 发展的基础，是关系产业发展方向的战略性工作，标准先行才能实现 5GtoB 网络、产品与应用的互联互通。因此，行业的规范化发展特别是标准统一，是 5GtoB 快速有序发展和走向成熟的重要基础。

不同类别的标准是行业规范的主要内容，从层级上看主要包括企业标准、行业标准、地方标准、国家标准和国际标准，从业务功能看，包括设备标准、网络标准、数据标准、安全标准等，特别是考虑到 5GtoB 涉及行业领域和业务场景的复杂性，相关标准体系构建将是一项长期性的复杂工作。

作为新一代移动通信技术，5G 是首先需要统一的国际标准。目前，5G 技术标准的制定在 3GPP 统一领导下，正在不断演进，特别是 2020 年 7 月冻结的 R16 标准，重点面向制造和交通等行业应用，实现 5G 从"能用"到"好用"，进一步增强了 5G 面向低时延、高可靠等场景的服务能力。而对于 5GtoB 行业应用而言，由产业链各环节龙头企业牵头制定的企业标准和行业标准更加重要。例如，针对 5G+车联网的发展就需要考虑制定车载关键系统、高精度地图、云控基础平台、安全防护、智能化基础设施、车用无线通信技术标准和设备接口规范、汽车等终端设备产品认证、运行安全测试、人机控制转换、车路交互、车车交互、车辆事故产品缺陷调查，以及仿真场景、封闭场地、半开放场地、公共道路测试等技术标准和规范。

（2）要素如何使能 5GtoB

行业规范为 5GtoB 发展统一了标准，这意味着奠定了开放发展、公平竞争的基础，是进一步形成良好产业生态的重要基础。标准等行业规范的制定需要 ICT 与垂直行业的龙头企业共同牵头，对接政府和国际机构，积极参与国际交流和国际标准制定，争取掌握标准制定的主动权和主导权。

具体而言，标准等行业规范的作用主要体现在 3 个方面：一是技术与产品的互联和兼容，二是规范和引导技术创新，三是提供信任机制，降低交易成本，提高发展效率。例如，5G+车联网的发展涉及技术、产品、应用、基础设施等多个方面，涵盖通信、汽车、交通运输与管理等多个行业和部门，跨行业、跨领域属性突出，亟须加快形成跨行业的标准化体系，只有确立统一的行业技术标准，才能实现真正意义上的"网联化"，否则难以实现整个体系的互联互通。

6.4.4.3 国家政策

（1）要素定位与说明

国家政策是影响行业发展最重要的宏观环境因素之一，是 5GtoB 成功之树成长壮大不可或缺的阳光雨露，能使向阳而生的树叶更加茂盛。广义的国家政策包括政策和法规，从具体政策法规的层级看包括国家战略和法律法规、部委政策和规章制度、地方政策和地方性法规等方面。5GtoB 政策体系如图 6-5 所示。

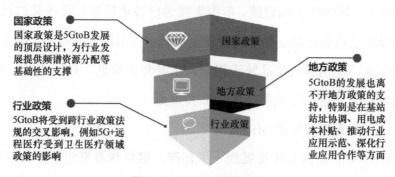

国家政策
国家政策是5GtoB发展的顶层设计，为行业发展提供频谱资源分配等基础性的支撑

行业政策
5GtoB将受到跨行业政策法规的交叉影响，例如5G+远程医疗受到卫生医疗领域政策的影响

地方政策
5GtoB的发展也离不开地方政策的支持，特别是在基站站址协调、用电成本补贴、推动行业应用示范、深化行业应用合作等方面

图 6-5　5GtoB 政策体系

频谱划分与频率使用授权是对 5GtoB 乃至 5G 技术本身发展影响最大的政策因素。包括 5G 在内的移动通信技术本质上是利用无线电波进行信息传输，因此无线电频谱资源是 5G 发展与应用的基础。一方面，无线频谱资源属于国家所有的稀缺性战略资源，对频谱资源的利用必须得到授权。目前，中国无线电管理机构已经为 5G 公网配置了 680 MHz 的优质频谱资源。

另一方面，不同频段的无线电频谱资源具有不同的性质，在根本上影响了技术的发展和行业应用。例如，伴随着移动通信技术从 1G 向 5G 演进，需要使用的频率频段越来越高，因为中低频的频谱资源已被授权给其他应用，只有在更高的频段才能够获得更宽的连续性频谱资源，从而获得更大的带宽。但是更高的频段往往意味着无线电波的传输距离更短、覆盖范围更小、绕射能力更差。为了支持 5G 发展，中国将原本用于广播电视应用的 700 MHz"黄金频段"的频谱资源收回并重新分配给了 5G，体现了国家政策对 5G 发展的大力支持。

对于 5GtoB 行业应用而言，不仅要受到移动通信领域的频谱等政策影响，还要受到跨行业政策法规的交叉影响，例如 5G+远程医疗、5G+车联网、5G+智慧教育不仅需要满足移动通信领域相关政策法规要求，也要满足医疗卫生、交通运输以及教育等行业领域的相关政策法规要求，包括使用相关设备、提供相关服务的准入政策和监管政策等。5GtoB 的发展也离不开地方政策的支持，特别是在基站站址协调、用电成本补贴、推动行业应用示范、深化行业应用合作等方面。

（2）要素如何使能 5GtoB

国家政策是 5GtoB 发展的牵引线和催化剂。国家政策直接引导行业的发展方向，同时也会加速行业发展，但行业的长期发展依然需要以企业为主导，由市场起决定性作用。因此，国家政策对于 5GtoB 的发展而言是至关重要的外部影响因素，但仍然要通过企业发挥最主要的作用。

国家政策对 5GtoB 发展的作用体现在正向激励和负向约束两个方面。其中，正向激励包括鼓励和支持 5G 等新一代信息技术赋能千行百业，推动数字产业化和产业数字化发展，而负向约束则体现在法律法规对于特定行业应用的限制，例如数据隐私保护，基站选址、功率、频率的管控，以及交通、医疗等不同行业应用的约束与限制。

6.4.4.4 组织人力

（1）要素定位与主要内容

人和组织是 5GtoB 发展最根本的要素，不论是关键技术还是商业模式，都是基于人和组织而形成的，并通过人和组织发挥作用，因此组织人力是 5GtoB 成功之树的土壤，包括组织结构和人力资源两方面，组织结构影响着人力资源要素作用的发挥。企业组织结构的形式需要适应企业的商业模式，同时决定了企业的决策模式和工作方式，而企业的人力资源主要包括管理人员、技术开发人员、营销人员、服务人员以及各类职能人员等。5GtoB 是需要跨行业、跨领域协同创新和快速应变的新型业务，需要更加敏捷的组织形式和更加复合的人才队伍。推动 5GtoB 发展的组织人力要素如图 6-6 所示。

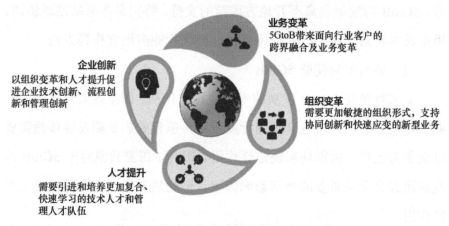

图 6-6　推动 5GtoB 发展的组织人力要素

（2）要素如何使能 5GtoB

组织人力是 5GtoB 具有生命力的根本所在。一切战略落地归根结底要由组织和人来实现，通过组织和人创造性的工作，关键技术、商业模式、产业生态、运营运维、行业规范和国家政策等成功要素将实现有机协同，共同推动 5GtoB 业务的发展进化。

组织人力的作用在于保障 5GtoB 业务得以按照预定的路径发展，包括关键技术的成功开发与应用，商业模式的成功落地与高效运转，产业生态通过人和组织之间的有效沟通而良性发展，运营运维工作由匹配的组织与人力承担，行业规范和国家政策由相应的组织和人才制定并得到落实等。此外，组织自身的变革和人自身的发展也要由组织和人实现，因此，组织人力实际是其他各项成功要素作用发挥的承载者。

6.4.5　商业能力

（1）要素定位与主要内容

5GtoB 适配多行业、多业务、多客户，面临个性化生产、碎片化应用的突出矛盾，形成高效、合理、共赢的商业能力是从 1 到 N 实现可持续发展及批量复制的关键。商业能力是商业模式的具象，本质上是参与商业活动的相关利益方之间的交互关系、行为方式与利益分配机制。根据《商业模式新生代》[13]一书提出的商业画布理论，商业模式主要包括客户细分、客户关系、销售渠道、价值主张、关键业务、核心资源、重要伙伴、收入来源和成本结构 9 个重要组成部分，如图 6-7 所示。

商业能力体现的主体是企业而非行业，5GtoB 业务参与企业类型多，覆盖行业领域广，不同行业领域、不同产业环节的企业在开展 5GtoB 业务时更需要采用不同的商业模式。不同类型的企业将形成不同的商业模式。以商业模式中的关键业务为例，中台（即数字赋能层的关键业务）包括终端产品 OEM/ODM、SaaS 服务、数据供给与数据治理服务、智能模型开发服务等类型，而后台资源支持层的关键业务包括数据中心或网络硬件设备销售、云资源运维服务、网络资源运维服务等类型，商业模式（关键业务）对比示意图如图 6-8 所示。在此基础上，不同类型主体的客户细分、客户关系、销售渠道等也各不相同。

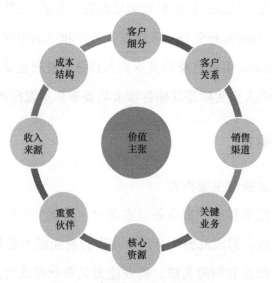

图 6-7　商业能力重要组成部分

前台商业模式 ➝ 中台商业模式 ➝ 后台商业模式

序号	商业模式		序号	商业模式		序号	商业模式
(1)	5G终端销售		(1)	终端产品OEM/ODM		(1)	数据中心/网络硬件设备销售
(2)	基于5G的SaaS服务		(2)	SaaS服务委托开发或收入分成		(2)	云资源运维服务
(3)	5G专网切片服务		(3)	数据供给与数据治理服务		(3)	网络资源运维服务
(4)	AI能力服务		(4)	AI模型开发服务		…	…
(5)	边缘/云化算力服务		…	…			
(6)	系统集成服务						
…	…						

图 6-8　商业模式（关键业务）对比示意图

　　另外，不同主体的商业模式并不是孤立存在的，而是在与产业生态中其他利益方的竞争与合作交互中不断变化的，并影响着产业生态的整体发展。因此，在某一行业应用中，推动 5GtoB 发展的主体不同，该行业的 5GtoB 业务发展逻辑和模式也各不相同。目前 5GtoB 商业模式主要包括运营商主导、系统集成商主导、行业客户主导（详见第 10.3 节商业模式的多种形态）。

比如，在运营商主导模式下，NaaS 是面向 5GtoB 业务的，基于网络切片和软件定义网络（Software Defined Network，SDN）技术的一种重要模式创新。5G 之前的移动通信网络重点面向 C 端用户，只是一个物理载体，而在 5G 时代，网络与行业应用更加密切地联系在一起，不论对于行业客户还是运营商，网络能力能够像计算资源一样服务化，将产生更大的价值。运营商以 NaaS 模式向行业客户提供服务时，可以实现网络能力的标准化，打通 5G 网络应用全流程。运营商通过对外提供开放的网络能力调用接口，供系统集成商、行业应用开发者、行业客户等相关利益方通过接口把网络能力和自己的开发或应用相结合，实现更便捷的服务，更好地满足应用开发和用户定制化的需求。

（2）要素如何使能 5GtoB

商业模式能够展示 5GtoB 的经济合理性与商业逻辑，为企业提供将 5GtoB 业务理想变为现实的闭环路径。正如管理学大师 Peter F. Drucker 所指出的，"当今企业之间的竞争，不是产品和服务之间的竞争，而是商业模式之间的竞争"。能够形成高效合理的商业模式是现有企业得以生存发展的必要条件，也是更多潜在进入者愿意参与其中的前提。商业模式的成熟度与关键技术的成熟度共同决定了 5GtoB 发展的成熟度。

概况来看，商业模式最核心的作用是为企业解决"卖什么（What）"

"卖给谁（Who）"和"怎么卖（How）"的问题。"卖什么"是对自身关键业务的定位，"卖给谁"是对核心目标客户的定位，"怎么卖"则是对客户关系与销售渠道等方面的综合考虑。

例如，对于运营商而言，卖管道服务、卖业务集成+服务是两类截然不同的商业模式，不同模式为运营商带来的价值和收益不同，并且对运营商的投入和能力要求也不同。此外，制造、交通、医疗等不同领域的行业客户对于网络、计算、云、应用等方面也有着不同的需求，需要深入挖掘业务场景。运营商可以结合自身的资源、能力和目标，进行商业模式的分析与选择，确定"卖什么"和"卖给谁"，并在此基础决定"怎么卖"，例如是通过集成服务商间接卖，还是作为集成服务商直接卖。

如第 6.4 节构建的 5GtoB 商业成功要素体系所示，5GtoB 商业成功可归纳为性能能力、效率能力、生态能力和商业能力的共同作用。性能能力方面，基于国际电信联盟（International Telecommunication Union，ITU）定义的增强移动宽带、超高可靠性低时延通信、海量机器类通信三大 5G 应用场景，5G 技术标准沿着增强 5G 技术能力和解决实际应用问题两个方向持续演进发展，5G 增强技术标准、端到端网络切片技术、毫米波技术、5G 行业虚拟专网技术等取得阶段性进展，低时延、确定性、超可靠等高性能指标的进一步升级为垂直领域赋能提供基础共性性能能力。效率能力方面，关键在于构建行业市场及应用使能中心，以及打造高效运维及企业自服务能力。生态能力方面，5GtoB 需要打破传统模式，通过打造新的产业生态、技术生态和应用生态，构筑通用原子能力、解决终端模组规模上量问题，同时应充分利用国家支持政策，推动通信标准与行业标准的融合，实现整个价值链的横向贯穿和协同，最终驱动千行百业的数字化转型。商业能力方面，在网络建设模式上，运营商正在从供给驱动向需求驱动转变，从单纯流量经营向价值经营转变，商业空间逐渐拓展；在商业模式上，5GtoB 领域已探索形成运营商、行业客户、系统集成商等产业方主导的多种形式，且商业模式处于动态变化中，未来还存在多种可能性。

第七章 5GtoB 成功要素分析：性能能力

7.1 5G 技术标准演进

全球的 5G 技术标准由国际通信标准组织 3GPP 负责制定。5G 标准的研制工作始于 2016 年，截至 2021 年 1 月形成了 R15、R16、R17 共 3 个演进版本。2018 年 6 月 3GPP 完成了第一个版本——R15 标准的冻结。该版本重点完成了 eMBB 技术，并根据全球市场需要，先后支持了独立组网（SA）和非独立组网（NSA）两种方式。2020 年 7 月 3GPP 完成 R16 标准的冻结。R16 标准是对 R15 标准的一次增强，实现了从"能用"到"好用"，在增强 eMBB 业务能力的同时，重点支持了车联网、工业互联网等低时延高可靠应用场景。在 R16 标准冻结前，3GPP 已经于 2019 年第 4 季度启动了对 R17 标准制定的准备工作并预计于 2022 年 6 月完成。

7.2　5G 三大应用场景

ITU 于 2015 年 9 月正式定义了 5G 的三大应用场景，分别是增强移动宽带、超高可靠性低时延通信、海量机器类通信。

增强移动宽带是传统的移动互联网场景，可进一步划分为连续广域覆盖和热点高容量场景。其中，连续广域覆盖将提供无缝的连续网络覆盖，为用户提供移动性和业务连续性保证；热点高容量主要面向局部热点区域，为用户提供高速数据传输速率，满足用户高流量需求。当前 4G 虽然可以满足客户对音频、视频和图像等基本业务应用需求，但随着客户不断追求更高品质的业务体验，对数据传输速率和时延提出了更高的要求，现有的 4G 网络难以满足。根据 ITU 确定的 5G 关键性能指标，5G 的小区峰值速率将比 4G 提升 10 倍以上，可以支持如高清视频、3D 视频、AR/VR 等沉浸式应用，客户体验将发生翻天覆地的变化。

超高可靠性低时延通信是 5G 的另一重要应用场景，重点满足行业应用中对时延和可靠性要求极高的特殊需求，如车联网、智能电网、工业控制等。

海量机器类通信主要面向物联网业务，作为 5G 新拓展出的场景，重点解决传统移动通信无法很好支持海量物联网连接的问题。

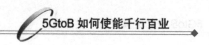

7.3 5GtoB 关键使能技术

7.3.1 5G 确定性网络

5G 确定性网络（5G Deterministic Networking，5GDN）指利用 5G 网络资源打造可预期、可规划、可验证、有确定性能力的移动专网，可提供差异化+确定性的业务体验。5G 确定性网络与工业、能源、多媒体、医疗、车联网等领域的融合具有广阔的前景。例如，5G 与工业互联网融合的主要场景有机器视觉检测、高清视频监控、AR 协作等，这些场景对时延、带宽、可靠性等有严格的要求，此前的 4G、Wi-Fi 等其他网络无法满足需求，从而激发了对 5G 网络的确定性需求，5G 确定性网络应运而生。

5G 确定性网络的规划和建设，围绕"CORE"四要素的能力展开：C 代表全云化（Cloud Native）、O 代表全融合（One Core）、R 代表全自动（Real-Time Operation）、E 代表全业务（Edge/Enterprise）。5G 确定性网络的提出满足了行业数字化对 5G 网络 3 个维度的诉求，即能力可编排的差异化（Differentiated）网络、数据安全有保障的专属（Dedicated）网络、自主管理可自助服务的 DIY 网络。

7.3.2 5G 行业虚拟专网

5G 行业虚拟专网指基于 5G 公网向行业客户提供的能满足其业务及安全需求的高质量专用虚拟网络，是为行业客户提供差异化、可部分自主运营等网络服务的核心载体。当前 5G 行业虚拟专网面向服务类型定义了两类应用场景：局域部署场景与广域部署场景。

局域部署适用于园区/厂区型企业，保障核心业务不出园区，基于特定区域的 5G 网络实现业务闭环。局域部署基于核心网网元部署位置已形成两类方案，第一类方案为核心网用户面功能（User Plane Function，UPF）下沉，即通过 UPF 下沉到企业，实现业务不出园区的需求。UPF 的下沉实现了网络建设及维护成本的降低，适用于中小型企业。UPF 负责公网与行业本地业务流的分流，实现了公网及行业业务的同时承载。第二类方案为全套核心网网元下沉，即通过全套核心网网元下沉，实现控制指令业务数据不出园区。尽管全套核心网网元下沉可提供更好的数据及业务隔离性，但网络建设及运维成本较高，适用于大型企业。两类方案均可通过建立本地自服务管理平台，与运营商对外能力开放平台对接，形成行业企业的自助监测、管理、配置。

另外，基于行业是否专用无线网频率/基站已形成 3 类方案：第一类方案为行业客户与公网客户共享频率和基站，通过 QoS、切片等技术实现 VIP 客户的资源优先保障，特点是部署快、成本低；第二类方案是频率专用、基站共享，通过接入控制等技术实现行业客户的频率专用，特点是高安全性、高隔离性，成本略高；第三类方案是频率和基站都专用，无线网完全专用，即物理专网，特点是极高隔离和安全性，成本最高。

广域部署则适用于跨域经营的企业，实现不同行业不同业务的安全承载。广域部署同样形成了两类方案：第一类方案为网络资源共享，即行业客户使用运营商的 5G 公网网络资源，通过划分虚拟专用切片实现业务优先保障和业务汇聚。虚拟专网切片的成本较低,且该网络切片组合无线、传输、核心网的切片方式,可满足不同类型行业需求,该方案更适用于中小企业。第二类方案为物理资源独享,即行业企业拥有物理独享的核心网资源,通过划分物理专用的切片实现业务保障和物理安全隔离。因物理专用切片成本较高,该方案适用于对安全隔离诉求强烈的企业。

7.3.3 边缘计算

随着 5G 技术的不断成熟,面向 5G 行业应用的计算模式经历了从大集中到逐步分散、从对等计算到云计算、从端云协同到端边云协同的转化。该转化趋向于将计算能力下沉到边缘,以匹配物联网时代对海量终端节点处理能力的要求,由此催生出边缘计算。

边缘计算的核心理念是计算应该更靠近数据的源头、更贴近客户。在满足行业应用需求中,计算任务应前置到物端,而不仅在云端。其应用目标是将计算、存储、连接作为基础能力,提供给所有行业,实现行业的数字化、网络化和智能化。

5G 在满足行业需求的同时,也驱动了边缘计算的新业态。首先是应用本地化,园区或企业数据可以在本地形成闭环,实现数据不出园区,满足数据安全要求;其次是内容去中心化,在运营过程中,大带宽内容从原有的中心转变为区域分布式部署,网联汽车、智能驾驶等大量数据分流在 MEC 边缘云进行实时分析和协同,避免核心网带宽限制;最后是计算边缘化,新型超低时延业务在边缘才能满足业务诉求,MEC App靠近客户部署,减少数据到中心云处理的时间,满足业务低时延要求。体系结构上,边缘计算的发展由简单的边缘云、边缘网关、边缘控制器与应用平台的单点连接，逐渐变为各个边缘节点与云平台的协同处理模式，最后向与人工智能技术相结合的边缘智能平台方向发展。

7.3.4　切片技术

5G 网络切片在 3GPP TS23.501 中已经定义[1]，通过将物理网络切分为多个逻辑网络实现一网多用，使运营商能够在一个物理网络之上构建多个专用的、虚拟的、隔离的、按需定制的逻辑网络，满足不同行业客户对网络能力的不同需求（如时延、带宽、连接数等）。

从 toB 业务模式来看，大多数行业客户对定制化开发和个性化特性有强烈需求。5G 网络切片可为不同业务提供独立运行、相互隔离的定制化专用网络服务，是 5G 服务行业客户的关键切入点。5G 网络切片作为一个按需定制的端到端的逻辑网络，涉及无线、传输、核心网和管理域。在 2020 年 7 月冻结的 3GPP R16 标准中，5G 网络切片已经初步实现 eMBB 和 uRLLC 类切片的基本功能和基本流程的定义，为第一波 5G 部署和网络切片业务商用奠定了坚实基础。与此同时，5G SA 网络初步商用，为端到端网络切片技术的应用创造了基础条件。5G 切片具备了"端到端网络 SLA 保障、业务隔离、网络功能按需定制、自动化"的典型特征。

（1）端到端网络 SLA 保障

5G 网络切片由核心网、无线、传输等多个子域构成。网络切片的

1　5G 切片在 3GPP TS23.501 的切片定义为：

Network Slice: A logical network that provides specific network capabilities and network characteristics.

Network Slice instance: A set of Network Function instances and the required resources (e.g. compute, storage and networking resources) which form a deployed Network Slice.

SLA 由多个子域组成的端到端网络来保障。网络切片实现多域之间的协同，包括网络需求分解、SLA 分解、部署与组网协同等。5G 网络切片端到端架构如图 7-1 所示。

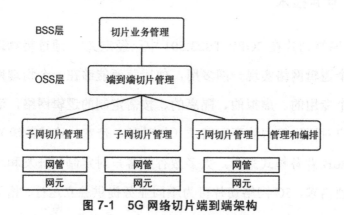

图 7-1　5G 网络切片端到端架构

切片端到端的管理架构包含通信服务管理功能（Communication Service Management Function，CSMF）、网络切片管理功能（Network Slice Management Function，NSMF）、网络切片子网管理功能（Network Slice Subnet Management Function，NSSMF）3 个关键部件。

CSMF 是切片设计的入口。其作用是将承接业务系统的需求转化为端到端网络切片需求，并传递到 NSMF 进行网络设计。CSMF 功能一般由运营商 BSS 改造提供。

NSMF 负责端到端的切片管理与设计。其作用是在得到端到端网络切片需求后，NSMF 产生一个切片的实例，根据各子域/子网的能力进行分解和组合，将子域/子网的部署需求传递到 NSSMF。NSMF 功能一般由跨域切片管理器提供。

NSSMF 负责子域/子网的切片管理与设计。核心网、传输网和无线网均有各自的 NSSMF。

（2）业务隔离

网络切片为不同的应用构建不同的网络实体。逻辑上相互隔离的专用网络确保在不同的切片之间业务不会互相干扰。

（3）网络功能按需定制

5G 网络将基于服务化的架构，对软件架构进行服务化重构，以此形成网络可编排能力，为每个应用提供不同的网络能力。同时，5G 网络分布式特点可以根据不同的业务需求部署在不同的位置，满足不同业务对带宽、时延的要求。

（4）自动化

与传统网络一张大网满足所有要求相比，5G 通过切片技术将一张网裂变成多张网。5G 的发展必然会带来运维难度的大幅增加，因此自动化是 5G 网络必须具备的一个特征。当前自动化的发展节奏主要通过分割网络切片生命周期中各个环节的操作，允许工作流中的每个环节支持人工、半自动或者全自动的方式进行处理，伴随着用户网络规划能力的发展，以及网络的扁平化、简单化，最终达成自动化。

近年来，公有云、私有云和边缘计算之间的界限正在模糊。从目前 5G 网络切片在 toB 行业的发展来看，网络切片和云、边、端的结合趋势明显。一方面，网络切片+云边端可满足大部分行业/企业对网络保障和应用体验的定制需求。网络切片具有端到端网络 SLA 保障、高效网络按需扩容以及建立不同等级安全隔离的特点。公有云、私有云供应商则能够使企业部署专属网关和边缘平台，在保证数据不出园区的情况下，网络可以按需将流量引导到边缘节点或集中节点，以达到共同实现端到端低时延的效果。另一方面，网络切片带来新的运营

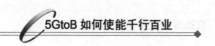
模式，支持系统从流量收费模式向切片收费模式演进升级。

7.3.5　5G 上行增强解决方案

随着 5G 向钢铁、矿山、港口、制造等行业渗透，5G+视频监控、5G+远程控制、5G+机器视觉等业务场景需实时回传多路高清视频，对网络上行能力的要求越来越高。当前 5G 网络的下行峰值速率已实现千兆，但随着 toB 业务对上行速率需求越来越强烈，上行业务速率能力亟须增强。

为了提升 5G 上行能力，行业正在探索更多的解决方案，其中包括灵活帧结构 1D3U、SUL 上行增强、上行载波聚合、多频段协同组网等。

（1）灵活帧结构 1D3U

因公网客户需求以下行为主，当前 5G TDD 系统中的主流时隙配比为 8D2U 和 7D3U 等，分配的下行资源远高于上行。面向有大上行需求局域场景，可以通过调整时隙配比将更多的资源分配给上行，典型时隙配比为 1D3U，上行时隙数是 8D2U 的 3 倍，单用户峰值约 750 Mbit/s，与 8D2U 相比，提升了 2 倍。为了同时满足 toC 大下行和 toB 大上行诉求，需要考虑 TDD 系统下两种帧结构共存并解决异帧结构干扰问题，一方面可以通过限定使用场景（如地下矿井等封闭场景）解决干扰问题，帧结构根据业务需求可以灵活调整。另一方面在半封闭场景可以通过增加两类基站的部署距离、新增干扰消除手段等方式，实现不同帧结构共存。

（2）SUL 上行增强

在 SUL 上行增强解决方案下，当手机处于 TDD 频段覆盖范围时，FDD 低频段不会空闲，也积极参与提升上行带宽的工作。例如，当 TDD 频段传送上行数据时，FDD 低频段上行不传送数据，以充分发挥

TDD 大带宽和终端双通道发射的优势，提升上行吞吐率；当 TDD 频段传送下行数据时，FDD 传送上行数据，从而实现了 FDD 和 TDD 时隙级的转换，保证全时隙均有上行数据传送。

（3）上行载波聚合

将两个或多个载波"捆绑"，将分散的频谱资源聚合为大带宽，提供更快的网络速率，并提高频谱利用效率，这就是载波聚合技术。上行载波聚合便是利用这一原理，通过聚合不同载波的上行频段，实现上行能力的提升。不过，上行载波聚合需要绑定对应的下行载波，如果一个载波的上行资源参与了上行载波聚合，它的下行资源就必须参与下行载波聚合。所以在实际网络部署中，需要结合载波的下行资源用途规划综合考虑。

（4）多频段协同组网

随着 5G 网络不断发展，重耕 2G/3G 低频段以及商用毫米波成为必然趋势。未来可通过低频段、中频段和毫米波多频段组网的方式，协同提升上行容量和覆盖。比如用 700 MHz/800 MHz/900 MHz/1800 MHz 等低频段作为覆盖层，2.6 GHz/3.5 GHz/4.9 GHz 等中频段作为容量层，26 GHz/28 GHz 毫米波作为大带宽容量层。

简而言之，5G 要赋能 toB 业务数字化转型，未来亟须灵活的时隙配比、SUL 上行增强、上行载波聚合和新的组网方案，助力 5G 网络从一人千兆向人人千兆发展，从下行千兆到上行千兆演进，从而为社会数字化发展打下坚实的基石。

7.3.6 uRLLC 技术

行业除了大上行业务外，另一类典型业务为小包控制类的 uRLLC

业务。典型场景有智能制造业中机器间协同自动控制、机器人外挂 I/O 无线化、智能电网中的差动保护等。该类业务的主要特点为数据包较小、带宽要求较低，但对时延、可靠性要求较高。

为使能行业 uRLLC 类业务，首先需要划分基于各类 uRLLC 技术组合可达到的时延及可靠性网络能力。

（1）分级时延能力

5G 网络端到端时延主要包括两部分：一部分是空口时延，另一部分是传输时延，可分别引入增强技术提升。

为满足行业对超低时延的要求，5G 网络可将灵活帧结构等多种空口时延降低方案和基站分流等传输时延降低方案结合使用，提供分级的时延能力，满足工业控制等行业应用的极低时延要求。结合网络能力和多样化的业务需求，可将网络往返时延分为 4 档，见表 7-1。

表 7-1   时延能力分档

第一档	第二档	第三档	第四档
>25 ms	15～25 ms	5～15 ms	≤5 ms

（2）分级可靠性能力

为满足行业对高可靠性的要求，5G 网络可通过结合使用重复传输、PDCP 复制等冗余传输技术和小负荷 DCI 格式、低 CQI/MCS 表格等降低编码效率技术，向行业客户提供分级的可靠性能力。结合网络能力和多样化的业务需求，可将网络可靠性分为以下 4 档，见表 7-2。

表 7-2   可靠性能力分档

第一档	第二档	第三档	第四档
≤90%	90%～99%	99%～99.9999%	99.9999%及以上

（3）极致时延使能技术

R15/R16 中定义了关键的 uRLLC 技术，如 mini-slot、免调度、增强的设备能力、uRLLC 业务抢占等一系列增强技术。此外还可针对业务需求，进行帧结构、SR 周期等算法参数和功能开关的联动配置，通过多种技术的灵活组合，形成分级的空口时延能力。

7.3.7　5G 毫米波系统

5G 网络在速率及容量上相比 4G 有 10 倍以上的提升。为了满足 toB 行业在大带宽、低时延上急剧增长的需求，扩展工作带宽是最直接、最高效的方法。目前，6 GHz 以下（Sub-6GHz）已经很难找到适合 5G 工作大带宽的工作频谱。而毫米波在更高的频段有更大的带宽，因此使用毫米波系统支撑 5G 通信成为业界关注的焦点。5G 毫米波技术具有六大优势：极大的带宽（峰值超过 2 Gbit/s）、易与波束赋形结合、可实现极低时延（最低空口时延可达 0.125 ms）、支持密集小区部署、支持高精度定位、设备集成度高。

2019 年 ITU 的世界无线电通信大会（WRC-19）确定 24～86 GHz 的毫米波频段将用于国际移动通信（IMT），其中 24.25～27.5 GHz、37～43.5 GHz 和 66～71 GHz 频段为全球融合一致的 IMT 频段。截至 2020 年 8 月，已有 22 家运营商在全球范围内部署了毫米波 5G 系统，其中美国的 AT&T、T-Mobile 和 Verizon、日本的 NTT DoCoMo 和韩国的 SKT 已经开始提供毫米波的商用服务。美国除了在 28 GHz 和 24 GHz 部署商业网络，也在考虑 26 GHz 的商业化部署。欧洲目前主要集中在 26 GHz 频段，是 5G 毫米波三大频率之一。在中国，毫米波也是推进 5G 持续商用的重要方向。中国政府早在 2017 年 7 月就批准在

24.75～27.5 GHz 和 37～42.5 GHz 的 5G 毫米波频率范围内使用 5G 技术开展研发试验。中国工业和信息化部（以下简称工信部）在 2020 年 3 月《关于推动 5G 加快发展的通知》中明确指出，将结合国家频率规划进度安排，组织开展毫米波设备和性能测试，为 5G 毫米波技术商用做好储备，适时发布部分 5G 毫米波频段频率使用规划。2020 年 6 月，中国已研制出 CMOS 毫米波全集成 4 通道相控阵芯片，并完成了芯片封装和测试。

在 3GPP 制定的第一个 5G 版本 R15 中，毫米波就已被纳入研究范畴，包括制定 6 GHz 以下的低频段标准，以及针对 6 GHz 以上包含毫米波工作频段的标准化。同时首先开展了针对毫米波建模的研究，建立了可支持最高达 100 GHz 的模型，涵盖了目前业界开发毫米波设备的范畴。R16 在 R15 包括毫米波在内的 NR 基本功能版本之上作了一些优化，开始重点关注提升毫米波系统的工作效率，降低毫米波通信的时延。如引入默认配置，快速获得如 AP-SRS 空间的相关性等指标，让毫米波在工作的时候更快速地完成相关配置，取得更好的性能。R17 则将引入更多支持毫米波的 5G NR 增强特性，比如针对中高速移动的场景。

7.3.8　5G NR 基站定位技术

R16 协议中重点提出对垂直行业应用的支持，基于 5G NR 基站的定位技术是关键技术点之一。作为 5G 芯片的第一个版本，NR R15 阶段在不借助 Wi-Fi、蓝牙等技术的情况下，无法实现高精度的定位。随着 3GPP 标准的演进，NR R16 阶段 5G 芯片可初步保证在 80% 的时间内，实现室内 3 m 的定位精度要求。而 NR R17 将在 NR R16 基础上继续演进，根据在 3GPP TS22.804 中定义的工业物联网定位需求，

NR R17 将实现亚米级定位精度，可以满足 0.2 m 以内的绝对精度要求。

当前 5G NR 基站结合 5G 网络大带宽和多波束的特性，可以支持 multi-RTT、AoA 和 OTDOA 等多种定位技术。精准的定位技术对于推动和开拓诸多垂直应用发展至关重要，如公共安全和室内导航。基于蜂窝技术的定位可与现有的全球导航卫星系统（GNSS）互补，形成通信和定位基站的有机结合。依托 5G 重点使能技术，地图服务提供商也实现了云端数据协同，共享彼此之间获取的数据信息，加速彼此之间的定位，降低运营的成本。在移动运营商部署室内 5G 基站的同时，基站本身也能成为其他传感器或者发射器的载体，这可以大幅度降低其他定位技术的部署成本。

目前基于 5G NR 定位技术，已经实现了包括安全管理与商业运营大数据分析的应用。其中安全管理类应用聚焦对室内人员、设备、资产设置标签等进行实时定位，以保障室内财产安全。商业运营大数据分析重点聚焦商场等大客流环境，旨在基于 5G 定位技术，实现对客流数量、消费习惯的大数据分析。

7.3.9　风筝网络

"风筝网络"基于 5GtoB 公网专用，为行业客户提供高性能、高可靠的 5G 网络，加速 5GtoB 产业发展，有利于实现 5G 商业价值，释放数字经济新动能。

5G 使能千行百业已是行业共识，但 5GtoB 在被寄予厚望的同时，也存在不少挑战，行业客户对网络能力的要求远高于普通消费者。例如在企业建网需求方面，网络高可靠性和隐私保护能力是刚需，需要在大网中断的极端情况下，保证企业生产系统正常运行。例如在矿山综采面远程集中控制、齿轨车无人驾驶、港口龙门吊远程控制、3C（Computer/Communication/Consumer Electronic）制造 AI 视觉质检、PLC（可编程逻辑控制器）设备、电网智能分布式配电自动化等场景，要求核心生产业务 7×24 h 工作。行业客户对 5G 网络的要求远高于 toC（消费者）通信。

行业专网虽然网络规模小，但网络容量和可靠性要求更高，网络故障不能影响生产系统的正常运行，因此解决好网络中断问题，提高网络的可靠性（Reliability）及可用度（Availability）是 5GtoB 公网专用成功的关键。提供一个安全、可靠、高效的公网专用解决方案支撑 5GtoB 服务快速发育、快速成熟，对于 5GtoB 产业的健康发展至关重要。

作为一种创新性的解决方案，风筝网络可以在公网中断的极端情况下，保障企业生产系统正常运行。当企业驻地专网的控制面与中心网络出现连接中断时，能够自动切换到专网应急容灾控制面，与本地网络实现无缝切换，保障企业业务不间断。

风筝网络的实现原理如图 7-2 所示。基于运营商公网专用，企业驻地专网类似一个个"风筝"，通过网络连接（类似风筝"提线"）到运营商 5G 公网。公网通过"提线"牵引企业驻地"风筝"网络进行实时数据同步、网络运维。如果"提线"中断，企业驻地专网的应急控制面可接管园区业务，实现"网断业不断"，确保企业关键生产正常运行。

风筝网络基于运营商 5G 网络公网专用，通过中心与边缘容灾协同，在园区驻地专网与中心网络失联时，能够自动切换到专网应急容灾控制面，大大提高了 5G 专网的可靠性，保障了企业生产系统的高可用性，实现让企业用户放心的 5G 公网专用。

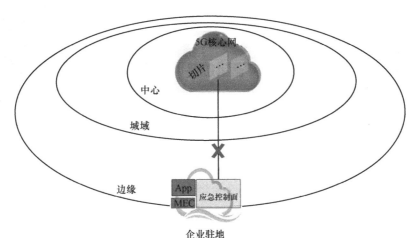

图 7-2　风筝网络实现原理

　　风筝网络如果采用传统面向 toC 的公网规模交付方案实现，将会导致占地和功耗大、交付效率低，成本、可靠性和运维能力不能匹配 5GtoB 行业专网的诉求。风筝网络可以采用业界正在探索的企业专网一体机方案实现。一体机示意图如图 7-3 所示，该方案用一个机柜集成服务器/磁阵（小型化 UPF/MEC、第三方边缘应用等）、无线 BBU、路由器/交换机、防火墙等。该方案在简化组网的同时，简化整体配置报价，并支持快速交付，实现易销售、易交付、低成本的一体化方案。

　　同时，一体机方案支持 5GtoB 专网集中维护管理（如派单、故障恢复），并提供企业自服务能力，可以实现快速响应、业务 SLA 可视及快速故障定界。通过一体机的部署，行业专网可以实现云边协同，引入业界应用生态，共享丰富的应用，扩展计算能力。

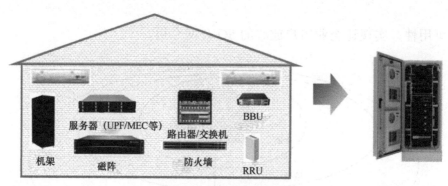

图 7-3　一体机示意图

综上所述，基于一体机的风筝网络解决方案有助于为行业提供易交付、低成本的一体化方案，提供高性能、高可靠的 5GtoB 行业专网，促进工业制造企业的数字化转型，提升数字经济价值。

- 高可靠，网断业不断：创新性地在园区部署应急控制面，与中心网络进行实时数据同步，在与中心网络连接中断后，本地网络能够无缝接管业务，保证企业关键生产系统的正常运行。
- 高效率，网沉人不增：采用边缘一体化交付模式，即插即用，一键式部署，极大地提升了交付效率。
- 高安全，数据不出园区：MEC 入驻企业驻地，数据不出园区，解决企业数据安全顾虑。

第八章　5GtoB 成功要素分析：效率能力

8.1　构建高效运营能力

5G 开启了新的万物互联的时代，千行百业的应用是 5G 的主战场，5G 网络将第一次出现行业市场应用数量超过消费市场应用数量的现象，这是移动互联网一个很大的变化。随着运营商 5G 基础网络的规模部署，供给侧最大的瓶颈在于 5G 应用的创新。唯有跨越横亘在 5G 基础网络能力和应用之间的裂谷，催生大量为大众主流行业市场所接受的 5G 创新应用，才能早日跨越 5G 行业客户市场的裂谷，真正实现 5G 的繁荣。

消费市场大众应用追求共性和普及性，而行业市场具有各自不同的应用特点和网络需求。除了设备商和运营商外，各行各业的行业开发者、企业和投资者都应该参与 5G 应用的开发。也因此要求 5G 应用的开发平台能够满足不同技术基础的参与者的不同需求，以便实现各参与角色在应用供给上的协同。

同时也需要在 5G 应用开发过程中，探索一种新的运营和商业模式，尽可能在设备商、运营商、开发者、平台提供商、集成商、企业使用者等角色间实现商业上的协同和可持续发展,最终实现商业成功。

这其中最为关键的是需要提供一个平台让普通开发者可以直接订阅已封装好的 5G 网络切片等能力,以少量代码编排方式完成全云化线上开发。在此平台上,运营商能力开放中心可以将 5G 网络能力以 API 的形式对外开放。资产开发者在其上将它们封装为接口标准化、可复用的数字资产,并完成发布。应用开发者可以从平台上订阅需要的资产,并完成安装,利用开发组件集成已订阅的各种资产,以类似于搭积木的方式快速完成应用的开发。

如果想达到以上目标,该平台需要具备以下两个特点。

首先,该平台需要提供能打通研发态、运行态和运维态流程的应用开发全流程,辅以一系列的使能服务(如身份认证、区块链等),让企业应用能够自动获取云原生的能力,从而极大降低开发难度和开发成本,提升开发效率。该平台至少可以提供全代码开发、轻码开发以及少码/无码开发等开发模式,能够满足各类开发者的需求。在此之上,再提供全云化线上轻应用编排式开发工具,让无技术背景的业务员也能完成乐高式的业务开发,从而使得 5G 应用的开发变得简单和便捷,能让开发者聚焦应用自身的业务创新,催生 5G 应用的爆发式增长。

其次,该平台需要引入数字资产及其交易运营体系,提供资产沉淀、共享和变现的一站式商业开发生态机制,实现数字资产的申请、审核、发布、上架、订阅、计量和安装,以及数字资产的汇聚、共享和变现等全生命周期治理。典型的可沉淀数字资产包括:

- 所有 5G 网络基础能力集成资产,如 5G 切片能力;
- 服务资产,如 IoT、智能、GIS 等 ICT 能力,图表、地图组件等常用页面组件开发能力;

- 各种应用资产，如大屏等工具及示例应用，支持快速开发、定制；
- 数据资产。

积累的资产越来越丰富，应用开发与商业开发相互支持，整个生态体系就会越来越强，越来越能实现独立共生和生态繁荣。

通过前述应用开发全流程以及一站式商业化生态机制，即可便捷打通从运营商 5G 网络能力到资产开发和运营，再到应用开发的全流程服务，加速 5G 应用的敏捷构建和规模商业化，使能行业创造新价值。

丰富的行业应用使得 5G 面向 toB 成为可能，但 5G 面向 toB 实际应用时还需要经过超长的产业链条和复杂的交易链条。一般来说，5GtoB 在一个项目中的成功会涉及 5 类资源、7 类角色。从资源角度看，包含行业应用、云资源（SaaS/PaaS/IaaS）、传统 IT 设备（服务器/存储/OS）、5G 网络、终端等。从角色角度看，包含行业应用开发者、云服务商、传统 IT 设备商、5G 运营商、5G 网络设备商、终端设备商、系统集成商等。而这些资源和角色的汇聚又要经过多种不同的交易路径，如行业应用、云资源一般是由企业直接采购的，传统 IT 设备、5G 网络和服务、终端等往往是由集成商采购的，而 5G 网络实际上又是运营商向设备商采购的，之后集成商再负责将这些资源和服务端到端地集成起来。如此一来，仅交易模式即涉及 4 种，纷繁而复杂，严重影响了 5GtoB 的快速推广和应用。

解决上述问题仅靠线下模式很难达到理想的效果，真正破解 5G 在行业数字化转型中的大规模应用难题还需要实现线上化、云化，而这也是行业数字化转型的趋势和方向。产业链条是很难缩短的，只能通过交易链条优化来提高效率。交易链条的缩短需要有一个平台作为统一入口，这个入口需要兼具上述两个特点，而在云上构筑这个入口恰恰符合这两个特点。

5GtoB 所需的 5 类资源是否有可能统一到这个入口？一般来说，公有云、行业云基本都具有应用的使能和汇聚平台，云服务也是天然具备的，所需的就是要把运营商的 5G 网络和终端搬到云上来，其他传统 IT 设备随着时间的积累也会自然过渡到云服务上来。其中，5G 网络的线上化、云化是最大的难题，需要经过如图 8-1 所示的 4 个阶段。

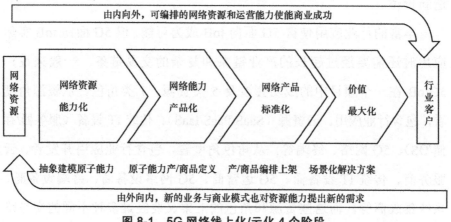

图 8-1　5G 网络线上化/云化 4 个阶段

首先，需要将 5G 网络资源抽象建模形成固定的几种原子能力，如大带宽、低时延、高精度定位等，这些原子能力既反映了 5G 网络的特征，又代表了行业客户的需求。

其次，需要将抽象出的原子能力定义成产品，标上价格和计量方式，使其变成可交易的商品。

再次，为了使商品能在更大的范围销售和推广，需要解决七国八制的问题，制定统一的功能、性能和接口标准等，规范上下游，再辅以先进的产/商品编排技术和工具，从而形成统一标准的 5G 网络产/

商品，做到可自动化敏捷开通。

最后，在形成统一标准的 5G 网络产/商品基础上，将 5G 网络产/商品改造成云服务上线到公有云、行业云等，形成可在线订购、开通、运维的 5G 网络云服务。

实现 5 类资源的线上化、云化只是简化交易链条的第一步，线上呈现的仍然是罗列的服务产品，下一步需要解决行业客户如何选择、使用的问题。一般来说，行业客户都是按照一个个场景设计解决方案的，选择对应的方案组成部件后，再集成起来。如何将这 5 类资源按场景形成与行业客户需求相匹配的解决方案便是简化交易链条的重要一步，场景与解决方案映射示意图如图 8-2 所示。

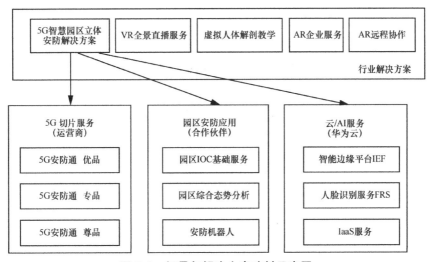

图 8-2　场景与解决方案映射示意图

行业解决方案的孵化需要从深入剖析行业需求和特点开始，按子场景逐一在项目中实践探索、形成基线化的解决方案，将 5 类资源有效地融合在一起，日积月累，从而形成丰富的解决方案资产。

简化交易链条的最后一步，便是在行业解决方案的基础上实现解决方案粒度的一站式订购、开通。当然，实现这一步的挑战很大，其中关键在于解决方案能否标准化，能否以标准化的解决方案满足适配行业客户的差异需求。这一步的实现可以从容易标准化的行业和场景做起，如服装行业、视频监控场景，一步步形成行业标准、带动周边配套技术/工具/设备的改进，进而逐步过渡到深水区。

最终，5GtoB 的目标运营模式如图 8-3 所示，以统一的入口简化行业客户的交易模式，以云化、线上化的模式简化企业系统的部署方式，以行业解决方案 SI 的部分线下集成填补线上的暂时不足。

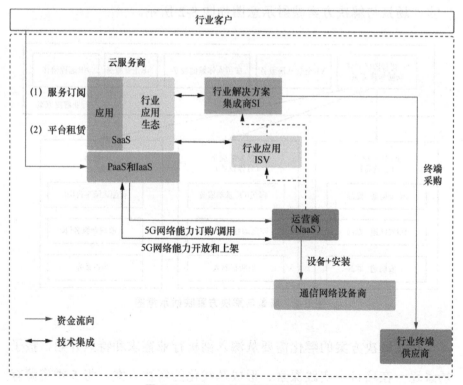

图 8-3　5GtoB 的目标运营模式

8.2　打造高效运维能力

5G 网络作为行业生产系统中关键的一环，行业期望 5G 网络能够提供确定性的 SLA（大带宽、低时延、高可靠性），保障生产安全，实现效率提升。但是，toB 行业特点是千物百面，行业业务特征差异大，需要针对每种场景进行定制化建模。5G 网络应用于生产，运营商提供 SLA 承诺，因此需要尽可能早地发现问题，实时性要求更高，在规定的时间内快速定界，出了问题后能自证清白。

提供确定性的 SLA 是 5GtoB 客户的核心价值，但当前 SLA 缺少监控与管理手段，传统运维手段无法满足，具体体现在如下 4 个方面。

（1）缺少 toB 业务端到端实时监控能力

toB 客户要求是秒级/分钟级的监控，是端到端的精确测量，目前缺少这种端到端实时监控的能力。

（2）缺少 toB 业务快速定界的能力

发现问题后，需要快速实现问题的定界，支撑故障的快速解决，目前缺少端侧、无线、承载、核心网等各域快速定界的能力。

（3）运维力量不满足当前需求

传统的多层级运维流程冗长，跨专业协同难度大，故障处理效率低。传统运维组织面向大网 toC 业务，无专门的面向 toB 的业务运维组织。

（4）缺少业务体验数据本地处理及轻量化平台

传统运维及监控是基于大数据量的架构，无法满足 toB 业务园区内处理的信息安全要求和平台轻量化的需求。

此外，ICT 行业基于网络连接指标的 SLA 和行业客户基于客户体验的 SLA 理解也存在不一致的地方。通常情况下，ICT 行业网络连接指标主要指带宽和时延，而行业客户从业务体验的角度更关心"画面清晰流畅度""是否有花屏""是否有眩晕""操作响应的速度""业务不中断"等。

因此，需要分场景，找到两者的映射关系，制定基于客户体验的、简约的、标准化可复制的 SLA 体系。业务建模更多的是基于实际 toB 业务体验的建模，如"主观体验打分（类似于 KQI）""客观统计对比""定量定义画面清晰度""无花屏时间""业务不中断时长""操作反应时长"等。之后根据实际终端和应用的情况推算网络连接指标，如"I 帧间隔""P 帧速率""FPS 数目""帧碰撞""码率""控制精度""应用层心跳""逃生时延""读取周期"等。

在此基础上，通过标准化与工具化的方法构建 5GtoB SLA"规""建""维""优"的能力，做到精准规划、快速开通、SLA 可视、快速定界与定位以及 SLA 保障。

首先，需要基于 toB 业务 SLA 要求实现网络规划和 SLA 保障。通过抽象 toB 业务原子应用，根据场景找到业务 SLA 需求，形成体验建模；通过大数据分析找到速率、时延与覆盖/容量的关系，形成建网标准；基于 toB 客户应用需要，匹配现网资源，进行无线、承载和核心网 MEC 的规划。

一般来说，高效运维会分成"规""建""维""优"4 个阶段。详细来说，"规"就是围绕体验建模、建网标准和精准规划来做，主要包含"体验建模""toB 业务指标体系""体验标准""建网标准""3D 覆盖规划""园区容量设计""上下行速率仿真""MEC 部署评估和规划"等。"建"就是通过接口开放和标准化实现跨域跨厂商的敏捷开通，主要包含"接口开放""接口标准化""业务配置自动化""开卡开户自动化"等。"维"就是构建网络级/切片级/业务级/租户级的可视可管、业务 SLA 实时可视、故障可快速定界和定位，主要包含"网络级可视""切片级可视""业务级可视""租户级可视""告警性能管理""端到端速率/时延故障定界""端到端速率/时延故障定位"等。"优"就是速率/时延等 SLA 保障的专项优化，主要包含"下行速率保障""上行速率保障""时延保障""资源预留优化"等。

5GtoB 网络规划的实施分为两层：第一层主要为建网标准以及 toB 客户需求和现网资源的梳理，第二层为映射到无线/承载/核心网的网络规划。形成建网标准需要经过两个阶段：业务场景梳理、体验建模。业务场景一般分为 toB 专线、toB 园区，toB 专线又可以分为数据传输、视频网页、警车/无人机巡检等，toB 园区可以分为视频回传、远程控制等。体验建模从业务场景映射为行业业务质量（如"上行速率""下行速率""丢包率""时延""MTP""抖动""RTT"和"卡顿"等），进而影响具体的建网标准指标（如"SSB RSRP""SSB SINR""站点数目""频谱资源""CSI RSRP""CSI SINR""时隙配比"和"小区负荷"等）。toB 客户需求说清楚"分布热图""园区应用"，现网资源明晰"覆盖""负荷""容量"和"拓扑"等。

第二层体现在无线侧主要为"覆盖规划""容量规划""速率精准仿真""基于保障特性的速率保障"和"时延规划"，承载侧主要为"拓扑还原""容量规划""基于 QoS 的速率保障"和"负荷小于 50%场景下的时延规划"，核心网侧主要为"基于业务和时延的 MEC 下沉规划"

"MEC 设计"。上述规划和设计实施一般会依托工具来进行。

简而言之，通过提供 toB 资源的热力地图呈现实现精准建网，通过提供 toB 客户分布热力地图嵌入客户决策和生产系统实现营销效率提升，基于 toB 业务体验的网络规划实现 SLA 快速保障。

其次，需要解决业务体验实时监控和故障快速定界问题。可以在 AR/CPE 和 5GC 客户面入口侧采集业务速率；在终端和云端植入 SDK（对应用有约束）采集业务时延数据和业务可用性数据。同时中间网络设备还应支持速率/时延打点和数据上报，并结合 SDK 数据进行定界，从而做到实时感知业务质量状况，对于专线业务流量、速率、时延、业务可用性等异常，可以快速定界是企业侧还是运营商侧的问题，对于运营商侧异常可以快速定界是接入网侧、承载网侧还是核心网侧问题。

此外，5GtoB SLA 的保证比较复杂，涉及 5G 网络、行业应用与服务、需要 SI 整体负责，按责任矩阵分解到电信运营商、云服务提供商和行业应用（ISV/IHV），SI 统一协调，各方按 SLA 服务合同各司其职，各方 SLA 职责分工见表 8-1。

表 8-1　各方 SLA 职责分工

业务场景	甲方：客户	乙方：SI	丙方一：运营商	丙方二：ISV	丙方三：行业云服务商
AR 远程协作装配	某钢铁企业	某电信运营商	某电信运营商	某 AR 应用 ISV	某电信运营商
厂区监控	某电网客户	某系统集成商	某电信运营商	某视频监控 ISV	某电信运营商

总体来说，高效运维目标要实现"规""建""维""优"的流水线化敏捷流程，架构上基于通用运维中台并集成行业专用插件满

足千行百业需求，同时通过 AI 智能化和自动化工具提升工作效率，并支持云化集中运维或企业本地化部署方式。高效运维目标如图 8-4 所示。

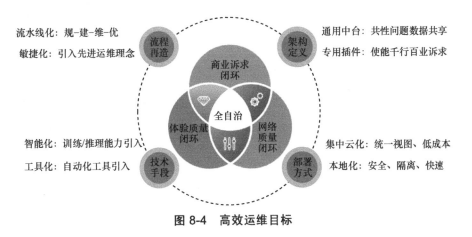

流水线化：规–建–维–优
敏捷化：引入先进运维理念
流程再造
商业诉求闭环
架构定义
通用中台：共性问题数据共享
专用插件：使能千行百业诉求

全自治

智能化：训练/推理能力引入
工具化：自动化工具引入
技术手段
体验质量闭环
网络质量闭环
部署方式
集中云化：统一视图、低成本
本地化：安全、隔离、快速

图 8-4 高效运维目标

8.3 部署企业自服务能力

5G 网络一旦深入企业生产流程，5G 网络的稳定性和可靠性变得更加重要。对于大型企业，本身就具备很强的运维能力，它们迫切希望能够自己控制网络的运营运维，确保网络质量能符合生产流程的要求，同时能在本地快速发现并解决问题，以减少网络故障的负面影响。因此在大型企业本地部署自服务系统是它们的刚需。

对于中小型企业，运营商的驻场服务对它们而言成本太高，一些简单、常规、经常要进行的操作，如果能够自己完成可以节省成本，所以这些中小型企业需要由电信运营商提供低成本的共享型自服务

portal。

总体而言，企业自服务系统有 3 个主要的发展方向。

（1）终端、无线、传输、核心网一体化融合管理系统

实现一个 portal 可以管控整个 5G 端到端电信网络的整个生命周期过程。

（2）支持多租户分权分域管理，支持公有云和私有云部署

支持企业内部不同部门管理需求，并支持不同中小型企业在一套设备上各自管理自己的网络，并确保安全隔离。

（3）5G 和 Wi-Fi 统一管理

企业园区内，不仅有 5G 等电信设备，还有 Wi-Fi 等传统设备，使用一套系统进行全面管理，可以进一步降低成本。

8.3.1　一体化 5GtoB 端到端管理

如第 8.2 节所说，在企业自服务中也同样要实现覆盖"规""建""维""优"的全生命周期的管理。

（1）规划

企业规划建网要基于特定的业务诉求，同时企业自身对 5G 网络的掌握有限，不能从完全专业的角度提出网络规划需求。因此需要企业自服务系统能够通过简单的输入实现网络规划。我们把这些简单的业务需求定义成意图（intent），而企业自服务系统能够智能转译输入的意图，无缝对接运营商行业建网 SLA 需求。这项工作具有很大的挑战性，因为现有的网络规划工具都基于 toC 大网的要求，主要是基于覆盖和容量进行评估的，而 toB 业务需增加时延和包可靠性需求，且重点在室内场景。

企业有大量柔性生产的需求，即生产线不停地变化，网络需求也随之不停地变化。另外，5G 在企业的推进不是一蹴而就的，而是一个厂房、一个园区逐步推进的。因此企业需要频繁地进行小规模的网络规划。我们需要从现在的手动规划，演进到工具辅助，乃至一体化工具自动化，所消耗的时间可以压缩到 10 h 左右。

（2）建设

企业自服务系统要打通规划、设计、部署流程，集成场景化配置基线，实现极简参数开站。

即规划的结果作为输入信息送给站点设计部分，站点设计时可以使用内置的不同业务场景配置参数基线（如港口龙门吊配置基线、AGV 配置基线等）生成站点配置信息，把站点配置信息发送给网络设备，实现流水化的快速操作。

部署完成之后，需要完成单站和整个网络的验收，包括场景化基线参数自动核查、设备自动调测和设备模拟负载加载。而行业客户更关注业务需求是否满足，因此还需要支持 CPE 级的模拟拨测，完成速率和时延集成验收。总之，要尽可能实现自动化，减少行业客户和集成商的工作量，实现按需极简开通。

（3）维护

针对企业的 5G 网络，维护部分需要统一提供园区 TOPO 可视、园区内的业务 SLA 监控、园区内网络设备的故障管理及定界、园区业务及终端自服务（增、删、改、查）等功能。

其中，端到端拓扑可视是第一步要实现的，很多企业在 5G 初期不具备自己动手修改网络的能力，但是它们需要在线实时知道网络性能和告警情况。因此需要实现以下功能。

- 切片端到端拓扑可视。

- 切片关联终端、切片关联的企业业务可视。

- 拓扑关联的告警可视，便于快速定界问题。

对于业务 SLA 监控，需要保障各生产应用场景 SLA 达到生产标准，支持精细颗粒度的监控管理。

- 每终端级 SLA 可视：异常事件告警和体验指标统计。

- 业务流路径还原：真实还原业务流经过的网元（终端、AR、CPE、gNodeB、UPF、服务器）。

- 实时体验跟踪：按分钟级粒度实时跟踪业务体验指标。

- 一键定界：根据当前告警事件，快速定界到网络实体。

- 实时测试：调用路由器和 CPE，以 ping、测速和自定义拨测等方式进行实时测试和指标采集，查看测试结果。

网络设备监控主要包含如下特性。

- 网络全景：感知园区网络质量的概览情况。

- 按照厂区—地区等分层逻辑查看园区网络资源和拓扑，分层分级展示。

- 园区自监控自运维。

- 感知园区终端、网络和业务问题，快速定界企业侧问题或者运营商侧问题。

- 主动监控园区范围内网络运行状态，主动预防，消除隐患。

- 在线向运营商报障，保障业务和 SLA 质量。

终端自服务是指企业用户可以自己管理相关的 SIM 卡号，包括开通相关的卡号资源，无须运营商人工介入，从而节省时间和成本。

（4）优化

优化主要分为基本参数核查、问题识别、差距分析、优化调整和业务验证几个步骤。通过一系列操作提升切换成功率，实现覆盖优化以及性能（如每用户速率）优化。

8.3.2 支持多租户分权分域管理

企业自服务系统一般需要做到面向行业客户群组的分层管理与权限，不同部门（如总部运维、车间运维等）可以查看的网络范围不同，不同人员的操作权限不同（只读、修改、全局修改等），以达到安全合规的要求。

对于中小型企业，出于经济考虑，不愿意购买独立的自服务系统，而倾向于和其他企业共享同一套管理设备，因此需要企业自服务系统具备多租户（每个中小型企业是一个租户）能力，各个租户互相隔离，每个租户只能管理自己名下的网络设备和终端。

随着管理设备的增多，自服务系统应该能支持逐步的扩容，保护原有的投资。

为了符合互联网的趋势和集约化要求，自服务系统可以在公有云上部署，以 SaaS 方式提供服务。这样做的优点有部署周期短、分钟级开通、成本最低、弹性容量、免运维、软件版本持续更新，但是这种方式无法满足数据必须在本地的要求，所以是低成本、对安全不敏感的中小型企业的选项。

第九章 5GtoB 成功要素分析：生态能力

9.1 构筑通用原子能力

　　5G 应用于各个垂直行业领域，需要满足行业对终端和应用场景的不同需求，随着 5G 融合应用的不断发展和演进，重点行业对 5G 终端和应用的通用型需求正逐步聚焦，可以分为六大通用型终端和六大通用能力。通用型终端包括 4K/8K 视频、AR/VR、机器人、无人设备（车/船/机/大型机械）、行业网关和传感器。应用需求逐渐聚焦直播与监控、智能识别、远程控制、精准定位、沉浸式体验和泛在物联六大通用能力。六大通用型终端及通用能力如图 9-1 所示。

　　在终端层面，5G 与行业应用深度融合催生多形态的泛智能终端，以 AR/VR、机器人、无人机等为代表的 5G 新型终端将重构以智能手机为主的传统移动终端市场。当前，4K/8K 超高清分辨率正成为 5G 时代直播视频的标配，4K/8K 终端有广泛应用于新闻媒体行业的超高清直播车、安防行业的重点场所超高清视频实时监控摄像机、医疗行业的远程超高清会诊显示器、钢铁和煤矿行业的生产环境智能监控等；

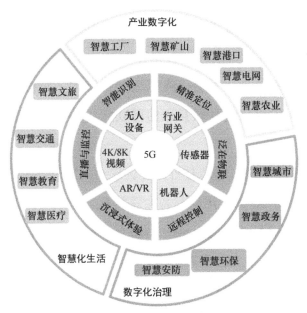

图 9-1　六大通用型终端及通用能力

AR/VR/MR 的智能眼镜在工厂 AR 辅助装配/远程指导车间、游戏客户
和 VR 体验馆等场景中不断得到应用；新冠疫情期间，超声机器人、
巡逻测温机器人、消毒清洁机器人、送药送餐服务机器人等 5G 医护
机器人辅助承担远程医疗看护等工作；在煤矿无人化、智能化改造中，
移动巡检机器人也开始应用于井下固定场所巡检和检测。无人设备
（车/船/机/大型机械）包括用于工厂园区/矿区内材料运输/货物搬运的
无人车、用于河道巡检/水质监测的无人船、用于日常巡查/消毒喷药/电
网线缆检测/货运物流的 5G 网联无人机等；行业网关作为工厂车间、
医院病房、赛事会场等某个区域内所有设备的统一流量出/入口，实
现对现场设备的远程监测和控制，有望成为所有设备的管理控制中
枢；传感器内置于生产设备、公共设施、生活家电、可穿戴设备中，
通过实时数据采集与管理、大数据分析等可衍生各种智能装备，提

供预测性维护、状态监测、健康监测等能力。在发展趋势方面，5G大带宽、低时延性能促进终端轻量化发展，尤其是 5G+MEC 的部署促进终端控制系统云化发展，终端通过自维护、自感知、自适应的智能化增强、实现装备互联互通的网联化，共同实现协同学习与动态组织优化。

在通用能力层面，总结分析工厂、矿山、港口、医疗、交通、电网等重点行业对 5G 的应用需求和实践探索，主要聚焦以下 6 个方面。

（1）随着超高清视频成为 5G 初期最新落地的重要应用，基于超高清视频的直播与监控在文体赛事直播、新闻直播、智慧警务、园区监控等场景中产生了丰富的标志性应用。

（2）智能识别主要包括产品生产高精度实时监测，通过 5G 结合机器视觉技术用于各种产品检测和自动化生产线，进行在线监测、实时分析、实时控制，为工厂精细化监控和管理提供有效支持。

（3）远程控制通过 5G 在远端实现对井下煤矿、生产车间等区域危险工作的远程操控，改善操作人员工作环境，并提升配载效率，增强安全保障。

（4）沉浸式体验主要包括 VR 培训和 AR 辅助操作，在教育培训方面尤其是体育运动、科学实验、工厂装配环节等实操性较强的动作学习方面，使场景化学习成为可能。

（5）5G 高精度定位技术主要面向众多的垂直行业，由于诸多垂直行业应用发生在室内场景，而在室内场景传统的卫星导航定位技术失效，并且大量垂直行业对定位的要求精度较高，达到亚米级，随着室分和小基站部署的完善，5G 高精度定位技术将逐渐满足行业定位需求。

（6）泛在物联通过 5G 与人工智能、大数据等技术融合，在城市管理、照明、抄表、停车、健康管理等行业带来新型应用，推动决策方式从经验驱动转向数据驱动、决策过程从事后解决转向事先预测，为精细化、智慧化发展带来新机遇。

以上六大通用型终端和六大通用能力是各垂直行业共性的刚需，是实现 5G 融合应用可复制、可推广的关键，值得深度投入，需要产业各方合力，探索解决其面临的技术、标准、产业、政策等方面的难题，发展壮大一批新产业、新服务，为 5G 规模化复制推广奠定基础。

9.2　解决 5G 模组短板

当前阶段，5G 行业终端模组仍是制约 5G 在行业规模应用的瓶颈之一，面临的问题主要体现在 4 个方面。一是 5G 模组价格短期内较难下降到 4G/NB 模组水平，模组价格受芯片成本影响较大，占总成本的一半以上。当前模组产品主要采用高通、海思、MTK、紫光展锐等平台的芯片，模组价格均在千元左右，与 LTE cat4 模组不到 100 元的价格相比差距较大。二是 5G 模组研发投入巨大，研发投入和成本是刚性的，短期内很难下降，需要找到近期可规模复制的重点应用场景（如高清视频传输场景），在这些领域发力，通过 5G 模组应用上量分摊成本，降低模组价格，据预测，模组发货达到十万量级，价格可降到约 700 元，百万量级能降到约 500 元，千万量级能降到约 300 元。

三是模组类型单一，低功耗、定位、IoT 等多类型芯片/模组/终端暂不完善，当前 5G 模组厂商针对 4K/8K 超高清视频、工业机器视觉识别、车联网、远程医疗会诊等大带宽场景进行了模组研发生产，市面上的 5G 模组均支持大带宽能力，而有些行业只需要低时延或广连接能力，不需要大带宽能力，无法找到性价比合适的模组。四是在 5G 发展初期需要对模组进行补贴，运营商和模组企业普遍希望对重点应用场景的模组给予补贴，促进规模化发展，但目前补贴政策不明确，不利于在市场启动阶段促进模组的研发、生产。

5G 模组需产业合力扩大规模。一是需要在重点领域推动 5G 模组规模上量以分摊成本，降低价格，通过调整行业终端补贴政策，在重大项目中采购、补贴终端等其他促进措施。二是推动模组厂商开发高、中、低搭配的多种类型产品，引导 5G 模组的开发、生产企业，加快模组开发验证和商业落地，实现规模化生产，降低成本；推动芯片/模组厂商开发低成本芯片/模组，形成 5G 模组的高低搭配，应对各行业不同类型的应用需求。三是构建跨行业认证检测机制和公共服务平台，为各类模组和终端提供技术、测试、解决方案、验证等环境和能力，推进通信行业与各行业建立安全认证对接。

9.3 提供云、网、行业应用一体化解决方案

5G 融合应用需要依托并聚合"云、网、行业应用"，构建综合性解决方案。5G 应用带来的不仅是 5G 连接和终端，更重要的是海量数

据将通过 5G 网络上传到云端，通过大数据、云计算、人工智能，形成数据资产成为生产关键要素，并在生产的各个环节中加速流通，作为企业生产、销售、决策的重要依据。同时，5G 还会加速人工智能、大数据、云计算等新一代信息技术的扩散。目前大部分 5G 应用都已经与各类 ICT 相结合，形成解决方案，随着 5G 应用的普及，未来这些技术在各行业的应用速度将进一步提高。

云、网、行业应用一体化解决方案的实现主要有四大举措。一是通过运营商的"网"能力，打通 5G NaaS 产/商品全流程，并将网络能力标准化，包括商品设计、上架、商品订购、服务开通、企业自服务、SLA 网络监控等网络能力的标准化，对外提供调用接口，供行业合作伙伴集成和应用。二是依托运营商自研公有云、合营云或第三方公有云（如华为云、阿里云等），将其作为 5GtoB 平台基础设施底座，并通过云带来客户和行业生态聚合。三是构建开发者平台资产运营能力，建立 5GtoB 专区，积累 5G 网络 API 服务和开发资产，使能行业应用开发能力，加速 5G 行业应用孵化。四是构建面向行业市场，实现对 5GtoB 产/商品"云、网、行业应用"的一站式购物体验，实现面向企业的行业商城。总体来看，未来行业生态发展从选择重点行业，基于项目验证聚合 5G 行业应用和服务开始，通过行业云市场聚合，构建应用使能中心积累行业资产。

9.4　建立融合应用大生态

当前在产业合作方面，5G 产业生态尚未建立，缺少对接合作机制，主要表现在以下几个方面。一是通信行业和垂直行业之间缺少沟通合作渠道和平台。5G 要融入垂直行业的各个环节，需要通信企业、设备企业和行业客户不断加强沟通，目前通信行业仍是推动 5G 应用融合的主力。通信行业对各行业需求的挖掘深度不足，而行业客户对 5G 技术理解有限，亟须寻找行业痛点与 5G 结合的突破口，建立产业对接和合作机制，完善合作方案，激发企业跨行业合作的兴趣度。一些模组厂商表示，由于缺少对接合作机制和渠道，难以找到工业网关领域的龙头企业，无法寻找未来研发的目标和方向。二是垂直行业壁垒问题突出，部分行业在数据、接口、平台方面尚未打通，在产业方向上未形成产业合力。以车联网行业为例，目前全国车联网行业数据平台尚未打通，各车联网厂商标准不一，规模化运营存在难度，加之跨行业监管机制未统一，产业链各单位无法自发形成统一的业内标准。又如在医疗行业，存在服务机构、医疗设备商、软件开发商、运营商、设备集成商等上下游产业对政策法规、产品类型、服务内容、未来盈利空间等方面的意见不一致，投资方向点化分布，产业整体规划不明确等突出问题。

未来需要通过行业组织和龙头企业协同推进产业链合作和场景开放与示范效应，建立产业对接和合作机制，激发企业跨行业合作的兴趣度，如在韩国运营商 LG U+的 5G AR/VR 产业链中，华为作为其设备提供商，协同中国 VR 云平台厂商视博云和终端厂商 Pico 成为韩国 AR/VR 产业链一环。发挥行业组织作用，建立跨行业合作机制，推动联盟和行业协会开展广泛的行业协作和对接，共同推动 5G 融合应用产品研发。支持龙头企业，带动上下游企业构建完整的产业生态链、多元供应链、全流程价值链。鼓励 5G 应用技术创新中心和开放实验室建设，在真实环境中开展终端、系统设备、平台、边缘计算等产品的功能性能测试。推动垂直行业应用方阵、5G 运营企业、5G 制造企业、应用开发企业、科研机构等各方力量，培育一批优秀的行业应用系统集成商，打造跨行业协同的 5G 应用生态系统，如智慧矿山领域已经聚集了踏歌智行、慧拓智能、易控智驾等多家矿山智能化整体解决方案系统集成商。

9.5　组织与人才转型[14]

5G 本质上是新一代数字化基础设施底座，将数据技术、信息技术、通信技术与泛行业运营技术（OT）有机地结合，加速了产业升级的步伐，起着催化剂的作用。5G 是运营商和泛行业的撮合者，改变了它们的连接方式和运作模式，推动了组织能力的转变，塑造或重塑了组织的价值创造结构，具有强烈的价值外溢性效应。

5G 万物互连的特质使能企业跨界跨域运作、生态融合发展，要求产业在运作中重新思考工作界面及其内涵，优化业务价值流。5G 及新兴数字技术将提升市场对既懂业务又懂技术的复合型人才的需求量，使得组织对数字化复合型人才的争夺加剧，促使它们寻求一整套创新的人才管理模式和培养方法来填补 5G 人才的缺口。

9.5.1　5G 的系统性、结构性和社会性

5G 是产业催化剂、行业撮合者、新技术集大成者。首先，从 5G

标准来看，它是瞄准产业技术升级这一趋势和目标而制定的。产业是社会的经济基础。5G 将改变产业的生产方式，也就是意味着改变社会，这是由 5G 本身就具备系统性、结构性和社会性的作用而决定的，5G 运营与人才变化趋势如图 9-2 所示。

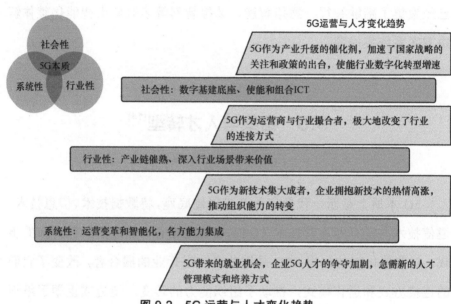

图 9-2　5G 运营与人才变化趋势

5G 的社会性作用，指 5G 通过使能泛行业去中心化平台的构建，为产业提供适合自身的一个强大的泛行业数字化生态系统，从而改变千行百业的生产关系。泛行业生态系统体现了 5G 承担行业协作撮合者的作用。

5G 的系统性作用，指 5G 标准首次系统性地考虑产业升级的场景和要求，并结合当今 IT、CT 和 OT 等新兴技术（如云计算、大数据、人工智能、物联网、区块链），以及机器人、传感器、各种穿戴设备、高清视频、AR/VR 虚拟视觉等。这些数字化技术正在或将会参与行业数字化转型和产业数字化、智能化改造升级。也就是说，它们需要用新型的网络将海量的数字化、智能设备和应用连接起来。而专为产业量身定制的 5G 网络正好可以承担这一历史使命，它可以提供性能有保障、安全可信和稳定可靠的按需数据传输。从这个方面来看，5G 是工业 4.0 和新基建的技术底座。

5G 的行业性（结构性）作用，指 5G 会很深地嵌入企业的生产过程，促进结构性调整与升级，驱动平台化运作。整个行业都在酝酿利用新兴的数字技术，启动数字化转型项目，使能产业结构性调整。2013 年，德国提出的工业 4.0，旨在提升制造业的智能化水平。中国于 2015 年提出"中国制造 2025"，部署全面推进实施制造强国战略。这些国家级的战略，极大地推动了千行百业的数字化、产业互联网化转型增速，加快了生产方式的结构性变革。从这个方面来看，5G 起着产业结构升级催化剂的作用。

9.5.2　去中心化运营模式

各行各业生产场地的环境复杂，相关设施的移动性以及对其控制的实时、稳定、可靠的要求，需要由新的网络技术推动技术革新来实现。随着 5G 深度融入行业的生产环境，5G 网络连接的企业越来越多，就会形成新的生产互联网络，即 5G+泛行业互联网形态。

5G+泛行业互联网蓝图：去中心化平台业务运营模式

这里举一个场景为例，从当前领先行业的 5G 建设项目来看，未来泛行业和运营商都有自己的平台（自建或利用公有云），它们通过 5G 网络相互连接。同样，由于运营商网络的公用性质，使得行业之间也自然地连接起来，形成泛行业互联网，创造泛行业去中心化平台生态体系。泛行业能够在去中心化平台生态体系直接交互创造新的技术、应用、产品和服务。与消费互联网不同，泛行业（产业）互联网的价值链非常长，需要生态实体和合作者共生、共创和共享，没有以哪一方为中心，也没有谁能够控制另一方，它们对等协作，从而产生了全新的业务运营模式，即"去中心化平台业务运营模式"。这一模式势必深刻改变社会和行业的运作管理方式，带来新的关键活动及其需承担的职能角色。

5G+泛行业互联网将行业企业的生产作业平台连接在一起。5G"拥有"边缘计算和网络切片技术，利用 5G 网络可以实现企业内部数字化生产设施互联，同时也可以实现企业同外部的按需网络连接。这样就自然形成了去中心化平台生态体系，这个体系能够改变企业的经营模式，产生新型的去中心化平台（泛在平台）业务运营模式。5G+泛行业互联网生态体系结构如图 9-3 所示。

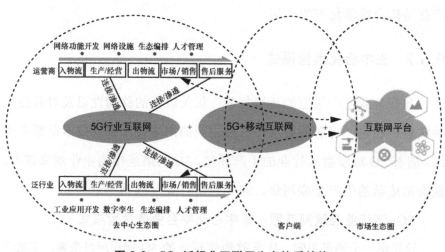

图 9-3　5G+泛行业互联网生态体系结构

5G+泛行业互联网由产品运营向解决方案运作转变

去中心化平台业务运营模式是指两个或多个参与者或群体的各自独立平台，通过 5G 网络的连接交互，形成新的价值创造网络提供新的技术、产品和服务。这些交互首先体现在参与者或群体在生产、运营过程中的技术改造，及后续的运行与维护。随着更多不同领域的参与者加入，5G+泛行业互联网初步成型，行业企业从生产中收集大量数据，引入大数据、人工智能等技术以提升企业的智能生产水平。随着 5G+泛行业互联网的成熟，基于去中心化平台的生态体系将提供种类更加丰富的服务。

5G 带来的新业务模式与传统业务模式的区别如图 9-4 所示。它们的主要区别是：传统业务模式以产品生产和交付为主体；在生态合作方面，以自己为中心，构成具有依附性、固定性、同盟性的联合体。而泛在平台化业务模式（新业务模式）则由产品供给转向解决方案的提供，内附更多价值的服务；在生态合作方面，虽然也会继续维持传统的联盟关系，但是更加注重在更广泛的生态系统中寻求新型的合作者，共同进行价值的创造，且其关系是松散的、可按需编排的。

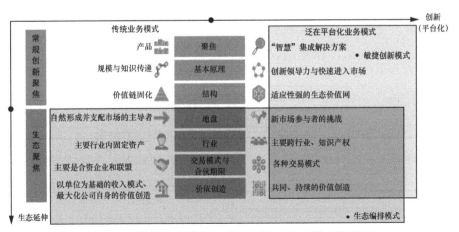

图 9-4　5G 带来的新业务模式与传统业务模式的区别

9.5.3 双轨运营模式及新职能角色

当前，各企业纷纷大力推进 5G+泛行业互联网转型，需要采取更加快速灵活、密切协作的工作方式，使得企业可以在新领域应用新兴技术，不断构思新的解决方案，或裁剪已有的解决方案，通过快速开发，满足客户的需求。这就需要对企业业务运作流程控制和创新变化进行平衡。

新型运营模式带来企业双轨模式：敏捷创新和生态编排

运营商、设备商、生态伙伴和行业客户在 5G+行业互联网项目中通常采用敏捷创新与生态编排两种双轨制运作方式（如图 9-5 所示）。

- 敏捷创新模式：5G+泛行业互联网发展初期，运营商、设备商和行业形成合作团体，利用各自的优势，运营商和设备商提供 ICT、行业提供运营技术，通过垂直行业解决方案的开发构建新案例。

- 生态编排模式：发展中后期，为降低后续相似项目的成本投入，将案例泛化、模板化，使能更多的生态合作伙伴在此基础上进行微创新，以复制、编排的模式构建和优化更多的新案例。

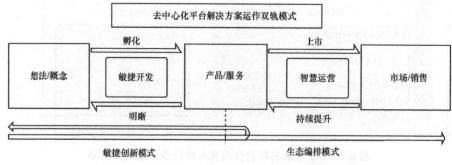

图 9-5 泛行业 5G 与新兴数字化创新运营模式

新型运营模式定义四大职能角色：创新孵化者、敏捷开发引领者、智慧运营发起者、生态编排者

去中心化平台业务运营模式会改变 5G+泛行业生态体系的角色定位。依据 5G+产业价值创造的创新设计、开发实施、运营运维和上市推广 4 个主体阶段，产生新的四大关键职能角色，即创新孵化者、敏捷开发引领者、智慧运营发起者和生态编排者。这些职能角色承担打破组织边界职责，形成跨组织合作关系，共同推动产业发展。

5G+泛行业生态体系参与者通常包括运营商、设备和服务供应商、泛行业组织和生态合作伙伴。它们根据不同阶段确定自己的角色定位，共同基于意图场景丰富 5G+泛行业应用创新，促进 5G+产业发展，如图 9-6 所示。

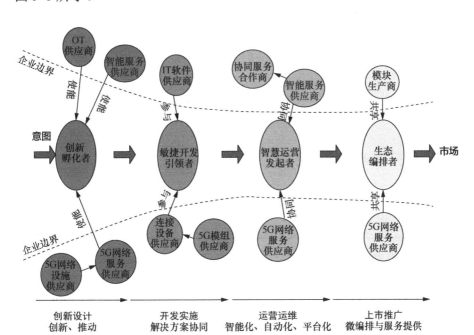

图 9-6　5G+产业价值创造主要阶段及职能角色

四大关键职能角色主要目标及职责如图 9-7 所示。

图 9-7　四大关键职能角色主要目标及职责

9.5.4　打破边界的柔性组织

目前组织主要结构以集中式和职能式居多，只注重组织内部专业知识和能力，并以此作为创新的远景，可能会妨碍公司充分发挥跨部门、跨组织联合创新的潜力。这些局限性或挑战主要表现为以下 6 个方面。

（1）部门墙与组织边界固化

大多数组织采用的结构以职能型部门划分为主，形成了部门之间的边界墙。将 5G 及新兴数字技术执行和责任隶属于特定职能的边界内，组织边界固化阻碍了跨职能部门的互动和协作，也妨碍了 5G 及新兴数字技术在整个组织的渗透，阻碍了组织内外的业务创新和流程优化再造。

（2）岗位固定与工作方式不适配

"一个萝卜一个坑"是传统的工作模式。5G 及新兴数字技术促进组织由聚焦产品的生产向以解决方案和服务的提供转移。组织需要将传统的工作方法转变为新的敏捷工作模式，加速人们思维和行为的改变。增加敏捷跨职能团队内部之间以及与外部合作伙伴的协作，完成从关注个人和部门绩效到确保团队绩效高于个人绩效的转变。

（3）决策无自主权和数据"壁垒"

组织所熟悉的决策模式是强调各层次的汇报关系这一"硬件"体系，组织的决策自上而下，层层落实，下层组织自主权缺失。而 5G 及新兴数字技术驱动组织数字化转型，其所涉及的业务活动需要几个不同的职能部门或单位参与。在这种情况下，管理者职责需由控权转到责任考核，由边缘组织做决策。另外，各个职能部门或单位的数据"壁垒"是创新的阻碍，企业需要拆除数据"壁垒"，形成企业数据中心，以便利用大数据和高级分析辅助决策。

（4）数字变数与组织能力不适配

5G 作为一种催化剂，促进组织进行全方位的数字化转型，体现在企业战略、运营、平台与设施以及文化等方面。数字变量参与组织运作，当前的组织能力与数字化要求不匹配，如何构建匹配的组织能力，是公司要解决的关键问题。组织需要对现有员工进行数字技能的培训，构建 5G 及新兴数字技术的人才储备库，建立人才发展机制。

例如传统电信运营商对 5G 在泛行业的解决方案应用逐渐增多，组织从前端一线到后端的支撑，都需开展培训，构建人才储备和能力架构，并建立 5G、云、智能等实训基地，以便员工掌握 5G 及新兴数字技术，更好地理解客户痛点，改进解决方案。由于千行百业的业务多样性，任何一家公司都不可能掌握全部的技能。因此，组织需要通过选择伙伴关系发展能力，向外部数字化生态合作伙伴开放，以利用其他组织在资产（如云基础设施或分析引擎）等方面的专业知识和投资。

（5）泛行业数字化转型呼唤组织结构调整

5G+泛行业去中心化平台业务运营模式打破了组织的边界，同时也要求各部门之间的联系和协作更加无缝。因此，组织要能满足知识的传递，需要具备赋能的功能。组织结构在赋能过程中扮演着重要的角色。结构敏感性与灵活性将决定组织如何适应其内部的跨职能互动，以及与新或稳定的外部伙伴对接。组织结构多样性层级如图 9-8 所示。

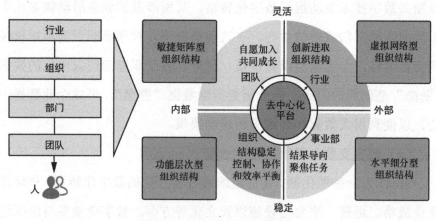

图 9-8　组织结构多样性层级

5G 及新兴 ICT 推动企业向泛行业互联网转型。千行百业采用 5G 改变其与客户的关系，改造或升级组织的数字化运营平台，利用大数据提升智慧，调整组织所需角色和职责以适应去中心化行业互联网生态。所有企业/机构都需无缝接入去中心化行业互联网生态，这要求企业/机构构建基于 5G 的数字化平台，在新的环境中提供有效竞争所需的速度和灵活性。

新型的业务模式需要组织做相应的改变进行匹配，通过调整和优化，组织中的分子单元网络化互联，团队更敏捷和灵活，由创新尝试到创新机制的建立，形成主动的组织研究氛围。企业/机构在组织的三维网络（组织结构的泛行业互联网化、组织知识传播的网络化和组织团队运作的网络化）方面实现协同与相互支撑，形成打破边界、连接生态，团队敏捷、智慧运营，知识开放、流通顺畅的组织形态。

随着 5G 驱动的"新基建"成为泛行业提升的新动能。许多组织已经进行了一些前瞻性的创新活动。组织已经意识到需要将其变成一种普遍的管理实践，提高整体的创新能力。因此，组织结构的优化是必须面对的课题，这种优化调整需要结合企业的实际情况。总体来说，需要从企业的行业环境、组织、部门和团队这 4 个不同的层级，统一来看组织的结构转型，形成柔性化组织结构。柔性化组织的特点如下。

立足去中心化平台，传统上，大部分人认为系统需要适应组织的形态，即体现组织的沟通结构。但是，随着技术影响力的增强，技术系统在企业运营中的位置变得越来越重要，模糊了业务与技术的边界，使业务和技术融为一体。这方面在互联网公司更容易看到。每一个互联公司的业务，其背后都有一个大的平台作为支撑。5G 作为催化剂，起着行业组织的去中心化平台运营转型的加速作用。因此，在组织结构转型的过程中要立足数字化平台，考虑平台的快速赋能，构建组织团队快速组建与分拆的结构机制，以适应瞬息变化的商业环境。

内、外部平衡，5G+泛行业互联网，使组织在结构设计方面从传统的过度关注企业内部，转到面向企业外部，强调内部与外部平衡。在技术高速发展的时代，外部环境迅速变化，对企业的影响变大，特别是 5G 使能组织链接到泛行业生态系统，就需要组织将更多的资源，特别是人力方面的资源，向一线转移，才能支撑企业经营业绩与业务扩展的要求。

灵活与稳定兼顾。灵活与稳定是优秀组织的两大支撑力，即组织作为一个平台，是需要高度稳定的，在具备完善的结构和流程的同时，也要具备快速行动和应变的能力。灵活性，一方面，组织要具备敏捷变化的能力，如划小核算单元，将组织打散，形成许多小的创业团队，并在他们之间引进良性竞争，一切以价值创造和客户需要为标准。另一方面，组织结构也需要具备稳定性，特别是对于大中型企业，组织结构的稳健是根本。这里的稳定，不是指组织内人员不能流动、组织层级固化和流程死板。更多的指组织搭建了一个相对稳定的大平台（中台/后台）；它整体把控，降低企业经营的风险，在考虑规模效应的同时，能够为其他团队不断赋能。

（6）组织结构支撑外部交叉赋能

随着 5G+数字化经济的发展，商业环境趋向于 5G+泛行业生态化，组织的基本边界越来越模糊。企业内部职能部门与外部组织的关系越来越紧密地相互关联和相互依赖。组织需要动态的团队适应问题分散、解决方案多样性、参与者众多、方案初始不明确、项目需求变化以及与最终用户紧密协作等场景。

5G 及新兴 ICT 对于员工来说，有可能是第一次接触。需要以创新的方式将这些技术应用到项目中。这要求员工从供应商得到赋能；

或者同合作伙伴相互赋能，各取所需，提升合作质量。另外，需要向服务提供者赋能，以便将数字化服务包装到其服务中，销售给客户。在生态中，可以将子服务提供者的服务嵌入公司产品或服务，因此需向其赋能，以便掌握相关技术。

向客户提供的解决方案不再是单向的，而是了解客户场景，将技术融入客户体系，将客户的应用与平台对接，提供持续的服务，这要求员工与客户双向的赋能。这种多边合作的环境中，组织与组织的知识和技能对齐显得非常必要，组织结构需要支撑与外部交叉赋能。

考虑 5G 及新兴数字技术的新颖性，以及掌握的难度较高，组织需要根据自身的实际情况，选择适合的模式，推动组织快速适应。主要有 3 种模式，分别是独立模式、半集成式矩阵模式、完全集成模式，表达 5G 及数字化转型在组织中的能力由单独到全体的分布。这 3 种模式概述如图 9-9 所示。

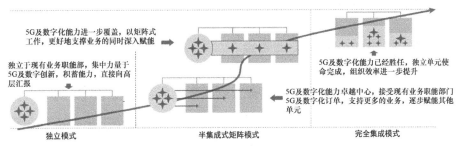

图 9-9　泛行业 5G 与数字化业务发展和组织能力提升路径

独立模式。一般作为 5G 及数字应用初期，企业成立独立的 5G 及数字化单元（跨功能团队），负责 5G 及新兴数字化产品、服务和应用的端到端解决方案，直接向高层汇报。

半集成式矩阵模式。对于当前业务与 5G 及新兴数字技术带来的新型业务差异性较大的公司，如果把数字工作委托给现有的业务部门，往往反应较慢。因此，可以采用矩阵式组织结构，以 5G+数字化能力卓越中心为主，根据企业 5G 及新兴数字技术的成熟度和文化开放度衡量其他业务单元在混合团队中承担责任的比例，通过实际的项目，为组织赋能并储备 5G+数字人才。

完全集成模式。作为最终模式，对于大多数公司来说，通过一个单独的或半集成的数字单元将精力集中在早期是有道理的，但从长远来看，这两种模式会进一步演进为完全集成模式。一个好的数字团队甚至可能让自己变得没有必要，一旦他们的使命完成，组织的结构可能会很快改变，所有职能部门都需要承担 5G+数字技术职责，这样整个企业都已将 5G+数字化融入其业务生产活动。

没有单一的结构适合所有公司。选择这些模式需要衡量 5G 及数字化带给业务的颠覆性级别、数字化转型成熟度、组织文化对变革的开放性。

9.5.5 泛行业复合型人才需求

技术带来的冲击是迅速而有力的。企业需要在较短的时间内调整员工的技能组合。在紧张的劳动力市场上，5G+数字人才的竞争非常激烈。人力资源开发的传统方法和工具（如人才盘点、培训对象的确定、培训方案的启动、培训的实施）面临严重的局限性。企业需要新的发展范式，重塑 5G+数字人才，制定相应的目标和计划。

5G+泛行业人才特点

从信息时代的开启、发展到后信息时代（数字化时代）的到来，技术不断融入人们的工作、学习和生活。泛行业人才特点演进如图 9-10 所示。

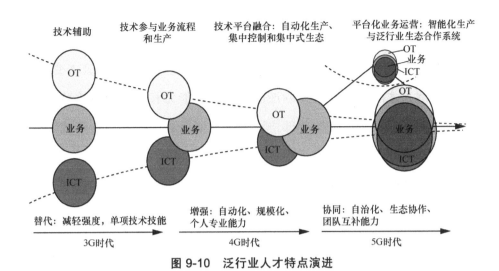

技术辅助　　技术参与业务流程和生产　　技术平台融合：自动化生产、集中控制和集中式生态　　平台化业务运营：智能化生产与泛行业生态合作系统

替代：减轻强度，单项技术技能　　增强：自动化、规模化、个人专业能力　　协同：自治化、生态协作、团队互补能力

3G时代　　4G时代　　5G时代

图 9-10　泛行业人才特点演进

第一阶段 3G 时代，替代，利用技术工具和应用，减轻工作强度，替换简单且重复性的工作。组织提升个人的单项技术能力，使新的产出可以降低成本和提高效率。

第二阶段 4G 时代，增强，利用技术平台增强企业生产的自动化和数字化。通过更大程度的数字化变革，提升个人的专业能力，带来更大的价值和更多的机会，同时降低成本和提高效率。

第三阶段 5G 时代，协同，利用新兴技术撬动企业数据资产，利用 5G 技术赋能软、硬件设施动态协同，形成企业生产的智能自治化，将团队协作由企业内扩展至企业间，团队的互补能力使工作和产出对组织和客户更有意义，并推动成本、效率和价值的平衡，使企业收获可持续的收益。

复合型人才是关键，是技术与业务的融合

随着机器取代人类从事日常工作，工作正不断演变，需要人类技能和能力的新组合。这就需要组织重新设计工作、业务和工作流程，

跟上时代的步伐。

我们身处 5G+泛行业互联网时代，人才的能力特征有了显著变化，更加强调人才的分析能力、创造能力、实践能力和基于智慧的技能等能力，以及为适应企业内/外部协同产生的团队自主构建和矩阵式工作方式。多元性复合型人才是企业业务发展的关键。

复合型岗位人才的扩展

传统上，复合型人才的定位是利用技术技能和软技能的组合执行工作的角色。本质上复合型岗位与其他标准型岗位一样，在职位设计中，通过书面职位描述创建固定的、相对稳定的角色，承担明确的工作，并添加监督人或者汇报对象。当技术平台的自动化和智能化水平提升时，部分工作被机器自动化，留给人的工作通常是面向服务的，主要涉及问题的解决、数据的解释、客户服务和移情、沟通交流和聆听以及团队工作和协作。这些工作不像传统工作是固定的任务，而是更为灵活的，更容易随着场景的不同而变化的，因此，需要为它们定义更为柔性的职位和角色，如图 9-11 所示。

这些新类型的工作，是对传统的标准型岗位的扩展（在此称之为复合型岗位工作），以适应由产品生产销售向智慧解决方案提供的转变。复合型岗位工作需要具备广泛的业务技能、技术技能和软技能，将不同的传统工作内容整合到通才（综合）角色中，利用技术平台及泛在行业生态系统，快速进行业务创新、开发、交付、运营和生态编排，显著提升组织的生产力、效率和收益。泛行业生态多样性能力要求如图 9-11 所示。

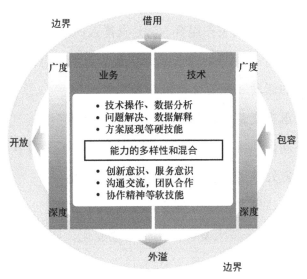

图 9-11 泛行业生态多样性能力要求

从设计工作到赋予工作新的意义

面对 5G+泛行业互联网的大变革，日常所说的"项目经理、规划设计师、分析师、架构师"等，正在演变成为复合型岗位。也就是说，需要对这些角色进行原子化，再重新聚合，进而延展其工作范围和内涵，形成新的角色。复合型岗位需要采用不同以往的方法分析、设计其工作内容，需要放开思维、重新诠释工作。这意味着在重新设计工作和岗位时，要着重思考机器、平台与人的关系，将人的工作特长有机地同机器、平台结合。接下来还需要跨越工作设计，从提升客户服务和组织产出出发，发现工作新的内涵并赋予其新的意义，创造出新的角色。

传统的工作方法设计指创建岗位说明书，即对特定的角色，从相对狭隘的视角定义技能、活动、任务和期望。这导致了非常详细和公式化的职位描述和简介，且数量与日激增。复合型岗位设计从更广泛的全景出发，重新定义任务、活动、技能和期望，重新梳理工作的真正内涵和意义，形成新的工作组合，充分发挥人的能动性，使人赋予机器和平台新的能力，利用各自特长获得优势。需要考虑的因素如下：

- 固定的活动和任务交由机器和平台执行；
- 员工承担复杂问题的解决，注重组织的产出；
- 鼓励创新和将工作自动化，利用技术和工具增强人的能力；
- 创造良好氛围，引领员工自愿加入团队；
- 将发展、学习、知识与经验融入日常工作。

新运营模式带来三大变化：岗位角色变化、技能需求变化和人才类型变化。

（1）岗位角色变化：新技能需新岗位，将传统角色分解、重组和扩展，加入新技能元素，成为复合型岗位角色

在 5G+泛行业互联网化环境下，泛行业的生产流程将由数据驱动，推动泛行业生态系统的构建并智慧运营。

复合型岗位需要组织以新的方式思考和设计工作，重新诠释工作。在重新设计工作和岗位时，将人的工作特长与机器和平台结合。角色分解、重组和扩展机制如图 9-12 所示。

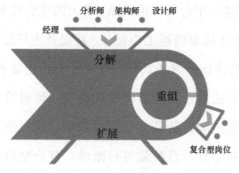

图 9-12　角色分解、重组和扩展机制

（2）技能需求变化：5G 使能新兴技术，带来新融合技能需求

复合型人才除专业领域和活动技能，还需跨职能、跨组织的新型技能，同时，还需要拥有数字化的行业技术/运营技术技能。

（3）人才类型变化：新技术为组织带来 3 类新复合型人才类型

- 赋能型人才：负责对内/外部的沟通、协调、推动和组织等。

- 权威用户型人才：应用平台能力和资产，参与服务设计与开发、集成与部署、组装与调测。

- 专家型人才：将业务与技术能力深度融合，创造新的工作内容，并将其固化到流程活动中形成平台能力，支撑业务和生产问题解决和价值创造。

个人、管理者、团队、组织、生态能力全景观

5G+人才能力架构，需从组织的环境、战略、结构和运营全面审视能力要素，为快速适应环境，要把以个人为主的能力观扩展到管理者、团队、组织和生态的能力全景观，生态的能力全景观如图 9-13 所示。

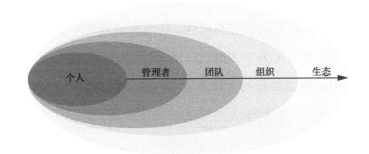

图 9-13　生态的能力全景观

- 个人：复合型人才所承担的角色是可变的，对技能的要求是多样化的。因而重点是人，而不是职称。传统的基于角色的职位

描述往往是依据组织及其工作任务相对固定的，这很难跟上5G+泛行业互联网化时代的业务变化。可以采用将角色细分，形成原子角色，再为它赋予相应的技能，使其可以组合，适应组织工作的变化要求。因此，对于个人的能力，可以承担多个原子角色的责任，并可更多地关注个人软能力（如创新能力、解决问题的能力、适应能力、领导力等）。

- 管理者：5G 驱动组织数字化转型，创新和适应成为组织的主旋律，任何组织想要成功，识别、发展和保留强有力的领导力是不可或缺的。组织及团队管理者必须不断应对变化和不确定性，这对管理者的素质和能力提出了新的要求。管理者现在更像是一个包容各方的编排协调者，给团队中每一个成员赋予权力。他们要有远见，能够同外界维持良好的关系，在内部培养包容失败和鼓励冒险的文化，能够建立一个安全的空间，让思想共享、多样化蓬勃发展。

- 团队：当下整体的社会经济由产品转到服务，更加注重客户的体验。在以产品为主的时代，认为高绩效的个人能提高组织绩效。在以服务为主的时代，适应性强的组织更加重视团队，通过团队组成和新的工作方式释放个人绩效。因此，在分析和梳理能力时，理解个人与团队的内在联系，从团队出发，将团队成员的不同观点、独特的技能和广泛的经验结合。团队成员相互学习，更有助于人才成长。

- 组织：在快速变化的时代，传统的以职能划分指挥调度生产组织模式已无法跟上时代的脚步。组织通过使用职能和跨职能、集中和分散的小组，实现有效的平衡，形成适应强的结构。组

织必须注重团队之间以及与客户的自然互动方式,然后建立多
学科团队、社区、报告关系和支持这些人际互动的沟通渠道,
也就是组织是赋能型的。

- 生态:在不可预知的时代,组织生存在一个更广泛的外部生态
  系统中,不同的组织通过以客户为中心的宗旨彼此连接并维持
  特定的、不断演变的多方关系。组织需要不断迭代适应生态。
  在生态系统中,组织能力需要外溢和吸纳,即组织要学会利用
  外部社区、伙伴关系和联盟的资源。各小组工作要关注客户和
  相关利益方的需求。

9.6　构建统一的行业规范及标准

9.6.1　5GtoB,标准先行

国际标准化作为 5G 核心的部分,受到各主要国家、地区及主流企
业的高度关注。为满足 5G 不同场景的多样化性能需求,5G 在技术框
架和核心技术等方面进行了大胆创新,经过全球产业界的共同努力,在
竞争与合作中逐步达成共识,最终完成全球统一 5G 国际标准的研制。

目前全球 5G 标准的演进方向大致分为两条主线。

主线一,传统增强移动宽带业务的支持增强,即 5G 网络标准演
进。比较有代表性的增强技术主要包括大规模天线增强技术、终端节
能技术、多载波连接及聚合增强技术、覆盖增强技术等。

主线二,5G 向垂直行业拓展增强支持,即 5G 行业标准制定。在

5G 国际标准化之初，根据 5G 整体愿景，5G 要实现万物互联的宏大愿景，非常重要的方向就是对各个垂直行业的支持。

此外，未来 5G 高频组网标准也将持续演进，预计最高支持 100 GHz 工作频率，但目前 50 GHz 以上频率的实际应用场景等还不是特别明确。

一直以来，行业标准作为技术要素的重要载体和表现形式，所发挥的作用愈发显著。标准化制度的修订和完善工作，对促进 5G+行业应用融合、垂直行业健康有序发展起着至关重要的作用。

行业标准的制定可以打通产业链，促进产业协同。由于 5GtoB 应用属于综合性解决方案，涉及的行业和产业链较多，若各厂商在数据格式、操作流程等方面标准不一，则很难实现异厂商互联互通问题。标准化制定可以打通整个产业链，让上下游无缝衔接配合，大大提高协作效率及产能产出。

此外，行业标准的制定能够有效为安全性提供保障。以对安全性要求较高的车联网领域为例，若不同品牌的车辆之间所传输的通信信号没有进行统一规范，也没有相应的转换标准，不同品牌的车辆就无法识别对方所传递的信号。那么在行驶时，车辆就无法判断周边不同品牌车辆的行驶状况、行驶速度、相对距离等信息，也无法对驾驶人员做出有意义的提示，从而形成安全隐患。车联网行业的 LTE-V2X、5G-V2X 标准的制定能够实现车辆编队、半自动驾驶、外延传感器、远程驾驶等丰富的车联网应用场景，同时保障车辆运行安全。

9.6.2　构建基于客户体验 SLA 分级标准

当前阶段，5G 网络标准仍在持续演进中。2020 年 7 月 3 日，国际标准组织 3GPP 宣布 R16 标准冻结，标志 5G 第一个演进版本标准完成。R16 标准不仅增强了 5G 的功能，让 5G 进一步走入各行各业并催生新的数字生态产业，还更多兼顾了成本、效率、效能等因素，使通信基础投资发挥更大的效益，进一步助力社会经济的数字转型。

R16 标准实现了从"能用"到"好用"，围绕"新能力拓展""已有能力挖潜"和"运维降本增效"3 个方面，进一步增强了 5G 更好服务行业应用的能力，提高了 5G 的效率。例如，面向工业互联网应用，引入新技术支持 1 μs 同步精度、"六个九"可靠性和灵活的终端组管理，最快可实现 10 ms 以内的端到端时延和更高的可靠性，提供支持工业级时间敏感。面向车联网应用，支持了 V2V（车与车）和 V2I（车与路边单元）直连通信，通过引入多播和广播等多种通信方式，以及优化感知、调度、重传以及车车间连接质量控制等技术，实现 V2X 支持车辆编队、半自动驾驶、外延传感器、远程驾驶等更丰富的车联网应用场景。面向行业应用，引入了多种 5G 空口定位技术，定位精度提高 10 倍以上，达到米级。R15 标准的若干基础功能在 R16 标准中得到持续增强，显著提升小区边缘频谱效率、切换性能，使终端更节电等。

由上述标准的演进方向和目标可以看出，可用、可靠、满足行业 SLA 要求的 5G 网络是 5G 规模使能行业数字化转型的基本条件。因此，如何定义和划分针对 5G 网络供给能力的不同等级 SLA 对电信运营企业和个人/行业客户都至关重要。但目前电信运营企业和行业客户对 5G 网络 SLA 指标的定义维度不统一。ICT 行业通常对带宽、时延、隔离性等网络技术参数关注较多，形成了基于网络连接指标的 SLA 体系。而行业客户对 5G 网络能力并没有量化的认识，在用网过程中关注的是画面是否清晰流畅、有无花屏、操作响应速度、业务连续性等实际使用体验，形成基于用户体验的 SLA 分级。这就导致 ICT 行业基于网络连接指标的 SLA 和行业客户基于用户体验的 SLA 理解不在同一层级，双方在对接用网需求时没有共同的"语言"，对后续的网络建设和网络保障形成阻碍。

因此，需要研究制定 ICT 行业和各垂直行业客户都能够理解、认可的基于客户体验的网络 SLA 分级标准。由于网络 SLA 等级划分涉及行业应用场景众多且各行业专业性强，需要通信企业与行业客户进行大量的共同探索研究，制定针对不同行业应用场景的标准化可复制的 SLA 体系。以高清视频应用为例，首先由行业客户根据体验选择出最为关注的几项指标（如是否花屏、业务是否流畅、画面是否延迟等），然后基于实际 toB 业务体验进行建模，将各项指标量化。对于 ICT 行业，则根据实际终端和应用的情况推算网络连接指标，将上述行业客户选择的指标映射为通信行业使用的指标（如 FPS 数目、码率、I 帧间隔、P 帧速率等），最终得出适用于该场景的可复制的建网和监控的指标参数，并且将客户实际体验与通信行业指标进行量化映射。

此外，现阶段 5G 网络、平台等尚未成熟，企业自服务（包括 SLA 可视）可能是一个必经的过渡阶段，在此阶段可能出现网络不佳、平台性能不好、客户配置不当等问题造成的 SLA 未达标现象，对此类问题的权责划分也是 ICT 企业和行业客户需要考虑的。

9.6.3　5G 行业标准制定工作任重道远

5G+垂直行业标准化活动的范围通常取决于标准化机构的影响范

围。标准化机构不同，所涉及的领域可能会不同，参加标准化活动人员来自的范围就会不同，发布的标准影响的范围也会不同。标准化活动的范围可以是全球的，也可以是某个区域或某个国家层次的；还可以是某个国家中的地区、行业学/协会层次的。因此按照标准化活动的范围可以将标准分为国际标准、区域标准、国家标准行业/协会/团体标准、地方标准等。其中，国际标准、区域标准、国家标准、一些国际性的学/协会标准，由于它们可以公开获得，必要时通过修订保持与最新技术水平同步，因此被视为构成公认的技术规则。其他层次的标准（如一些学/协会标准、团体标准），虽然不一定被认为构成公认的技术规则，但在一定范围内可能有较大的影响。

当前垂直行业已经开始标准化的几个重要方向包括 5G 车联网、5G 智慧医疗、5G+工业物联网等。目前 3GPP 已经吸引了大量垂直行业企业参与到 5G 国际标准制定中，比较有代表性的有宝马、奔驰等汽车企业，谷歌、Facebook（脸书）、腾讯、阿里巴巴等互联网企业及众多卫星公司企业。例如在 5G+医疗健康领域，为积极推动 5G 技术在医疗健康领域应用实施，助力智慧医疗建设，中国通信标准化协会（CCSA）专门成立了"5G 医疗健康子工作组"，以医疗行业需求为驱动，以 5G 通信技术为基础，以赋能医疗健康为导向，坚持前瞻性、战略性、主动性和开放性的原则，针对医疗健康面临的主要问题，开展相关技术研究和标准化工作。5G 网络将成为中国医疗体系新一代网络基础设施，2020 年的一项重点工作就是明确智慧医院的定义和内涵，对医院智慧服务进行分级管理。通过标准规范为医疗健康服务安全和质量提供保障。远程医疗系统在学科急重症会诊时不仅需要传输大量数据，同时对网络可靠性和时延性要求也很高，因此迫切需要高质量的室内 5G 覆盖，同时对相关行业应用进行标准化工作，促进应用规模发展。

在 5G 车联网领域，目前 3GPP 已经发布了对 LTE-V2X 以及 5G-V2X 定义的 27 种（3GPP TR22.885）和 25 种（3GPP TR22.886）应用场景。其中，3GPP TR22.885 定义的 27 种应用场景主要实现辅助驾驶功能，包括主动安全（例如碰撞预警、紧急刹车等）、交通效率（例如车速引导）、信息服务等方面。而 3GPP TR22.886 主要实现自动驾驶功能，包括高级驾驶、车辆编队行驶、离线驾驶、扩展传感器传输等。随着业务场景的演进（由辅助驾驶向自动驾驶演进），其需求指标也更加苛刻。

在未来随着 5G 广泛部署，更多垂直行业也将不断采用基于 5G 的解决方案。随着更多垂直行业应用 5G 和更多垂直行业公司进入 3GPP、CCSA 等标准化组织，参与 5G 行业标准制定，未来的 5G 也将更加开放，赋能更多垂直行业。

但是在行业标准推进方面也存在以下挑战。一是缺乏国家级别的 5G 顶层设计和整体部署。5GtoB 应用涉及领域众多，未来发展的方向和重点不清晰，缺少明确的发展路径，亟须通过各国顶层设计进行引导和支持，在重点领域实现突破，进而统筹推进各领域与 5G 发展相融合。二是 5GtoB 应用尚未被纳入各行业发展规划中。世界范围内，5GtoB 应用均处于起步阶段，在重点领域进一步深化发展离不开行业政策的支持和项目资金支持，亟须在行业规划中加入 5G 应用发展相关内容，明确发展方向、发展目标。三是对现有监管政策的影响需要研究调整。5G 在行业领域的应用存在无法与现有法律法规衔接的问题，如交通运输行业的定位、地图、支持自动驾驶的法律法规需要完善，如远程手术、自动驾驶等应用的责任认定机制不明确，5G 智慧医疗服务收费标准等政策尚未明确，可能阻碍 5G 融合应用规模商用。四是数据互通存在障碍。例如在部分国家，5G+能源领域通信协议和数据格式等标准存在缺失、滞后、交叉重复等问题，不同地区、不同企业、不同类别能源间的互联互通存在障碍，导致产业链无法对接合作。五是新业务监管模式需要加快研究。5G 应用于行业将产生新的业务模式和形态，业务监管需要协调多个部门，如车联网数据互通平台需要多部门协同，通信设备测试认证和安全证书的管理机制不明确，车辆安全性能得不到保证，产业链上各单位无所适从。六是部分原有业务的监管模式需要研究更新。5G 核心网的下沉将造成网络监管碎片化，需要进一步研究网络监管政策，保障网络有序运行。如 5G 的应用加快了医疗健康领域各应用的数据流通，存在医疗质量以及数据安全风险，亟须创新监管方式，确保 5G 医疗健康应用安全推广。

针对以上挑战，本书给出以下建议。一是制定 5GtoB 应用发展计划，协调推动重大问题的解决，制定实施方案和投资计划，并进行阶段评估。二是加强各行业顶层设计联动，推动各行业将 5G 纳入行业规划，培育形成 5G 与行业融合的创新能力，促进 5G 发展与各行业发展紧耦合。三是解决共性技术产业难题，加快基于网络切片、边缘计算等技术方案成熟，推动 5G 与新一代信息通信技术深度融合。建立联合研究团队，成立跨部门、跨行业的技术及标准委员会，推动各行业研究制定 5G 跨行业融合标准。四是明确标准制定路径。任何行业的标准制定都不是一蹴而就的，应首先制定通用性标准，进而细化至各行业领域。标准的制定应遵循由简至繁的原则，以团标–行标–国标的路径逐步推进。

||||| 9.7 国家政策如何更好地支持 5GtoB 发展 |||||

目前各国政府均在积极推动 5G 产业发展。中国政府高度重视 5G 应用发展，提出要积极丰富 5G 技术应用场景，并加快 5G 网络等新型基础设施建设。工信部发布《"5G+工业互联网"512 工程推进方案》和《关于推动 5G 加快发展的通知》，提出打造 5 个产业公共服务平台，建设改造覆盖 10 个重点行业，形成至少二十大典型工业应用场景，同时要求全力推进 5G 网络建设、应用推广、技术发展和安全保障。美国尝试 5G 多频段覆盖，5G 应用以固定无线接入为主，行业应用处于技术验证期。FCC 发布 5G 加速发展计划，一是将更多的频谱推向市场；二是更新基础设施政策；三是修订旧的法规，以适应 5G 的发展需要。欧洲发挥工业优势，通过"地平线 2020"科研计划加速推进垂直行业应用。目前欧洲 5G 固定无线接入业务成为欧洲光纤宽带的重要补充，运营商积极开展行业融合应用。韩国高度重视 5G 应用发展，在高清视频和 VR 等重点领域应用领先，并带动相关产业发展。2020 年韩国政府还推出"XR+α"项目，投资 150 亿韩元推进 XR 在公共服务、工业和科学技术领域的应用。

9.7.1 遵循客观规律，推动 5G 网络适度超前建设

5G 网络是各项行业应用顺利开展的前提和基础，但由于频率问题，若要达到与 4G 相同的覆盖水平和区域，5G 基站建设密度将是 4G 时代的数倍，各国政府应持续加大对 5G 网络部署支持力度。一方面

推动公共资源向 5G 基站建设开放。在汽车站、火车站、机场航站楼、地铁等人员密度高的公共交通设施，为 5G 基站站址、通信机房等建设预留空间。另一方面，重视 5G 能耗问题，对基站用电给予补贴，引导各地区出台通信用电优惠政策，不断降低 5G 基站用电成本。

9.7.2　创新监管理念，加强跨部门跨行业联动

目前各国对行业企业的管理主要基于行政管辖权和行业领域区分，实行的是行条块分割式的响应和监管。而 5GtoB 作为融通千行百业并改变经济社会运行方式的新型经济形态，迫切需要各行业主管部门建立跨行业跨部门的联动机制并在监管方式和监管手段上进行创新。第一是要坚持对新产业、新业态实施包容审慎的监管原则。兼顾多元化企业主体，建立有利于竞争的数字化转型框架，避免监管过度。提倡建立"监管沙箱"（Regulatory Sandbox）机制，即在产业探索初期，相关要素不明朗情况下，由主管部门划定范围，允许一部分创新企业和研究机构在"安全空间"内试错、创新，一方面将风险控制在经济社会可承受的范围内，另一方面有效解决法律法规及监管规则的滞后性问题。第二是要推进协作式监管，建立跨行业跨部门联动机制。通过建立完善的垂直领域主管部门及信息通信主管部门之间的信息沟通、规划统筹等制度，形成规范有序、运行高效的跨行业协调联动推进机制，推动 5GtoB 与各行业的紧耦合发展。第三是要持续创新监管方式。要尽可能放宽准入机制，以负面清单制为原则，允许各类市场主体依法平等进入市场准入负面清单以外的行业、领域、业务。第四是要注重知识产权保护。严厉打击侵犯知识产权的违法行为，建立健全知识产权惩罚性赔偿机制，提升知识产权审查质量效率，最大限度保障企业科技成果和研发利益。

9.7.3 提升安全监管能力，搭建多维度安全体系

目前，5G 安全已成为多国安全战略的重要组成部分，应当从以下方面提升 5G 安全能力。第一是要建立多维度全方位的安全防护体系。各国应该全面研究 5G 网络面临的安全挑战，从终端安全、系统设备安全、网络安全、关键资源安全、数据安全、融合应用安全等多个维度加速构建网络安全架构。第二是要构建多元协同、清晰明确的安全责任体系。确保运营商、行业云服务商、系统集成商、设备供应商、行业应用开发者等主体各司其职、各负其责。第三是要规范数据使用秩序，维护数据安全。应当加强数据安全的立法保障，对数据开发、收集、整理、存储、保管、使用、维护、更新、销毁等相关的活动进行规范。坚持收集数据有限度、管理数据有法度、保护数据有力度。第四是要强化 5G 安全风险动态评估。结合 5G 垂直领域各自特点，开展行业应用安全相关标准研究，开展跨行业、跨领域的 5G 安全风险评估。

9.7.4 加大财政力度，推动新型金融产品探索

在资金支持方面，各国政府应当加大财政扶持力度，开展税收优惠、财政补贴，并加大政府采购支出；同时应当引导金融市场探索新型金融产品的研发，加大 5G 行业资金注入。第一是要实行财税激励。税收优惠是一种常见的财税激励政策，将对高新技术产业增加值率的提高和内部结构的优化产生积极影响。在 5GtoB 领域，政府部门应当依据企业规模、行业属性等性质，有针对性地进行税费减免，可以按固定比例减免征收企业所得税或对研发费用进行加计扣除，进一步释放高新技术产业企业发展潜力。第二要加大政府采购和资金投入。鼓

励政府部门率先采购和使用 5G 行业应用，为 5GtoB 业务探索提供示范效应。鼓励地方通过设立财政专项资金、风险补偿基金等手段，加大对 5G 产业新业态探索的支持力度。第三要推动金融市场探索开发促进 5G 应用及产业发展的新型金融产品。可以鼓励银行业面向 5G 产业设立 5G 定向贷款，推动保险业开发 5G 项目相关新型险种，鼓励证券市场支持符合条件的企业发行公司信用类债券和资产支持证券融资，从而降低 5G 产业的融资成本。

第十章　5GtoB 成功要素分析：商业能力

||||| 10.1　5GtoB 商业生态系统的 5 个关键角色 |||||

5G 面向千行百业，则需要深入行业蓝海，孵化新能力底座、重构面向行业的运营平台和服务流程，把 5G 的行业业务打造成运营商新的增长引擎，真正助力行业实现数字化转型。在这一要求下，5G 服务能力也从网络连接服务，逐步向平台集成、应用和服务转变，除了运营商、设备商，还需要云平台提供商、系统集成商、行业客户、行业应用开发者等角色，探索一种新的运营和商业模式，尽可能在各角色间实现商业协同和可持续发展，最终实现商业成功。5GtoB 完整商业循环离不开 5 个关键角色，分别是运营商、行业云服务商、行业应用开发者、系统集成商以及行业客户。

（1）运营商

提供网络的基础能力，包括带宽、时延、定位、安全等以及网络的运营、运维和管理能力，通过提供不同服务质量层次和定价水平匹配不同客户的需求和预算。引入多种网络技术能够提供在网络组织和性能方面的差异化能力。通过被系统集成商集成向行业客户提供网络服务，或者直接面向行业客户。

（2）行业云服务商

由于未来的行业应用都会以云服务的方式提供，行业云服务商提供行业云平台的同时，还提供面向行业应用开发者的应用使能中心和面向行业客户、系统集成商的行业应用市场。

（3）行业应用开发者

作为提供行业软/硬件的生态伙伴，需要将产/商品上架到行业云服务商，一起为行业客户提供产品和服务，这角色是运营商、行业云服务商、系统集成商的伙伴，需要通过合作实现价值共赢。

（4）系统集成商

系统集成商有很强的行业理解力，通过整合资源提供行业解决方案的咨询、设计、交付，此外，还需要做生态的聚合和业务的集成验证，形成完整的解决方案。这个角色具备拉通网络、云、软件开发和其他系统等能力，有长期行业客户服务经验。

（5）行业客户

即最终客户、项目业主，拥有对行业需求的充分认识以及丰富的行业方案应用经验，与系统集成商对接需求，有些可以组建自己的开发运营团队，形成完整解决方案。

10.2　立足行业客户与运营商共赢

实现行业和运营商共赢是 5G 规模化使能行业数字化转型商业模

式的最大挑战之一。5G 规模化使能行业市场成为 5G 释放红利的关键，挑战在于商业模式。随着 5G 发展和 IoT 市场需求的不断增大，加快数字化转型已成为各个行业和诸多企业的必然发展之路。千行百业数字化为运营商带来了发展新机遇，但同时也对运营商网络及服务能力提出更大的挑战。让行业客户提质、降本、增效是 5G 赋能行业的使命所在。而为了满足行业客户的需求，运营商在 5G 应用必然要做到技术升级和能力开放，并做到商业成功，从而实现战略转型。所以，5G 规模化使能行业数字化转型关键在于让行业客户和运营商实现共赢。

面向行业市场典型化的场景需求，5G 能够提供差异化的能力组合方案，也能作为桥梁衔接云和端，形成灵活组合规范化产品方案，满足行业碎片化的需求，运营商在此同时也需要面临个性化组网的挑战。

5G 行业专网商业模式由运营商主导，基于行业客户需求，提供定制化的网络能力和增值服务组合，满足用户不同覆盖范围、时延敏感度、隔离度、SLA 等级及运维保障需求。

5G 引入多量纲商业模式，打造差异化服务，网络方面运营商以行业客户特点出发明确建设方案和服务模式，为客户提供专属网络服务，满足垂直行业客户的多样化需求，实现价值增值。

5G 商业模式运营商需要从传统的提供网络连接服务，逐步向平台集成、应用和服务转变。需要合作伙伴的共同参与和发展，探索 5G 新商业模式，扩大共赢的利益交汇点，获取 1+1>2 的溢价。

目前要实现这一目标，还需要解决 3 个方面的问题。一是 5G 行业终端是 5G 规模化使能行业数字化转型的最大短板，5G 行业终端面临价格、多样性和行业要求复杂等挑战，需要对模组芯片进行新的研发及适度剪裁，集中力量，重点突破，拉动模组市场规模；二是要完善 5GtoB 运营体系，这一体系是 5G 规模使能行业数字化转型的必要条件，这一体系涉及行业客户、运营商、行业应用开发者等多个方面，需要从网络开放能力、云服务平台、边缘服务能力等多维建设；三是优化解决方案，标准化与定制化相结合，而可用、可靠、满足行业 SLA 要求的 5G 网络是 5G 规模使行业数字化转型的基本条件。

同时，还要打通产业链、资金链、创新链三大链条。一是完善产业链生态体系，依托公共服务平台，建立跨行业 5G 融合应用产业生态，推动垂直行业应用方、5G 运营企业、5G 制造企业、应用开发企业、科研机构等各方力量开展广泛的行业协作和对接，培育一批优秀的行业应用系统集成商，打造跨行业协同的"大生态系统"。二是提升创新链技术供给。围绕产业上下游的关键缺失环节和核心技术布局技术创新链条，引导初创企业、龙头企业风险投资项目等创新资源向产业链上下游集聚，解决共性技术研发难题，推动 5G 与新一代信息通信技术深度融合。

10.3　商业模式的多种形态[15]

5G 应用产业链生态复杂，企业都立足自身优势，从不同领域切入 5G 融合应用的市场，出现了一些不同形态的商业模式。按照综合方案的主导方来看，主要有运营商、行业客户、系统集成商等产业方主导的多种商业运营模式及其案例。

运营商主导模式。运营商依托网络资源优势，通过向行业客户提供等级差异化服务，包括基础网络服务、切片服务、边缘计算服务、虚拟专网服务等，实现网络价值变现。同时，运营商综合实力较强，也可以与行业云服务商、行业应用开发者等合作提供行业综合解决方案。目前，中国电信、中国移动、中国联通三大运营商正积极与各行各业合作建设 5G 虚拟专网，推出 5G 专网解决方案及发展路径。浙江移动在其 5G 商城中，根据行业客户的网络需求不同，提供可针对时延、上下行速率、连接数指标进行定制化的 5G 网络服务，让行业客户能够更灵活地购买网络服务，目前阶段该 5G 商城模式仍处于探索阶段，具备商业模式雏形。在华菱湘钢"5G+AR"远程装配项目中，运营商作为总系统集成商（SI），为华菱湘钢提供 5G 应用、连接、终端和服务等全部能力，其中有第三方公司分别作为独立软件供应商（ISV）和独立硬件销售商（IHV）为运营商提供软/硬件服务，华为作为 5G 网络设备和云计算设备提供商，一方面为运营商提供网络能力，另一方面为第三方 ISV/IHV 提供云计算能力。

系统集成商主导模式。系统集成商作为专业化解决方案的主导者，把运营商提供的网络服务、云服务和应用集成形成行业项目解决方案，并直接向行业客户进行销售，获取综合价值变现。系统集成商具有与行业客户长期合作优势以及行业应用开发经验，能够提供定制化终端、行业通用平台方案等服务，提供的解决方案非常契合行业客户需求。这类模式如上海振华重工，作为港口机械制造商，牵头联合运营商、设备商以及上海港务集团在上海洋山深水港实现了 5G 智慧港口解决方案，随后在宁波港项等其他港口进行了推广和复制。

行业客户主导模式。行业客户通过组建自己的研发和运营团队，参与行业基础设施建设和运行维护，形成较为成熟的全套解决方案，该方案先在企业集团内部进行推广复制，逐步扩展到相关行业市场实现价值变现。行业客户既是需求方也是服务的供给方。在该类模式中，企业一般是行业内龙头企业，未来以平台能力为价值核心，5G 作为核心要素之一，形成整套解决方案，在行业内规模推广。如海尔集团利用自身资源建设了基于"5G+MEC"的边缘计算应用云平台，作为平台运营方，海尔提供包括 MEC、工业应用等服务的整套解决方案给行业客户。

10.4　处于动态变化中的 5GtoB 商业模式

港口行业形成了大项目行业系统集成商集成、小项目运营商集成的合作模式。5G 进入垂直行业，需要与行业内的关键伙伴合作，与行业的龙头企业结盟，通过合作快速切入行业。例如在港口行业，振华重工项目资源丰富，但分支机构全国覆盖情况不如运营商，其业务主要聚焦在大港口大项目；运营商通过与振华重工合作绑定，可以共享资源，互补共赢。由此也形成了大港口振华重工做总集成商，运营商被集成；小码头小项目，由运营商做总集成商，振华重工被集成的商业模式。

矿山领域也在探索中形成 3 种商业模式雏形。在矿山领域，为减少人员伤亡引发的停产整顿，矿企也有强烈的意愿拥抱 5G 自动驾驶，目前矿山自动驾驶应用的商业模式主要分为 3 类。一是矿卡自动驾驶解决方案商成为主机厂前装供应商，主机厂直接销售具备自动驾驶能力的矿卡，并从矿卡销售中获得盈利，如三一重工。此外，自动驾驶解决方案商也可以为存量矿卡提供后装改造。二是自动驾驶解决方案商选择与大型矿山剥离队成立合资公司，打造新型智能化剥离队，目标是以更低的成本承接剥离外包项目。三是智慧矿山解决方案商面向采矿企业提供自动驾驶应用的矿山智能化整体解决方案，目前已经聚集了踏歌智行、慧拓智能、易控智驾等多家明星企业，并已在内蒙古、河南等地展开项目测试或示范运营。但现阶段，大部分智慧矿山项目仍处于小规模的示范运营阶段，市场仍处于等待规模化商用爆发的黎明前夜。

现阶段并没有形成固定的合作模式。当前 5G 融合应用的商业模式主要以运营商为主导，仍缺乏既懂 5G 又懂行业的系统集成商。随着各环节的产业定位和合作模式的动态变化，5G 行业应用的商业模式也将不断演化，未来运营商、行业应用开发者以及行业客户都可能会孵化、演变出新型的 5G 融合应用系统集成商，使产业生态更加丰富、商业模式更加清晰。

第四篇

5GtoB 使能千行百业

第十一章 重工业制造

11.1 华菱湘钢

11.1.1 案例概述

11.1.1.1 从制造到智造

一提到钢铁行业，大多数人的印象是工人们汗流浃背地围在高温熔炉旁，拿着铁锤将红彤彤的钢铁敲得火星四溅。如今，依托先进的技术，钢铁行业早已摆脱传统生产方式，正在向信息化、智能化、自动化转型。湖南华菱湘潭钢铁有限公司（以下简称华菱湘钢或者湘钢）积极拥抱 5G、智能和云计算等新型数字技术，协同发展，是积极推动智慧钢铁行业发展的先行者。

华菱湘钢始建于 1958 年，产品涵盖宽厚板、线材和棒材三大类400 多个品种，具备年产钢 1600 万吨的综合生产能力。目前已经发展成为了湖南单体规模最大的国有企业，也是中国南方重要的精品钢材制造基地。

2008 年以来，在经历了高速规模扩张之后，由于地处城市中心，规模不能再扩，企业意识到要想发展必须提高效率，实现从制造向智造的转型。2016 年年初，华菱湘钢制定了四大目标，全面推进智慧湘钢建设：

- 让设备"开口说话"；

- 让机器自主运行；

- 让职工更有尊严地工作；

- 让企业更有效率。

11.1.1.2 基于 5G+MEC 打造互联互通的底座

传统基于有线组网方式带来的网络碎片化和信息孤岛一直是企业面临的一大难题。2019 年开始，华菱湘钢联合中国移动、华为启动了 5G 智慧工厂项目。为湘钢实施"三大基础工程"，建设"三大智慧平台"。希望利用 5G 技术为智慧钢厂建设互联互通底座，充分发挥以下 5G 三大技术特点。

超高速率能力，打破了带宽局限：实现下行 1.2 Gbit/s，上行 750 Mbit/s 的网络速率，同时传输多路超高清视频无压力。

超低时延能力，可实现精准的信息反馈：提供 10 ms 左右的单向网络时延，可实时对天车下发指令和信息反馈，从而可实现远程操控天车。

高稳定性和可靠性：5G 网络具有超强抗干扰性，超强稳定性优势，可按需随时随地接入，并可保持最优的覆盖效果。

2019 年，在项目第一阶段，首先在五米宽厚板厂区（室外）、转炉主控楼（室内）、炼钢废钢跨和渣跨区域实现 5G 全覆盖。通过摄像机的高清视频传输和可编程逻辑控制器（Programmable Logic Controller，PLC）之间控制信号数据传输，实现了天车远程集中操控、无人天车、远程机械臂控制和高危区域高清视频监控四大典型应用场景。2020年6月，湘钢、湖南移动、华为公司在五米宽厚板厂继续探索多元数据采集、AR远程装配指导、基于智能机器视觉方面的行业应用。

在组网方面，华菱湘钢园区已经部署了5G专网的宏站、室分和用户驻地设备（Customer Premise Equipment，CPE）、工业网关、5G AR等网络设备。厂区的PLC、激光测距仪、高清全景摄像机、传感器等终端设备通过AR路由器、CPE、工业网关等接入园区5G专网基站，再通过园区SPN连接湘钢园区内部署的MEC机房，保证业务面数据不出园区，既确保了数据的安全性和可靠性，又能实现各种应用系统的通信。

11.1.2 解决方案和价值

11.1.2.1 智能点检——让设备"开口说话"

华菱湘钢生产设备共约28000台。通过对设备状态的在线实时监测，每5s对设备信息进行采集，传输带宽需求达到Gbit/s级别以上，利用5G大带宽的特性，将采集数据实时传输至后台，再通过大数据分析处理，可对设备状态进行预判，能做到预知维修，同时，还可通过移动App随时随地查看实时数据、历史趋势以及视频监控产线，并实时接收报警推送。

目前该系统监测设备约为1700台，监测点超过10000个，实现了设备的可管、可控、可视，做到设备运行状况心中有数。

在新产品研发方面，最新推出了支持多接口和协议的边缘计算网关。在钢铁企业，为了满足钢厂业务长期、稳定、可靠的运行，主要通过在钢厂各关键设备中布放多种类型的传感器实时监控震动、温度、湿度、气液体流量等关键信息，从而及时发现并解决问题。不同的传感器采用不同的工业协议，网络传输方式和架构也不一致，很难对采集的数据进行统一管理。此外传感器回传数据主要通过光纤，前期的施工构建和后期的运营商维护方案都非常麻烦。边缘计算网关的推出，实现了在更靠近端侧汇聚不同类型的数据接入，同时集成了一定的算力，支持需要边缘计算和边缘处理的数据，例如协议转换和 App 转换，为下一步预防维护和反向控制业务奠定基础。

11.1.2.2　智能加渣机器人——让机器自主运行

加渣是连铸的工序中非常重要的一个步骤，通过加渣工序将保护渣（一些微量元素）加入钢水中可以隔离钢水与锅炉，避免粘连，同时还能避免氧化提高钢坯的质量。以前需要工人手工将保护渣加入1400℃钢水中，即使可以用工具但人也必须接近钢水才可以，在这周围的热辐射高达 60～80℃。加渣工序对工人的经验和技术要求非常高，加渣的速度和比例都会影响钢坯的质量。

华菱湘钢通过 5G 远程一键式操控智能加渣机器人，代替人工现场加渣操作。工人只需要做远程的机器开/停以及一些辅助的低强度工作即可实现自动加渣。加渣机器人可以全自动的 24 h 连续不间断地在高温环境下工作，并且可以保证均匀加渣，使钢材质量和一致性明显提升。智能加渣机器人的投产不仅降低现场操作人员劳动强度，还让一线员工有更多精力关注浇铸过程，提高铸机生产效率和质量。

11.1.2.3　5G+智慧天车——让职工更有尊严地工作

天车集装卸、搬运、运输功能于一身，是钢铁生产最主要的设备之一，也是决定钢厂高效运转的关键因素。天车经常运行在厂房内的高空，过去需要操作工人长时间在狭小的天车驾驶室操作，工作效率低。钢铁作业过程中不可避免存在高温、噪音、扬尘，有一定的安全隐患。基于 5G 网络后的天车远程控制系统，让一线员工告别现场的环境和狭小的操作室，可以在舒适的环境更高效地完成工作。为提升员工工作环境，提高效率，消除作业风险，发展远控天车并尽可能实现无人化天车系统已是必然趋势。

在华菱湘钢废钢车间率先实现的 5G 远程天车操控系统中，需将 11 个高清摄像机组成的多视野、超高清视频实时传送到服务器端，并以超低时延的动作反馈对远端的天车进行远程驾驶，这对网络提出了极高的要求，需要低至 20 ms 的网络时延和高至 1 Gbit/s 的速率。4G 和 Wi-Fi 网络难以满足大带宽、低时延需求，Wi-Fi 还存在覆盖效果差、抗干扰能力差、不稳定等缺点。因此，5G 以超高速率、超低时延、超强稳定等优势成为了最佳选择。

华菱湘钢五米宽厚板厂的 5G 智慧天车，通过传感器、雷达、结合激光 3D 轮廓扫描技术，获取周边物料、车辆、车头高度及卸载位置信息和画面，再通过 5G 网络实时将数据传输至服务器端，进行数据处理建立现场三维模型，计算动作指令集，下发给天车执行，实现设备自主运行。

11.1.2.4　5G+AR 远程指导——让企业更有效率

2020 年，华菱湘钢新建精品中小棒产线，但在调试期间赶上新冠疫情，德国和奥地利厂商无法抵达现场进行设备装配。为不影响工厂建设进度，促进企业复工复产，多方联合采用 5G＋AR 方案进行中欧现场连线，通过 AR 智能双目眼镜实时交互能力，以及 4 个可变焦 5G 高清球机，将作业现场环境视频及现场技术员的第一视角画面通过 5G+SD WAN 国际专线实时回传，连接位于德国/奥地利的专家资源，依托 AR 的实时标注、锚定标注、冻屏标注、桌面共享等技术，实现后端远程指导现场设备的装配工作。实现一对一、一对多、多对多等远程指导；实现跨国远程指导现场设备的装配工作，确保了产线顺利按时投产。同时 AR 应用支持多终端类型（计算机/PAD/手机等）接入，随时随地指导现场装配，缩短了设备装配交付周期及国外专家人力成本支出。未来基于 AR 的远程维护、远程装配指导以及远程专家支持等将在智能工厂扮演重要的角色。

11.1.2.5　5G+智能+MEC 转钢自动识别控制——让企业更有效率

钢厂在炼钢过程，有一项主要的工序是成形轧制工序，也就是沿板坯长度方向或宽度方向进行 4～7 道轧制，把坯料轧至所要求的厚度。每块钢坯的轧制过程会涉及 2～4 次不等的转钢操作。转钢操作通过控制转钢辊道上的锥形辊道的转向和转速，带动钢坯旋转 90°后再送入轧机，达到在不同方向展宽的工艺要求。这道工序原来完全由人工通过监控画面，手动控制手柄控制操作完成。操作岗位需要工人 24 h 轮班操作，转钢操作的速度和效率依赖操作工人的技术熟练程度。

基于 AI 的自动转钢应用，通过 5G 摄像机采集转钢辊道区域和钢坯的视频数据，经过云端训练模型之后，可以将模型部署在 MEC 应用服务器上。实时采集的视频信号经过 5G 网络传输到 MEC 推理节点，通过部署在计算节点上的应用和算法实现自动追踪钢坯、识别钢坯的方向和角度，并根据视觉识别输入结果对接轧机 PLC，自动控制转钢辊道的转向和转速，实现板坯的 90°自动旋转，从而节省人力，提高钢坯的轧制效率。

AI 转钢自动识别应用系统主要由 5G 摄像机、5G 网络，MEC 推理节点、视觉识别和角度计算系统、云端智能训练平台和轧钢 PLC 组成。在这个系统中，5G 网络一方面解决了钢厂轧钢区域网线部署困难的问题，支撑业务快速上线；另一方面通过下沉到园区的 MEC 解决视频信号的低时延回传（平均时延<10 ms），并通过部署在 MEC 上的计算服务器和推理节点支撑转钢角度的精确计算，经过实时计算的角度反馈对接轧机控制系统完成转钢操作。5G+MEC+智能+云的结合实现了对企业实际作业自动化和效率的提升，也启发了更多 5G+机器视觉的应用场景。

11.1.3 成功要素分析与启发

11.1.3.1 业务需求的挖掘

从该项目中，可以清楚地感受到企业在安全生产、生产增长、降耗、改善工作环境方面的强烈需求和升级的意愿，但要实现智慧钢厂和无人化改造的过程，需要深入理解应用，并将应用的需求映射到具体的组网架构和指标。

在新业务交流初期，行业客户或系统集成商在很多时候只能描述出应用的场景，无法直接给出业务诉求对具体通信网络需求的映射，或者按照以往固定连接（如光纤的指标），给出一些过高的带宽、时延等数值，与真实的需求差别会很大，如果按照这样一些数值标准规划设计 5GtoB 专网，往往会发现很难真实匹配等问题。这时候需要多方进行联合规划，基于实际的业务建立网络模型并具体落实。要实现这一点，企业高层领导对项目的重视和资源配置也是项目落地，取得成功的关键。

项目开始之后，围绕企业既定的 4 个战略目标，就是不断提出需求，寻找解决办法，迭代向前的过程。落实验收的功能和产品都已经固化下来，也成为了企业生产环节的组成部分。

11.1.3.2 项目角色定位

对于企业而言，根据不同的项目需求会有多种实施方式，不同的业务需求会触发不同的项目实施和集成交付方式。

在远程天车项目中，华菱湘钢作为总牵头单位，天车的改造集成由第三方公司支撑，网络回传的部分，由中国移动承建，华为作为方案设计的支持单位全程参与。

在 AR 指导远程装配的项目中，由于目前产品和服务相对标准，这部分就是由中国移动来做总集成，选择已有的合作伙伴提供 AR 设备和云服务。

项目的交付与验收由项目总集成商控制。基础网络部分的投资由企业投入，并通过年度各类项目的整体投入产出比评估收益。

11.1.3.3 项目的启发

基础网络是企业生产和互联互通的底座，也是企业生产运营的组成部分。从网络的规划、建设、运营和维护，到网络的升级扩容，都会随着企业业务的发展不断演进。

（1）网随业动

在项目中，企业也需要园区管理能力，为园区的设备包括 AR 眼镜、CPE 终端、摄像机等，提供故障的精准定位和快速恢复。考虑终端数量扩大对上行可能造成干扰的问题，园区的整体网络规划和企业新增业务对网络调整需要即时响应，包括业务的快速开通、网络资源的动态调整以及维护运营服务等。由此可见，运营商在网络建设之外，面向企业的弹性管理和运维也是一个未来需要打造的新领域。

（2）创新方案引入

5G 技术会催生一些新的创新解决方案。一些中小型企业率先在细分赛道上打磨方案。针对新的场景，行业客户倾向于先试后买（Try &

Buy）的模式，项目周期长，6～12 个月的商用转化周期对提供创新方案的小企业是不小的压力。对于这部分功能如何引入并孵化，最终形成规模也需要运营商以及各行业领域有志于投入提供集成方案的企业，提前准备，整体规划。

11.1.4　总结与展望

展望未来，华菱湘钢常务副总经理喻维纲表示，华菱湘钢将以 5G 融合专网能力为基础，结合实际生产需求，落地 5G+协同设计、5G+自动控制、5G+柔性生产、5G+辅助装配、5G+质量控制、5G+远程运维、5G+透明工厂、5G+仓储管理、5G+物流供应、5G+培训指导十大应用场景，建设湘钢 3 个中心（生产指挥中心、设备能源中心、ERP 数据中心），实现湘钢 5G 专网及应用的可视、可管、可控，帮助企业在经营决策、生产管理、制造执行等流程和模式上实现根本改变，实现传统制造企业高质量发展的转型升级。

11.2　海螺水泥

11.2.1　案例概述

11.2.1.1　项目背景

水泥是国民经济建设中不可缺少的重要建材产品。中国是水泥生产和消费大国，水泥产量占世界水泥总产量的 60%，近年来基本保持稳定在 23 亿～24 亿吨，2019 年全国水泥主营业务收入 1.01 万亿元，同比增长 12.5%。作为国民经济的重要基础产业，水泥工业已经成为国民经济社会发展水平和综合实力的重要标志。

海螺集团是中国最大的建材企业集团之一，位列中国制造业 500 强第 38 位，年产水泥 3.53 亿吨。海螺集团积极拥抱应用 5G 技术改造传统产业的大潮，与安徽电信、华为联手合作，在海螺水泥矿山、厂区和港口开展 5G 网络和应用实践，并在业务安全化、业务远程化和业务智能化等方面进行了积极的探索。

11.2.1.2 行业需求

水泥是典型的流程制造行业，主要包含了矿山开采生产、工厂生产、港口物流等三大块，企业希望采用 "5G+云+智能" 等新技术，提升煅烧工艺、降低能耗、减少污染，并不断推动水泥流程的自动化、信息化和智能化。

- 安全：对于水泥行业而言，生产安全是首要工程。行业中石灰石开采是典型露天矿环境。矿区安全问题突出，开采爆破与运输是主要事故原因。企业对矿山作业无人化和远程控制需求明确。

- 效率：由于水泥生产工厂工艺流程的特点，一旦出现如 "堆料口和翻斗阀处堵塞、冒灰污染环境、传送皮带扭歪或破损" 等问题造成停工停产，将严重影响企业经营和收入。

- 体验：港口物流在水泥生熟料被装载船运时，需人为及时监控船只停靠对准位置，以及舱内水泥货物装载状态。当前存在港口区工人户外高空作业工作环境差、人员沟通效率低、工种经验依赖度高以及企业面临招工难等问题。

11.2.1.3　智能工厂 2.0

2019 年 4 月，项目开启业务调研，涉及芜湖、滁州、铜陵等多地海螺水泥分公司的多个生产环节。针对矿山爆破、矿车运输、厂区视频监控等多个作业场景，开展了 5G+VR 园区参观及设备诊断、矿区无人机巡检（爆破区域智能警戒）、无人驾驶、5G 视频监控（厂区监控设备升级为 4K）、堆料口阻塞（翻斗阀、人员行为管理、传送带）智能分析检测、水泵远程控制、工业数据采集等应用验证。基于 5G 网络和智能算法，提升了水泥矿山开采、运输和生产等各个环节的运作效率，满足客户对业务安全化、业务远程化、业务智能化等需求，实现从智能工厂 1.0 向智能工厂 2.0 的升级。

11.2.2　解决方案和价值

11.2.2.1　无人机智能爆破巡检+地形数据采集

水泥矿山开采爆破之前，需要拉警戒线避免人员闯入，传统依靠人工巡检方式效率低且无法完全杜绝人员误入。

海螺首创矿区无人机爆破巡检和地貌更新分析应用，首次在地表矿爆破中进行了应用，此项创新不仅可以应用于水泥这种非金属地上矿场，也可以应用到其他地上矿爆破场景中。无人机通过 5G 将监控到的矿场高清视频传送到天翼云智能平台进行分析，当分析到爆破范围内有人或者设备，智能系统将通过一体化智能平台进行报警。爆破完成后，无人机还可以采集 GIS 地形变化，更新 3D 模型，指导矿山后续的爆破和开采。

在这个应用中，通过 5G 超级上行技术保证了在多变地形中 5G 的覆盖与带宽，将原来智能识别 500 m 范围扩大到了 2 km。另外，通过无死角的大范围监控，减少爆破警戒人员，避免人员安全事故发生。同时提升了爆破后地形数据采集效率，为未来无人矿山一体化管理实现关键一步跃迁。

11.2.2.2　工艺流程智能检测与智能监控

厂区内多个工艺节点需要部署摄像机实时监控流程运行状态，例如室内外的冒灰检测，传送带抽丝检测，还有堆料斗、翻斗阀等关键出料口的堵塞检测等。传统端到端的有线部署方式，周期慢成本高且难以维护，利用 5G 无线技术可以大大简化部署难度，使全厂全流程无死角监控成为可能。监控视频信号通过 5G 传送到 MEC 平台，利用 MEC 平台上集成的智能算法实时分析识别异常并告警，可以满足工厂日常生产调度、安全事件以及应急处理的需求。

同时，针对园区人员不安全行为，增加了智能安全检测，可以实时监控发/运区司机是否按照规章进行操作，并对工作人员不按照规定着装、巡检等行为进行及时告警。

通过 5G+智能提升生产效率，减少产线巡检人员数量，巡检和监控效率提升了 3～4 倍，同时避免人为事故所造成的额外损失。

11.2.2.3　水泵及港口装船机远程控制和数据采集

在水泥物流港口装船机场景中，针对当前存在的高空作业、装船控制反馈周期长等状况，通过在每台装船机上部署 4 个摄像机点位，视频回传后由智能算法辅助识别船舶状态、溜筒位置和堆料位置等关键信息，辅助人工远程操作，能够有效实现远程操作平台，解决高空作业条件恶劣问题，改善了工人工作环境并提升工作体验。通过智能辅助监测预警，将原来依靠工人经验的人为判断转换为智能辅助判断，不仅提高了港口工作效率和工作安全性，有效降低了工人操作难度，把高空作业改成地面工作室统一控制监管，还极大地节约了人工成本，原来作业流需要每台装船机 4 人 7×24 h 轮值，现在作业流每人可以同时监管 2～3 台装船机运行，工作量与人力降至原来的 50%以下。

另外，通过对 10 km 外的水泵进行数据采集，将 PLC 控制信息、现场视频、水泵转数和出水量等相关数据连接到中心的分散式控制系统（Distributed Control System，DCS）中，实现了远程对水泵的关停控制，可节省两名原长期在现场维护水泵业务的员工的人力成本。

11.2.2.4　远程 VR 参观

由于海螺厂矿区经常承接中小规模的参观需求。为了不干扰正常生产，避免出现不必要的安全事故，还实现了 VR 远程参观应用。

中控室、车间值班室及矿山值班室各放置 1 个 360°摄像机（共 3 个）。中控室放置 VR 眼镜。使用 360°摄像机采集 2 个值班室的图像以及现场讲解人员的声音。参观者在中控室佩戴 VR 眼镜即可远程观看。

11.2.3　成功要素分析与启发

11.2.3.1　商业模式

在该项目中，运营商作为项目总集成商，联合合作伙伴共同打造了 5G+智能+云的解决方案，统一提供 5G 网络、5G 终端集成、云和智能应用服务。

此外，由于水泥企业大多是集团—子公司模式，从矿山开采、工厂作业到物流货运的流程标准化程度较高，应用场景和业务痛点较为一致，因此该项目中所形成的场景化应用方案易复制。2020 年第 4 季度，由海螺水泥、中国电信、华为、柳工、青牛等多家联合撰写的《5G

智慧水泥》行业白皮书已正式对外发布。

11.2.3.2　5G 技术优势

针对水泥企业的矿山区域或港口区域，有线网络不可达的情况下，采用 5G 网络覆盖有先天优势，通常针对矿山区域，要求无人机飞行高度为距离地面 40～100 m，因此针对矿山区域空间或地面采用宏站做 5G 无线网络覆盖。针对工厂区域，采用 5G 无线网络（宏站+室分）有助于在不需要改造工厂既有有线线路的条件下，就能获得大带宽、低时延、广连接的网络环境，网络部署便捷快速。

在海螺集团的 5G 部署实践中，特别值得一提的是超级上行技术的应用。该技术使靠近基站区域上行速率提升 20%～60%，小区边缘弱覆盖区域可提升最高 300%。得益于此，结合智能保障实时视频清晰度和精准识别，在矿山实行爆破警戒覆盖范围可以从原先 500 m 扩展至 2 km。该技术已经联合申请专利，并正在推动成为全球 5G 技术标准。

11.2.4　总结与展望

该项目多方合作，以智能工厂为载体，结合矿山、制造和港口等具体生产场景，以端到端数据流为基础，以网络互联为支撑，进行了联合创新与应用研究，攻克一批工业技术应用的共性关键技术瓶颈，基于 5G+智能+云在行业的标准应用，沉淀一套标准化智能平台。

目前，"5G+工业互联网"在水泥行业的应用尚处在探索初期，初步形成了上述典型的应用案例。随着 5G 技术的进一步成熟，还将探索针对流程制造企业在生产过程和流程工艺的控制和优化。未来，"5G+工业互联网"必将成为水泥行业数字化转型的主要推动力和重要途径。

第十二章　3C 家电制造

|||||||||||||||||||||||||||||||||| 12.1　美的集团 ||||||||||||||||||||||||||||||||||

12.1.1　案例概述

美的是一家覆盖消费电器、暖通空调、机器人与自动化系统、数字化业务四大业务板块的全球科技集团，提供多元化的产品种类与服务。在全球拥有约 200 家子公司，28 个研发中心和 34 个主要生产基地，员工约 15 万人，每年为全球超过 4 亿用户提供产品和服务。

中国电信、美的集团、华为公司 2019 年 3 月签署 5G 三方合作协议，三方共同建立 5G 智能制造联合创新中心，共同设计并开发 5G 智慧工厂整体解决方案（如图 12-1 所示），并于 2020 年 7 月对外发布 5G+工业互联网典型十一大应用场景。为助力美的构建 5G+智慧工厂，打造大湾区 5G 智能制造典范，中国电信为美的提供基于 5G 移动网络的"5G+工业互联网"智慧工厂整体化解决方案。方案通过部署 5G 宏基站、室分系统、边缘计算、控制切片和采集切片，实现园区、生产线实验室 5G 网络全覆盖，提供统一化、标准化的无线接入，实现高可靠、高性能数据传输、数据分流和关键数据不出园区。

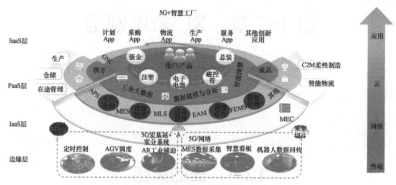

图 12-1　5G 智慧工厂整体解决方案

十一大应用场景结合了行业客户的生产流程和痛点，从 5G 网络能力的现状和发展演进出发，涵盖了整个工业离散制造的各个流程环节，同时也规划出 ICT 与 OT 网络的创新应用场景。美的十一大 5G 应用场景如图 12-2 所示。

图 12-2　美的十一大 5G 应用场景

（1）5G+园区视频监控、5G 智慧看板、5G+MES （Manufacturing Execution System）扫码

厂区内安防监控设备、显示设备、生产扫描设备、MES 看板等以无线方式接入中国电信 5G 网络，采集的信息通过中国电信 MEC 进行分流，本地数据通过 5G 基站回传至美的数据中心，远程数据通过 5G 基站传输至 5G 核心网。5G+园区应用如图 12-3 所示。

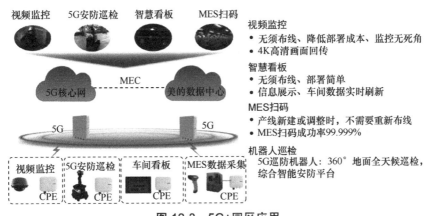

图 12-3 5G+园区应用

（2）库卡机器人云化控制

控制人员可通过中国电信 5G+MEC 云对生产区域的机器人生产过程数据进行采集和预测性维护，同时也可以进行库卡机器人的控制工艺模型加载，调整机器人生产动作。库卡机器人云化控制如图 12-4 所示。

（3）云化 PLC 控制

通过 MEC 下沉到企业园区，使得 5G 网络时延能缩短到 15 ms 左右，同时通过 AR 双发选收、低时延特性等部署，项目创新应用了云化 PLC 控制场景，让 5G 从外网走进工业控制内网。云化 PLC 控制如图 12-5 所示。

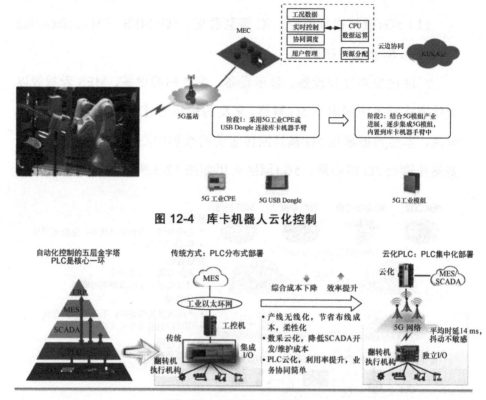

图 12-4　库卡机器人云化控制

图 12-5　云化 PLC 控制

（4）AR 工业辅助

中国电信 5G 上行增强技术为 AR 摄像机提供大带宽网络，避免 Wi-Fi 和布线带来的运维困扰；通过 MEC 系统为视频智能处理提供集中算力支持，虚实结合指导一线人员操作。AR 工业辅助如图 12-6 所示。

（5）5G+机器视觉智能质检

中国电信 5G 上行增强技术为产线上过程质量检测提供 5G 上行大带宽能力，通过 CPE 进行上行大数据传输，结合边缘技术 MEC 进行本地快速推理，实现实施质量问题检出并和 MES 系统联机实现不良品排除，提升产品质量。5G+机器视觉智能质检如图 12-7 所示。

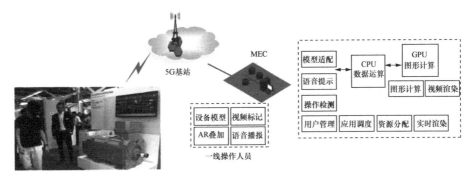

图 12-6 AR 工业辅助

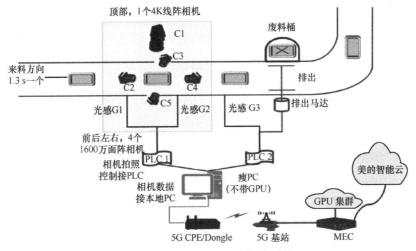

图 12-7 5G+机器视觉智能质检

12.1.2 解决方案和价值

美的在全球运营 29 个生产基地及约 34 个工厂和 260 个物流仓库，期望融合和集成信息技术、智能技术与装备制造过程技术，构建全流程互联互通、透明可视的 5G+工业互联网平台；实现产线、物料和制成品的无线物联，逐步实现智能制造、柔性生产，打造全新的智慧工厂。

目前正逐步开展生产设备远程监控、生产设备远程控制、智能巡检、智能 AGV、AR 工业辅助、柔性生产、数字孪生智能工厂等智能化业务。这些智能化业务对网络和安全提出了更高要求。

- 传输速率：远程视频回传、基于 AR/VR/MR 的远程协助和机器视觉人工智能应用对带宽提出了吉比特每秒级的速率要求。

- 时延敏感性：云化 PLC、库卡机器人云化控制、AGV 机器人之间的协同和无碰撞作业、AGV 机器人之间的实时数据交换以及 AGV 机器人和外围设备的通信都需要通过无线网络实现，AGV 系统对于无线网络的时延需求为 ms 级别。即智能制造自动化控制中，系统通信的时延需要达到 ms 级别甚至更低才能保证控制系统实现精确控制。

- 连接数：工厂的生产区域内有数以万计的传感器和执行器，这需要通信网络的海量连接能力作为支撑。

- 可靠性：控制类及采集类应用，需要定位准确和数据精准，要求网络满足 99.99%以上的可靠性。

- 移动性：要求网络具有移动性，无须重新架设管槽和布线。

- 信息安全：要求数据传输采用双向认证，生产业务数据不出园区等。

但目前美的采用烟囱式网络，有线、Wi-Fi、小无线（470 Mbit/s/430 Mbit/s 等）并存，网络种类繁多、标准不统一，存在以下问题：有线网络部署难、运维成本高、移动不方便；Wi-Fi 易干扰、切换和覆盖能力不足；小无线干扰大，管理维护困难；缺乏强有力的数据保护机制、信息安全能力差等问题；无法满足智能化业务的要求，难以解决多个业务痛点。

- 生产设备远程监控：生产环境复杂，物流移动设备多，数据回传设备线路铺设难度大、成本高。

- 柔性生产需求：小批量多品种特点，要根据生产任务，配合产线频繁调整，有线组网复杂，工期长。

- 生产设备云化远程控制：机械臂控制服务端与机械臂本地有线组网，本地通过 PLC 实现机械臂控制，难以实现柔性组网、机械臂集中控制。

- AGV 远程控制：工厂内 AGV 车辆使用 Wi-Fi 联网时，存在支持终端数量少、AGV 掉线率高、网络建设和运维成本高等问题。

广东美的厨房电器制造有限公司企业内顺利实施面向家电制造智能工厂的工业互联网 5G 网络化改造及推广平台项目，实现包括宏基站、室分点及 MEC 的 5G 网络覆盖，并验证了企业内 5G 网络部署架构能同时满足控制类、视频及信息采集类业务需求，并支持 10 种融合应用部署。

预计未来两三年 AGV 小车、AR 辅助、库卡机器人等柔性智能制造场景生产效率将提升 10%、质量水平将提升 30%，实现利润增长 3 亿元。5G 在美的的应用，对探索 5G 工业互联网产业应用及 5G 智能制造规模化复制与推广具有如下积极的意义。

（1）建立家电制造企业 5G 网络部署及管理模式

建设支撑工业企业开展 5G 与工业互联网融合应用的高要求、高质量的企业内 5G 网络，并形成一种或多种具有示范推广价值和可行业可复制的企业内 5G 网络部署架构及网络建设、运维、管理新模式。

美的 5G 网络部署及管理新模式方案（已验证）具体如图 12-8 所示。

- 5G 接入覆盖部署方案：实现企业内 3 个宏站、432 个室分点、2 套 MEC 主备规模的 5G 网络覆盖，网络覆盖水平能满足工业

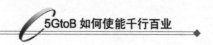

应用研发及应用要求，为工业制造打造 5G 虚拟专网。

- 5G 网络切片部署方案：企业内 5G 网络具备网络切片能力，且能同时满足工业控制、视频回传及信息采集能力，具体包括网络切片方案设计、网络切片部署流程、网络切片生命周期管理等环节。

- 5G MEC 部署方案：5G MEC 技术通过网关（核心网转发面）下沉部署到边缘和第三方 App，实现本地流量处理和逻辑运算，从而进一步满足智能工厂等工业互联类业务的数据安全（数据不外发）、稳定的超低时延、网络高可靠性等需求。

- 5G 网络管理方案：企业内的 5G 网络具有远程运维管理和网络质量监测能力等。

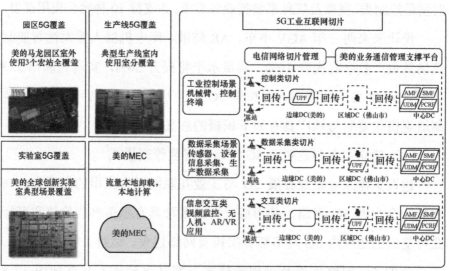

图 12-8　美的 5G 网络部署及管理新模式方案

（2）探索家电制造企业 5G 融合应用方案

智能工厂的 5G 应用场景分为数据采集类、管理控制类、信息交互类。各类业务对 5G 网络的性能要求也不相同，采集类业务的网络需要具备高密度接入、低功耗的能力；控制类业务的网络需要具备低时延、高可靠、高同步精度等能力；交互类业务的网络需要具备无感知的快速响应和高传输速率的能力。本项目探索的主要 5G 融合应用如图 12-9 所示。

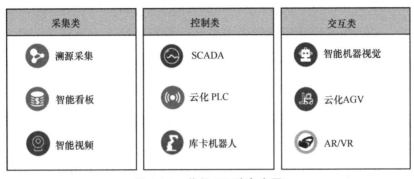

图 12-9　美的 5G 融合应用

- 采集类：采集类业务对 5G 网络的要求是具备高密度接入、低功耗的能力，包括 5G+智能溯源采集、5G+智能生产信息看板、5G+智能视频等。

- 控制类：控制类业务对 5G 网络的要求是毫秒级的时延，接近 99.999%的可靠性和安全性，包括 5G+SCADA、5G+云化 PLC、5G+库卡机器人等。

- 交互类：交互类业务对 5G 网络的要求是达到用户时延基本无感知的快速响应（5～10 ms）和大量数据交互（带宽 100 Mbit/s～1 Gbit/s），包括 5G+智能机器视觉、5G+云化 AGV、5G+AR/VR 等。

（3）提供家电制造行业 5G 公共服务

5G 与工业互联网融合网络需要搭建满足工业企业开展 5G 应用研

发验证的网络测试环境，包括整体解决方案、应用模组、终端等研发验证环境，成为未来跨行业融合应用解决方案的孵化基地。美的基于网络试验环境建立的 5G 网络化推广公共服务平台包括 5G 与工业互联网融合应用解决方案库、网络建设模式知识库及 5G 培训中心等，为中小企业 5G 应用的研发及部署提供技术咨询及培训服务。具体包括如下内容。

- 搭建 5G 与工业互联网融合应用解决方案网络实验室及外场验证环境，验证环境能满足融合应用整体解决方案评估、终端产品及模组测试的要求。提供支持 5G 与工业互联网融合应用整体解决方案、设备、模组等研发孵化的 5G 网络环境，支持融合应用方案的孵化验证，并为企业提供融合应用解决方案或产品测试服务。

- 建设家电制造行业 5G 网络化推广服务平台，平台需包含应用解决方案库、网络建设模式知识库及 5G 知识培训中心等，并为本行业的中小型企业提供 5G 网络及应用咨询及培训服务。

（4）形成家电制造行业智能工厂标准

在广州举行的粤港澳大湾区数字经济高峰论坛上，美的集团、中国电信与华为三方携手正式发布了《5G+智能工厂网络及应用白皮书（2019）》。该白皮书的联合发布标志着三方将共同致力于实现 5G 核心技术与工业互联网应用的深度融合，加快 5G+工业互联网领域的研究探索以及项目落地，基于三方前期的合作研究成果以及对未来工业互联网的展望，打造 5G 在智能工厂领域的标杆网络方案和典型应用场景，引领 5G+MEC+切片在智能工厂领域的应用，加速产业发展。

2020 年中国新基建政策发布以来，美的集团、中国电信、华为在 7 月正式发布 5G+工业互联网典型十一大应用场景，三方团队加大战略合作深度，通过 2020 年实践总结初步形成离散制造行业 5G+工业互联网的行业应用标准初稿，并联合高校、标准组织在推动行业标准进程。

12.1.3　成功要素分析与启发

美的智能制造项目自 2019 年实施至今，已经实现 11 个场景规模应用的 5G 智慧工厂的阶段性项目目标，包括部分工厂的 5G 网络化改造，提出家电行业智能工厂标准，建设测试环境和推广平台，可为中小企业服务，形成持续工业 5G 发展动力，对 5G 工业互联网产业具有指导意义。

（1）企业战略目标导向

工业企业有三大类型，分别是主业稳健型企业、主业饱和型企业和主业乏力型企业，企业战略目标不同，选择的信息化战略也有所区别。家电企业因家电普及率高，更新换代需求下降，导致销售日趋饱和，属于主业饱和型企业。家电企业目前已经完成优胜劣汰升级，现有的家电头部企业内部信息化程度高，具备对外输出信息化的能力，并寄希望在新的数字化经济中获取有利地位。美的公司成立美云智数信息化公司开展业务转型，选择 5G 技术作为底层通信架构搭建信息化平台，为第三方中小企业提供标准化家电智能工厂模式及解决方案，符合企业战略转型导向。

（2）商业模式积极探索

5GtoB 目前尚未形成成熟的商业模式，本项目依托国家资金启动项目，美的、中国电信和华为公司通力合作，各自角色明确而清晰，共同推动项目实施，积极探索商业模式落地。美的作为企业，提出整体需求，并承担了 ISV/IHV 角色，负责业务场景规划和应用 IT 实施；

中国电信作为总服务提供商，承担了网络服务、云服务的基础能力角色，并以 SI 的角色负责整体项目设计、从采购到实施的具体工作；华为作为设备商，支撑运营商（网络设备及设计支持）和 SI（工程实施、调测）部分具体工作。

（3）国家政策支持

中国发布多项工业互联网政策，突破了一批面向工业互联网特定需求的 5G 关键技术，"5G+工业互联网"产业支撑能力显著提升。2019 年 5 月，工信部对 2019 年工业互联网创新发展工程项目进行公开招标，涵盖了工业互联网网络、平台、安全、标识解析等各方面 40 个项目。其中美的厨房电器有限公司和中国电信广东公司联合体成功中标工业互联网创新发展工程——工业互联网企业内 5G 网络化改造及推广服务平台项目，获取了国家支持。

（4）行业规范标准引领

家电行业属于电子设备制造行业，主营业务包括家用电器（如视听设备、消费类设备）的制造，尤其是近年来智能家居发展迅猛，各家电企业龙头纷纷致力于建设工业互联网平台，并在细分家电领域落地，建立智能家电行业标准。美的厨房电器有限公司计划通过后续 3 年建设，从 6 个维度的"智能"打造中国特色的智能工厂：智能计划排产、智能生产过程协同、智能设备互联互通、智能生产资源管控、智能质量过程控制、智能决策支持。家电制造智能工厂生产过程具有共同性，美的公司智能家电投入大量研发资源，建立信息化特别是 5G 细分行业标准和规范，可以在智能家电领域业务形成规模效应。

（5）业界生态配合

美的集团、中国电信、华为公司于 2019 年 3 月签署 5G 三方合作协议，2020 年 7 月三方联合发布成立 5G 智能制造联合创新中心，进行深度战略合作，发布离散制造行业十一大典型应用场景，涵盖不同制造场景，提供整体解决方案。除此之外，美的集团依托国家级企业技术中心、博士后工作站，与电子科技大学、华南理工大学、中科院等近 20 家科研院所及大专院校展开合作，具备丰富的生态资源，有效推进了项目落地实施。

（6）特定业务刚性需求

以美的集团库卡机器人为例，其可提供众多具有不同负载能力和工作范围的工业机器人机型，利用库卡机器人的灵活性，取代人工或原有五轴机械臂，通过专用机器人夹爪设计，实现浸粉线自动挂件、取件、加工；实现总装线自动上料、自动安装风扇等核心器件等工序。库卡机器人基于 PC 的开发系统，通信的兼容性，完成数据实时上传，需要 5G 通信技术为其助力，实现云端高速实时处理，适应更多的移动高速互联场景。同时美的集团也希望通过在库卡机器人内置 5G 模组使库卡机器人设备可实现实时采集数据，预测性维护及工艺模型加载等工作，帮助美的集团在未来实现机器人"以租代售"的商业模式创新。

12.1.4　总结与展望

后续，美的集团、中国电信、华为公司将继续根据国家战略和行业与产业需求，以 5G 为契机实践产业合作，开展 5G 技术与行业应用结合的研究、试验和部署，满足工业互联网对网络化协同、智能化生产、个性化定制、服务化延伸等多样化需求，推动 5G 产业链成熟，打造合作、创新、共赢的 5G 生态圈，实现 5G 对生产网络的变革，赋能工业互联网。

12.2 格力集团

12.2.1 案例概述

珠海格力电器股份有限公司成立于 1991 年，1996 年 11 月在深圳证券交易所挂牌上市。经过多年发展，现已成为多元化、科技型的全球工业集团，产业覆盖家用消费品和工业装备两大领域，产品远销 160 多个国家和地区。

公司现有 9 万多名员工，其中有 1.4 万名研发人员和 3 万多名技术工人。在国内外建有 14 个生产基地、5 个再生资源基地，覆盖从上游生产到下游回收全产业链，实现了绿色、循环、可持续发展。

公司现有 15 个研究院、96 个研究所、929 个实验室、1 个院士工作站；拥有国家重点实验室、国家工程技术研究中心、国家级工业设计中心、国家认定企业技术中心、机器人工程技术研发中心各 1 个[1]。

格力公司工厂生产设备整体自动化程度较高，但存在生产现场复杂、场地狭小、无多余布线管道、施工难度大、时间窗短等问题，大部分设备处于独立控制、分散管理的模式，尚未实现生产数据的共享和生产过程的统筹管理，无法满足大量生产设备管理、系统交互的需求。格力公司一直在寻找有效的联网、组网方式，优化公司生产网络架构。

5G 具有超大带宽、超广连接、超可靠超低时延的特点，正好是格

---

1 数据来源：格力官网 http://www.gree.com.cn/single/32

力电器在寻找的技术。

格力公司计划利用 5G 技术整合、改造现有资源，规划、建设格力电器工业互联网络，搭建格力电器智能制造网络，实现生产装备、仪器仪表、传感器、控制系统、管理系统的互联互通。

随着 5G 技术的进展，2019 年中国联通与珠海格力电器联手在珠海工厂开展面向家电制造行业的 5G 企业内网改造及应用推广服务平台建设。

本次项目计划实现格力电器珠海厂区 5G 网络全覆盖，并配套建设相关核心网资源和传输资源；格力 5G 内网将具备切片能力，并实现 3 个以上网络切片；配套建设 MEC 虚拟化平台并与格力企业内网互通；利用 5G 网络技术满足格力电器在原材料处理、零部件加工、产品测试总装等各环节、各场景下，各类设备控制信号、产线监控和检测信号、生产数据信息的传输与处理。

计划实现压缩机线视觉检测、外机自动电气安全、整机外观检测、印刷品视觉检测、无纸化首检项目、动态作业指导、设备监控项目、生产线视频监控项目、大数据平台运用、5G 生产线的集成管理 10 个应用场景，建设 5G 网络化改造及推广服务平台。

针对格力电器提出的网络诉求及智能制造业务场景规划，项目制定了 5G+MEC 边缘云+SA 切片专网总体方案，网络整体架构如图 12-10 所示，5G 专网切片方案如图 12-11 所示。整体采用 5G SA 架构组网，其中核心网部分，控制面采用广东联通 5GC 大区商用网络，与普通用户共享，用户面 MEC(UPF) 下沉到格力园区部署，由格力园区独占，园区内专网用户流量在本地分流。

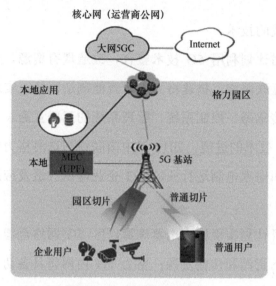

图 12-10　网络整体架构

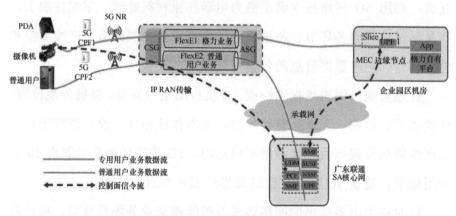

图 12-11　5G 专网切片方案

截至 2020 年年底，本项目已完成无线、核心网、传输等网络及配套设施建设，上线无纸化首检、5G 视频监控、AGV、关键数据采集等应用，实现无纸化首检、视频监控业务端到端切片验证。

在产线无纸化首检业务中，通过 5G 网络每个首检 PAD 最大可获得 800 Mbit/s 带宽，在 1～2 s 可瞬时打开首检文件，快速进行产品首检。在传统纸质首检中 1 份首检需要 6 张纸质检查文档，容易出现多删物料问题，导致无法指导生产造成整批质量事故发生，且存档不易查找，且在 4G 网络环境下，检查文档打开时延大，下行速率慢，首检效率低。在 5G 专网支持下的首检既能减少大量纸质文件，也能实现移动检查，大大提高了首检效率。产线无纸化首检如图 12-12 所示。

图 12-12　产线无纸化首检

在产线视频监控业务中，通过 5G 网络的上行大带宽，将产线实时视频上传到企业服务器，并从后台进行基于智能的工艺行为识别，提升生产过程的产品质量控制（如图 12-13 所示）。此外，通过 5G 网络替代传统有线网络，可有效提高生产线灵活部署能力，解决厂区光纤及带宽资源不足、施工难度大的问题。

图 12-13　产线行为检测

结合 5G 网络和 MEC 边缘云，机器和设备相关生产数据可通过 5G 网络到达 MEC 平台，并将数据分流至本地工业云平台。由于无须绕经传统核心网，MEC 平台可对采集到的数据进行本地实时处理和反馈，具有可靠性好、安全性高、时延短、带宽高等优势。

12.2.2　解决方案和价值

（1）传统有线/Wi-Fi 传输模式难以满足新上线智能应用需求

对于无纸化首检、产线行为分析等场景，为提升生产效率，满足创新转型需求，格力陆续上线多个产线智能应用，但传统的光纤部署模式存在部分地区管道施工成本高、周期长、铺线难、后期维护困难，难以满足生产线动态调整的需求；同时原有 Wi-Fi 无法满足部分应用带宽需求，在 AGV 等工作面积较大的应用上，涉及连续覆盖时缺乏稳定性，抗干扰能力较差。

通过 5G SA 网络进行上述场景的网络传输，可有效解决厂区光纤及带宽资源不足而造成的业务回传难题，规避了常规光缆连接易受周边环境影响的缺陷，美化了生产环境；同时通过接入 4G/5G 移动通信网络使业务达到运营商级别的可靠性和安全性，网络安全性及稳定性得到了大幅提升。

（2）多业务在同一无线环境并发时，保障重要业务稳定运行

在同一产线多业务并发的场景，无线网络仍存在一定瓶颈导致无法完全保障需求，部分重要业务（如无纸化首检等）需要在网络稳定可靠状态下才能正常运转。

通过构建逻辑安全隔离的网络切片，支持不同的应用场景，取代原有虚拟网络（VLAN），将多个碎片化功能网络集成到一张网。2020 年

4 月 14 日，中国首个基于 MEC 边缘云+智能制造领域端到端 SA 切片在格力正式上线，经过业务验证，在时延保障上，内网用户平均时延为 8.33 ms，公网用户平均时延为 20.89 ms，重要应用带宽得到稳定保障。

（3）保障产线数据传输效率及安全性

在智能制造时代，生产的各个环节需要打通并能实时交互，比如生产、仓储、物流等环节的生产数据和设备数据需要实时监控、跟踪、安全防范等。这些工业现场的数据量非常大，也存在大量无价值数据。

带宽资源需求巨大，如视频摄像机，一个 200 万像素的摄像机需要 2～4 Mbit/s 带宽，每天产生的数据 10～40 GB。格力电器总部及全国产业园的摄像机预计达 1.5 万个，若全部回传，流量带宽要 30～60 Gbit/s 带宽，每月总部需存储数据量 158～631 PB；此外，部分涉密数据通过互联网传输，不符合企业内部数据安全管理要求。

基于以上挑战，运营商基于 5G 网络架构进行了调整，引入 MEC 组网方案，将数据面核心网和业务应用下沉到网络边缘，降低了核心网的带宽压力，同时有效地满足了部分现场指挥业务对超低时延的需求。利用边缘计算技术对采集到的数据进行过滤、预处理等，缓解数据传输、计算的压力，同时通过在边缘云中部署智能功能，通过自动进行监控视频的分析、识别和告警处理，大大提升了监管效率，节约了资源投入。以单车间机器视觉为例，可节约人工成本 160 万元/年。

12.2.3　成功要素分析与启发

12.2.3.1　角色职责与能力

本项目主要涉及企业、集成商、运营商 3 种角色。

企业：格力作为业主企业，具备丰富的实际生产经验，对网络痛点有深刻的认识和教训，同时内部的创新战略及外部的激烈市场竞争促使迫切需要实现更高程度的智能化生产。通过与运营商的沟通交流，对网络部署模式及性能指标提出明确需求，同时根据网络方案进行采购，提供电力、机房等相关资源，协助多个应用集成商、运营商进行方案实施、业务验证。

作为业主企业，其内部需具备创新思维，清晰的创新方向，自身发展方向明确，对生产痛点有深刻剖析和认识，有意愿及能力实施创新方案。

集成商：格力公司作为总系统集成商，并涉及多个应用集成商，需要根据业务需求，提供应用解决方案的咨询、设计、交付；在本项目中，由于创新性地使用了 5G 及边缘云等技术，还需要进行应用与 5G 网络、边缘云的集成验证。

集成商需要有行业理解力，通过整合资源提供应用解决方案的咨询、设计、交付，此外，随着 5G 技术演进，需具备做 5G 生态的聚合和业务的集成验证能力。

运营商：广东联通承担本项目的网络实施及运营，结合格力的网络痛点及生产需求，实现产线的无线覆盖、格力专网核心网建设，并为格力专网提供运维及升级服务。同时配合集成商在 5G 网络、边缘云上进行应用集成、测试。此外，广东联通根据业主的需求不断完善网络覆盖，使用切片等技术对业务实现网络保障等。

运营商需要能够深刻理解企业痛点及需求，具备高效的网络建设及维护响应能力，结合客户生产需求将网络能力开放赋能生产应用。

12.2.3.2　行业刚需及企业诉求

目前中国工业制造大部分处于制造产业链的中低端，智能化转型需求迫切，格力坚持创新驱动，提出研发经费"按需投入、不设上限"，仅 2018 年研发投入就达 72 亿元。在 2018 年国家知识产权局排行榜中，格力电器排名全国第六，家电行业第一。

同时格力坚持转型升级，落实供给侧结构性改革，调整优化产业布局，积极推进智能制造升级，努力实现高质量发展，已经从专业空调生产延伸至多元化的高端技术产业。目前，格力智能装备不仅为自身自动化改造提供先进设备，同时也为家电、汽车、食品、3C 数码、建材卫浴等众多行业提供服务。格力具备优秀的创新思维及明确的创新方向，是本项目成功的主要因素之一。

12.2.3.3　国家政策

2019 年，工信部印发《关于印发"5G+工业互联网"512 工程推进方案的通知》，明确到 2022 年，将突破一批面向工业互联网特定需求的 5G 关键技术，"5G+工业互联网"的产业支撑能力显著提升；打造 5 个产业公共服务平台，构建创新载体和公共服务能力；加快垂直领域"5G+工业互联网"的先导应用，内网建设改造覆盖 10 个重点行业；打造一批"5G+工业互联网"内网建设改造标杆、样板工程，形成至少二十大典型工业应用场景；培育形成 5G 与工业互联网融合叠加、互促共进、倍增发展的创新态势，促进制造业数字化、网络化、智能化升级，推动经济高质量发展。在此政策背景下，格力联合广东联通，具备在 5G 企业专网及工业应用的实施条件及有力支持。

12.2.3.4　商业及运维模式

商业模式：初期以企业投资+运营商投资+国家政策补贴，降低了企业在新技术与生产结合的投入，企业具备更多的时间和试错成本进行业务实施及验证。在规模化及产业链成熟后，相应的网络投资、应用投资将大幅度降低，在前期项目实施的基础上，可以快速将项目成果推广至上下游企业。

运维模式：传统工业生产网络需要企业具备大量专业 IT 人员，基于 5G 的企业内网模式，将运维职责交付给有丰富维护经验及团队配置的运营商，可以极大降低企业人才培养成本及运营成本，企业有更多的资源可以倾斜至网络建设、应用引进。

12.2.4　总结与展望

依托 5G 专网支持，目前格力已完成产线无纸化首检及产线视频监控等业务场景验证。此外，通过 5G 网络替代传统有线网络，可有效提高生产线灵活部署能力，解决厂区光纤及带宽资源不足、施工难度大的问题。5G 专网上线后，项目将会进一步扩大产线业务规模验证，并把企业员工公网通信业务、企业内网办公类业务、企业生产类业务（机器视觉、AGV、机器人控制等）逐步迁移到 5G 网络，打造智能、极简、可承诺网络服务的工业专网，同时基于 MEC 边缘云平台，牵引更多智能能力的部署，与企业工业互联网平台探索边云协同模式。

此次格力 5G 智能制造专网的商用验证，标志着广东联通、格力和华为在 5G 垂直行业应用联合创新方面取得了关键进展，也为 5G 开辟更为广阔的行业空间走出了坚实的一步。

格力将继续联合中国联通、华为，致力于应用最新 5G 技术对空调行业全流程跨地域协同制造所需网络进行 5G 网络化改造，打通内部生产与物流各个环节，建设一个智能制造示范工厂，形成具有示范推广价值和行业复制性的企业内 5G 专网部署方案及网络建设、运维、管理的新模式。

12.3 南方工厂

作为华为制造基地之一的南方工厂，是华为公司制造服务的大平台。华为 5G 智能工厂项目定位为 5G 使能高端制造全球样板点。华为公司着力于将南方工厂打造成具有响应、质量、交付、工程服务、成本等内部综合优势的大平台。该项目中，中国移动作为 5G 通信行业的引领者，为南方工厂提供 5G 工业专网服务，助力工厂不断创新、探索，开展 5G 应用部署。

12.3.1 案例概述

华为携手中国移动共同在松山湖团泊洼打造全球第一个大规模商业应用的 5G 智能制造工厂，从产品、解决方案、运营和运维的全新模式考虑自我革命和创新，推动 5G 在垂直行业的应用探索，建立产业生态圈，实现 5G 使能智能制造。

南方工厂致力于搭建 5G 业务场景，构建 5G 智能工厂 E2E 解决方案，包括行业标准、5G 网络规划/建设/运维/运营、行业终端生态等，打造 5G 智能制造样板点。2020 年已经上线首期室内覆盖及其园区周边宏站覆盖的应用场景。

基于华为智能制造工厂的业务特点，建立了具备大带宽保障和低时延转发能力的专用物理承载网，通过"云""管""边"连接 5G 终端，应用到目前电子制造业最高端、最典型的柔性制造、智能检测、AR 辅助等场景，实现以终端安全和数据安全为基础的可控可管，以

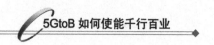

柔性化、定制化和智能化生产模式满足更广阔的市场需求。

12.3.2　解决方案和价值

12.3.2.1　行业挑战

柔性生产对制造设备的数字化和互联互通的需求较高。如果制造业中设备的联网节点比例低，会影响生产状态的观察、生产效率的评估和设备数据的统计。当前生产线联网大多依赖有线电缆传输，不便于后期扩展及产线调整，严重影响了智能制造的发展。随着行业的发展，产线的柔性生产对网络带宽、实时性提出较高的要求，也对工厂布线、传输距离和日常维护提出较高需求。

关键生产设备的移动性需要有安全可靠的网络保障。目前很多车间采用 Wi-Fi 等无线网络满足设备移动性的联网要求，然而 Wi-Fi 的通信带宽需求会带来内生干扰，影响网络性能；且 Wi-Fi 连续覆盖存在中间切换失败、时延过大、人员密集区域无法接入网络（拥塞）等问题。

市场上能熟练驾驭机器设备人才普遍缺乏，且高端技术人才培育周期较长。当前产线一线员工流动性较大，导致工人技术熟练度不高。同时虽然企业重视对高端智能制造人才的培养，但投入大、时间长，难以应对企业快速发展的需要。以"减员增效"为目标的"机器换人"是目前大多数企业用以应对发展瓶颈的技术选择，降低人工引起的质量风险。

12.3.2.2　解决方案

南方工厂应用了目前电子制造业高端、典型的柔性制造、智能检测、AR 辅助等场景应用，为满足上述场景在工厂部署 2.6 GHz 和 4.9 GHz 两个频段的 5G 工业专网网络。利用 5G 实现室内覆盖和园区覆盖，采用专享型边缘计算节点下沉至园区机房，将企业专网与大网传输相隔离，并提供 MEC 云管理平台，保证企业数据的安全性和专用性。同时，MEC 部署在企业自有机房，满足生产数据不出园区的要求。

端到端容灾设计实现安全等级最高的保障方案，创新 5G 专网运维管理模式及支撑系统。面向 O（Operation）域、B（Business）域开放能力，建立 5G 专网自服务平台，使企业基于与 5G 能力开放的对接和自服务平台的使用，能够直接通过自有业务管理平台实现对 5G 专网业务自运营、网络自运维。生产设备通过 5G 连接，可实时监控运行状态、远程访问车间数据、获取原材料品质、良品率和设备运维情况等，实现生产设备的远程集中运维与管控，降低服务费用。

5G 智能工厂 E2E 解决方案重点包括了以下业务场景和应用。

（1）设备"剪辫子"

主要用于工厂设备连接 5G 化，对数据采集类、PLC 类、工控类、标签类、AGV 类设备"剪辫子"，减少重新布线时间和产线调整时间，降低有线部署成本。设备"剪辫子"满足工厂柔性制造要求，实现工厂产线的快速更新和替换。

（2）5G 室内定位

根据定位对象的不同，可以将 5G 室内定位分为资源类定位、物料定位和人定位。资源类定位用于打印机、扫描终端、手持 PDA 等资产判断，贵重测试仪器调拨，关键生产辅助资源调度。物料类定位，可实现人工快速找料、快速质量隔离。人定位用于电子围栏智能防呆、使最靠近的工程人员可以快速闭环异常情况等。

（3）边缘智能应用

基于强大的硬件平台，使用智能算法及规则边缘化部署，用于工厂识别和缺陷检测，包括印刷缺陷、来料缺陷、组装缺陷、包装检测等方面的检测，可提高检测精度，无须手工实现特征提取及分类，缩短应用开发周期。"5G + MEC +智能"协同创新，实现本地智能服务执行，云化集中训练、管理、调度，实现算力复用和减少运维工作量，避免因算力不足带来的漏检错检。

（4）5G 自动测试

5G 自动测试是电子装联行业自动化测试的普遍场景，应用在华为南方工厂的 5G 网络、传送网微波、路由器整机、终端测试等设备测试中。

（5）5G PLC

适配通用工业协议，用于 5G 对接工业主流 PLC，实现 PLC 云化无线化，确保端到端低时延保障。根据业务需求更便捷的调整产线，提升产线调整效率，解决设备部署难、运维不方便等问题，增加 PLC 设备加工制程柔性，高效匹配客户各类定制化需求。

（6）AGV 云化调度

通过 5G 云化调度移动 AGV 类（AGV、全向无人叉车）设备，可以减少 Wi-Fi 传输的不稳定，加强 RAN（Radio Access Network）侧安全保障，先后实现地图加载能力、厘米级导航和集群调度能力。在未来通过智能调度算法边缘端部署，可以实现端侧成本降低。

（7）AR 工厂应用

通过 AR 工厂可以实现远程支持、在线智能诊断、维修辅助和培训指导。制造指挥中心实时远程支持生产、快速定位和解决在线各类通用异常问题；结合数字双胞胎及知识库，AR 眼镜进行智能在线诊断；通过 AR 增强技术，维修工段快速标定问题点，辅助问题快速解决；实现实时专业化培训指导，让新员工及新技能工快速上手。

12.3.2.3　解决方案价值

解决方案基于智能制造业务特点，深度融合了 5G SA（Stand Alone）网络、边缘计算、网络切片、SLA 保障等技术，真正通过 5G 技术实现了智能制造的跨越式升级。在全场景解决方案中实现了室内蜂窝定位精度高、SLA 保障体系安全等级高、超密集组网支撑上行流量密度大、形成场景全的 5G 样板线。

华为 5G 智能工厂项目联合上下游合作伙伴，包括 10 多家芯片模组终端厂商、20 多家产线设备厂商，成功对接 8 个工业通信协议。第一期已经上线了 12 个应用场景，接入 100 多个 5G 终端，成功验证室内精准定位，室内蜂窝定位精度最高，满足南方工厂绝大多数的应用需求。针对本行业的需求洞察、方案配置、建设交付和运维保障的自主核心能力，对工业制造企业在实施 5G+高端智能制造等技术方案具有重要参考意义。

12.3.3　成功要素分析与启发

松山湖华为南方工厂是中国高端制造的代表，主要从事通信产品的研发、制造、销售及技术服务，是华为各类终端和通信设备的生产中心。通过华为和中国移动的合作，对于中国高端电子制造业 5G 智能制造发展具有指导意义。

华为南方工厂作为中国高端制造的代表，尝试在工业园区开展 5G 智能制造应用建设，实现 5G 业务的创新。基于中国移动定制的 5G 工业专网，华为南方工厂主导了 5G 智能工厂项目，针对传统制造业应用场景和智能制造内新的生产场景，设计了 5G 智能工厂 E2E 解决方案。南方工厂使用华为内部 IT 部门提供的私有云（基于华为云架构），构建智能制造应用场景。由此可见，在大型制造业企业中，往往自己既是行业客户，也承担了系统集成商、行业云服务商和行业应用开发者的角色。中国移动在本案例中承担运营商的角色，提供企业专用的5G 工业专网服务和运维服务。

5G 智能工厂的实施落地，离不开行业需求、技术和政策支持的推动。智能制造数字化转型价值巨大，2019 年中国工业互联网行业市场规模为 6080 亿元，年均复合增长率 13.32%。预计到 2023 年，数字化技术将在中国创造 10%～45% 的行业收入，市场规模将会突破万亿元。智能制造内新的生产场景（如 AR/VR、智能质检以及 AGV 应用等）均需要较高的网络带宽和极低的网络时延，借助 5G 网络才能满足。通过边缘计算、云、人工智能等技术赋能设备"剪辫子"等工业制造应用场景，打通 5G 专网与终端连接，构建 5G 终端生态，完成极简部署和运维，实现智能制造的跨越式升级。

中国政府相关部门也高度重视智能制造发展，出台了《5G+工业互联网 512 工程》，工业互联网发展重心从平台切入转向 5G 网络切入。原工信部苗圩部长也提出"5G 真正的应用场景，80% 应该是在工业互联网领域"。《中国制造 2025》也明确指出到 2025 年，制造业重点领域将全面实现智能化，试点示范项目运营成本将降低 50%，产品生产周期将缩短 50%，不良品率将降低 50%。

5G、边缘计算、云、智能等技术应用于高端电子制造业，将直接提升企业的生产运营效率，为企业带来收入和利润的提升。同时可在生产制造行业进行快速复制和推广，推进制造业的网络化、数字化和智能化转型，助力"中国制造 2025"的早日实现。

12.3.4　总结与展望

华为 ICT 解决方案总裁蒋旺成指出，随着 5G、边缘计算、云、智能等信息技术的发展，移动通信技术应用正渗透到社会生产生活的各个领域，人与人之间的通信拓展到人与物、物与物之间的通信，信息技术带动生产制造业升级转型成为趋势。南方工厂作为华为全球第一个大规模商业应用的 5G 智能制造工厂，验证了 5G 升级制造全流程的可行性。未来在为工厂带来巨大价值的同时，将为生产制造业开辟新蓝海。

第十三章　电力及公共交通

13.1　南方电网

13.1.1　案例概述

南方电网成立于 2002 年 12 月 29 日，供电范围包括广东、广西、云南、贵州、海南 5 个省区，并与越南、泰国、缅甸、老挝等国家地区电网相联。供电面积超 100 万平方千米，供电人口达 2.54 亿，占全国人口的 18.2%。随着电力业务发展，业务出现了 4 个显著的变化：一是"新能源、新业务"的大规模接入；二是"控制"由局部向全域的拓展；三是"响应"由骨干向末梢的延伸；四是信息"采集"的爆发式增长。为适应电力系统发展趋势，南方电网提出数字化转型战略。

南方电网、中国移动与华为技术从 2017 年开始研究 5G+智能电网应用创新，从顶层设计到行业标准，从场景试点到规模推广，均取得一定突破。三方基于"发—输—变—配—用"五大电力业务应用领域 53 个场景定义 5G 应用标准、网络架构标准、安全标准和商业模式标准。

同时南方电网实现自动化与巡检的效率提升，节省建设成本，并为运营商增加行业收入，建立良好的行业生态。目前三方已经在深圳龙岗区和广州南沙区开始规模部署，并在南方五省开始复制，计划"十四五"期间实现南方五省覆盖。5G 为智能电网带来安全、灵活、高效的虚拟专网切片服务，同时为运营商的广域切片专网服务提供了有益的参考。

13.1.2 解决方案和价值

13.1.2.1 场景化解决方案：多域协同助力南网数字化转型

按照生产流程，电力分为发电、输电、变电、配电和用电 5 个主要环节，电力系统组成如图 13-1 所示，发电环节主要由五大发电集团（华能、华电、国家电投、国家能源和大唐集团）和四小发电（国华电力、国投电力、华润电力、中广核）构成，而输电、变电、配电和用电统称为电网，由我国的两大电网公司——南方电网和国家电网构成。

图 13-1　电力系统组成

要驾驭这座电网，需要有大量的信息交互，其中有人与设备，也有设备与设备的信息交互，这些都离不开通信系统的支撑。其中电力通信网由主网和配网组成，主网通信具备相对完善的光纤通信网络，南方电网光缆总长度已达 25 万千米；配网通信点多面广，目前由于受限于配网光缆敷设成本高、投资大、运维难等问题，主要依赖于无线公网，其中配电自动化和计量自动化两大业务使用无线公网占比分别超过 89%、99%。

随着南方电网数字化转型不断推进，电网的管理逐渐向配电、用电末梢延伸，对工作效率也提出了更高的要求。面对这些变化，传统通信方式存在一些问题，需要新技术解决。比如配电业务点多面广，光纤敷设成本高、周期长、运维难，通信要求高，5G 的无线广覆盖、安全、低时延、大带宽正好可以解决这些问题，南方电网数字化转型挑战如图 13-2 所示。

图 13-2 南方电网数字化转型挑战

（1）配电领域，面向智能电网发展过程中需要实现海量连接、安全高效、向末梢延伸，是面临挑战尤为突出的领域。

配电网相当于通信网络中的接入和汇聚层，由于成本高，企业自己很难实现全域的光纤覆盖。与主网的光纤全覆盖相比，电网末梢神经的配网目前仍属于"盲调"状态，由于点多面广，光纤覆盖方案存在成本高、时间长、维护难等问题。

南方电网共有 30 万个电房，这些电房感知能力和控制水平主要受制于通信手段，特别是在控制方面，难以实现实时控制。南方电网在这方面做了大量工作，例如引入差动保护和 PMU 等，这些配网业务对通信要求高，4G 无法实现，如 PMU 业务需要 1 μs 内的精准授时，华为提出了采用 5G 空口和终端授时的方案，并将标准写入了 3GPP。

目前空口授时的基站和终端已经研发出来，并在深圳和广州现网应用。实测证明，采用 5G 技术可以很好地解决这一问题，实测值达到 400 ns 授时精度。现在配网的业务人员，可以轻松地采用 5G 实现差动保护和 PMU 业务的快速上线，可以极小地控制故障范围，并且快速恢复对用户的供电，大大提高了用户的供电可靠性，降低了建网成本。

（2）在变电领域，每个城市都有几百个变电站，每个变电站特别是 500 kV 的巡维中心，需要大量的检测数据，以保证其正常工作。以 500 kV 的 PC 变电站为例，共有 1330 个项目需要巡检，人工巡检完需要 3 天的时间，而且在高压电旁边操作，有一定安全隐患。

采用 5G+智能机器人巡检，可以 1 h 内完成巡检，并且快速生成分析报告，大幅提高巡检效率，同时降低了工作安全风险。同时变电站里还有大量的数据监测、控制类数据，往往新增一个摄像机或者监测终端需要重新布放光纤，有了 5G 加持，可以实现快速的布放。

（3）在输电领域，输电网覆盖面积大，既有城市的地下电缆，又有高压线路，输电领域遇到的最大问题是设备和线路漫山遍野，监测故障非常困难，以前主要靠人力，工作效率非常低。比如南方电网全网有超过 30 万千米的线路，铁塔数有 11 万以上，多年来一直尝试如何运用高新技术解决长期运维难的问题。

例如用红外线等方式实现无人机探测，需要用通信手段将数据传送回来，如果能实现无线高速传输可大幅度提高传输效率。5G 的出现支持使用无人机和智能算法，通过将采集的数据实时回传，再通过边缘云智能进行判断，能够大幅提高问题判断的准确性，提高企业运维效率。

13.1.2.2 安全、灵活的广域专网解决方案

在配电场景，通过 5G 高精度授时和低时延，实现配网差动保护，降低建网成本 50%；在输变电场景，通过 5G+智能实现智能巡检，工作效率提升 80 倍。这一切的基础，都是基于 5G 可以为电网提供安全灵活的智能虚拟专网服务。对于电力行业，5G 和 4G 最大的区别，就是安全隔离和灵活可调度，也是运营商给电网最终销售的主要产/商品，那么其如何实现呢？

（1）安全隔离

能源局有 16 字方针：安全分区、网络专用、横向隔离、纵向认证。这是电力业务所说的隔离的源头。电力业务根据业务重要程度，分为 2 个大区和 4 个小区（生产区Ⅰ、生产区Ⅱ、管理区Ⅲ、管理区Ⅳ）。在传统的电网通信里，生产类和管理类区域是要严格分开的，采用不同的光纤、不同的服务器。如果采取 5G 无线通信，也需要有序地区分这几个区域的业务。

南方电网采用生产管理硬隔离、小区软隔离的方式，从无线、传输到核心网实现管道隔离。技术选型上，核心网方案相对简单，UPF 生产和管理独立部署，是天然隔离的，UPF 内部采用多租户的方式软隔离；传输网也相对清晰，采用 FLEXE 做硬管道，VPN 或者 FLEXE

交叉做软管道；无线方案实现上难度较大，如果采用频段隔离，成本过高，因此采用了 RB 实现硬隔离、5QI 软隔离。在 2019 年年初，端到端的切片方案诞生，并在 2019 年上海 MWC 期间，率先打通了网络的端到端切片，现网测试结果中硬隔离后业务相互不影响。全球首个电力切片应用如图 13-3 所示。

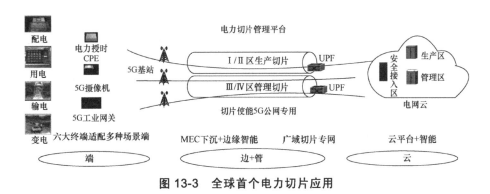

图 13-3　全球首个电力切片应用

南方电网的切片网络架构的设计总原则，遵循 4 区 4 切片业务划分基本原则，目前已经推广至南方五省，并可以作为其他行业的切片划分参考。

（2）可灵活调度

运营商为电网客户提供网络切片服务后，如果客户仅获得的是行业终端可用的 SIM 卡，客户无法感知切片的存在，也无法实现自运营自管理，因此电网客户希望运营商同时提供电网切片能力开放。南网项目于 2019 年年初规划了 NSMF、CSMF 和电力应用管理架构，并提出相应的 3GPP 架构建议，2019 年 12 月，南网实现了电力应用管理、运营商 CSMF 和 NSMF 实验网流程打通，客户可通过应用管理界面看到所购买的切片时延、带宽等运行状态，证明运营商的切片网络可管理、可运营。切片平台对接架构如图 13-4 所示。

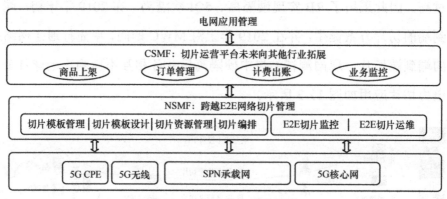

图 13-4　切片平台对接架构

13.1.3　成功要素分析与启发

（1）商业模式

电网是一张无处不在的网络，需要运营商为其提供一张广域虚拟专网，是 5G 的重要刚需场景。本项目定义了运营商广域切片服务的标准，目前南方电网、移动和华为已经完成南方五省的切片顶层架构设计，并根据不同的服务等级设计专有切片和通用切片计费模式。这种运营商的技术架构和产/商品模式，未来将向其他行业复制。

（2）行业标准

南方电网基本形成了企业标准，并在 2021 年获取安全标准认证 CERT 与联合国家电网推动行业标准，在行标基础上，可以大规模地复制和推广。

（3）服务模式

南方电网项目进行到了第 3 年，各角色逐渐清晰。运营商提供 CT 集成或者直接的切片服务，运营商需要做 CT 集成，需要较好的地市客户关系以及咨询和交付能力，在客户关系较弱地区，以电网的三产公司为主集成。电网对运营商最根本的需求是提供一张虚拟专网切片网络，并愿意为切片服务买单。切片的产/商品服务还需要一定的过程，在这个过程中，华为帮助南方电网和移动提供技术支持。在运营商产/商品后，为运营商提供 5G 切片专网的咨询和规建维优服务。

（4）开放生态

在运营商的切片服务成熟后，应用规模化依靠 ISV/IHV 和集成商共同推进。

作为国家新基建重点项目，联合创新取得了丰硕的成果，南方电网 5G 智能电网项目的成功要素中，创新、相关标准制定以及商业模式起到了重要的作用。

- 定义应用标准：发布《5G+智能电网白皮书》《5G+智能电网需求白皮书》。

- 定义切片标准：发布《5G+智能电网顶层架构》，实现从技术到业务的跨越，在现网实现电力切片商用。在网络层面，根据电网业务的安全分区，实现切片模型标准化；在运营层面，广东移动在 NSMF+、CSMF+实现电网产品上架，南方电网在电力切片管理平台实现自运维。

- 定义行业技术标准：向 3GPP 提交 5G+电网相关提案 20 余篇，确定授时和切片技术标准；电网要求空口授时精度达到 1 μs。三方从组网到设备、终端进行针对性研发，经过外场实测，平均时延 10 ms，从基站提取时钟源到终端，现网实现空口授时精度达到 300 ns。

- 定义安全标准：构建 5G 智能电网立体化安全防护体系，切片+MEC+终端安全芯片+态势感知，发布《5G 网络安全白皮书》。

- 定义商业模式：首创广域切片专网商业模式框架。

- 首创电力 CPE 终端：针对电力授时需求，首创业界 5G 授时功能 CPE，并在广深小规模应用，业界首创 5G 授时功能 CPE 如图 13-5 所示。

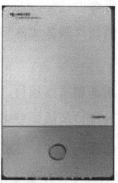

图 13-5　业界首创 5G 授时功能 CPE

- 发布深圳全业务示范区：在 2020 年 8 月 17 日，发布深圳电网全业务示范区，在 2020 年 12 月 22 日，发布深圳电网启动商用，如图 13-6 所示。

图 13-6　深圳示范区

13.1.4 总结与展望

5G 是南方电网数字化转型战略的关键技术,经过近 3 年的联合探索,针对每一个应用场景进行深入研究,明确网络和参数如何满足对业务场景的支持,尤其是网络切片的资源分配和性能表现在商用环境下对于电网业务的支持。目前在输/变/配/用等环节的小规模试点表明 5G 网络能够更好地满足电网业务的安全性、可靠性和灵活性需求,带来生产效率的提升和运维成本的降低。

目前 5G 智能电网项目已经在广州、深圳小规模商用。中国南方电网电力调度控制中心副主任杨俊权表示:"为适应电力系统的发展趋势,南方电网把数字化转型和数字化电网建设作为公司战略目标。5G 是南方电网数字化转型战略的关键技术,目前在发/输/变/配/用的小规模试点表明 5G 能更好地满足电网业务的安全性、可靠性和灵活性需求,带来生产效率的提升和运维成本的降低。今年是三方在 5G+智能电网联合创新的第三年,我们将推进行业标准化,2021 年将在南方五省规模开始推广应用。"

13.2 厦门公交

13.2.1 案例概述

13.2.1.1 美好厦门,5G 驶达

厦门是中国最早实行对外开放政策的 4 个经济特区之一,2009 年

入选国家创新型城市，近年来，厦门积极参与国家信息通信行业的试点和示范建设，是中国 TD-SCDMA 首个试点城市、TD-LTE 首批试点城市。

车联网是在单车智能之上，依托 5G 低时延、高可靠等特性支持自主环境感知、网联信息服务相结合的主动安全驾驶方式，也是智能交通领域目前探索的重要方向，解决城市交通拥堵、事故频发和尾气污染等交通问题。公交系统作为城市交通的重要组成部分，厦门公交集团的统计数据显示，一方面针对公交通行效率方面的投诉比较集中，占比 50% 以上，另一方面公交车的油耗占整个运营成本超过 15%，也是环境污染的主要因素。此外，由于厦门 BRT（Bus Rapid Transit）公交站台距离地面位置较高，停靠站时一旦距离站台过远容易造成乘客踩空事故的发生。

厦门 BRT 系统运行在专有道路上，其行驶路线除少数路口外基本处于封闭状态，天然适合车联网应用的部署。2018 年，大唐移动、厦门市交通运输局、厦门公交集团和中国联通集团共同启动厦门 5G BRT 智能网联车路协同系统项目。

13.2.1.2　从实验到商用

项目基于车联网 C-V2X、5G 和边缘计算等技术，对 BRT 公交车进行 5G 智能网联升级改造以实现车车、车路、车云实时通信，通过部署激光雷达、高清摄像机、RSU 以及 5G 边缘计算服务器等设备建设智慧路口，依托 5G 网络低时延、大带宽等特性推出了超视距防碰撞、实时车路协同、智能车速策略以及安全精准停靠四大业务应用。

截至 2020 年 8 月，项目已经完成了厦门市 BRT 集美段 5 个红绿灯路口以及 50 辆 BRT 公交车的智能联网改造。2020 年 8 月，厦门公交集团组织外场实车考察和会议答辩，通过了对整个项目的验收评审，这也标志着该项目正式成为中国第一个经过成熟商业模式验证的智能网联车路协同项目。

本项目由联通智网科技有限公司负责设备及技术服务的集成采购，联通（福建）产业互联网有限公司负责当地 5G 网络搭建，厦门市快速公交运营有限公司作为采购方支付费用。

13.2.2　解决方案和价值

13.2.2.1　三网融合车联网系统架构

通过将 5G、C-V2X、MEC 等先进通信技术与单车智能驾驶技术相结合实现智能网联，设计并采用了车内、车际、车云"三网融合"的车联网系统架构。车内、车际、车云三网融合，提供车辆智能网联中不同层面不同类别业务的实际应用。

- 车内网：通过智能车载终端，与车内传感设备相结合，提供融合感知算法，解决时延要求极高的车辆行驶安全类问题。
- 车际网：通过 V2V、V2I，实现车辆与车辆、车辆与路侧基础设施（包括红绿灯信号机等）的交互。
- 车云网：搭建车辆与 5G 公网的交互通道，将 MEC 平台部署在靠近用户侧，提供路径行驶规划、节能减排策略、区域高精地图下载等应用。

基于该三网融合方案，需要对 BRT 车辆及路口进行智能化升级改造。其中该项目涉及的路口由于路权归属、施工难度等问题难以采用有线的通信方式，因此路口的感知设备和 MEC 平台之间采用 5G 网络进行通信，其带宽和时延均可满足项目需求。

带宽方面，路口多路视频的采集（如 4 路 1080p、30f/s 的视频）对上行带宽的需求在 32 Mbit/s 以上；时延方面，3GPP、ETSI 等标准化组织对主动安全类应用的端到端通信时延要求控制在 100 ms 以内，而视频信息本身的采集时延、编解码时延等已经在 60 ms 以上，因此对传输时延要求至少控制在 30 ms 左右。

13.2.2.2　实时车路协同

车路协同技术首先可实现交叉路口 360°盲区检测。通过 MEC 对多种传感器探测信息进行感知融合，获取路口行人、机动车及非机动车等障碍物的详细信息并进行行为预测，最后经由 5G 网络把 MEC 处理的数据传递给周围车辆，一方面利用 5G 网络的低时延特性达到实时的安全信息传递，另一方面利用 5G 网络大带宽的特性传递更丰富更多维度的路口状态信息。智能车辆通过这些信息做出安全防撞决策，有效降低了路口交通事故的发生率。

其次可实现"绿波"通行，车辆通过车路通信提前获知前方路口灯态信息，结合自身车速、位置等信息计算出"绿波"建议车速，同时系统也可对前方路口的红绿灯进行调整控制，保证 BRT 车辆优先通行，提高公交运输效率。平均可减少15%以上的线路通行时长。

13.2.2.3　智能车速策略

通过在 5G MEC 上部署智能车速策略，利用 5G 网络的低时延特性，支持车辆行驶数据、状态信息、路况、区域化信息等通过 5G 网络实时分享上报，同时 MEC 结合实时路况信息，计算不同位置车辆的最优车速，再通过 5G 网络反馈给车辆，车辆一方面以更合理的车速行驶，另一方面也减少了紧急加/减速和急停等行为的发生，达到节能减排目的，在试运行中每车每年可节省油费近 2 万元，大幅降低运营成本。

13.2.2.4　安全精准停靠

高精度地图、融合感知算法、路径规划等策略部署在 5G MEC 上，MEC 利用 5G 网络的高效数据通道将这些大数据量的信息实时下发给车端，车辆根据这些策略，进站时调整行驶轨迹，实现厘米级的精准停靠站台，车门与站台间距控制在 10 cm 以下。保证乘客上/下车的安全。

13.2.2.5　超视距防碰撞

车与车之间通过 V2V 实时通信交换彼此的距离、速度、位置等信息并计算出碰撞时间（Time To Collision, TTC），自动驾驶车辆根据 TTC，采用阶梯式减速或制动策略，实现道路行驶中、通过交叉路口等不同场景的超视距防碰撞。其优势在于不受视距影响，不受雾、霾、阴雨等天气对能见度的影响，可大幅增加车辆感知范围，最远超过 450 m；可以在成本较低的前提下，减少交通事故的发生，提高安全出行。

13.2.3　成功要素分析与启发

5G BRT 智能网联车路协同系统项目历时两年时间对项目的精心打磨，从最初的项目论证、战略签约、业务应用演示发布，再到项目规模实施、严格苛刻的压力测试，最终达到了预期的效果，成功要素如下。

技术先进性是打动业主单位的主要原因之一：5G+C-V2X 技术具有多模融合、高速率、低时延、上下行链路解耦、频谱利用率高等特性，支持多模式组网，支持多车之间、多车与路侧设施之间的通信，与 DSRC 相比具有通信稳定、可持续演进等技术的优势。同时依靠 5G+C-V2X 实现的车路协同技术，与单车智能相比具有覆盖范围广、成本低、不易受天气等其他因素影响等优势，目前已经逐渐被业界认可为是实现无人驾驶的必要技术。

智慧交通产业政策支持和引导助力：从国家和地方政策层面来看，2020 年 2 月，国家发展改革委、网信办、科技部、工信部、公安部等 11 个部委联合发布《智能汽车创新发展战略》，指出应结合 5G 商用推动 5G 与车联网协同建设，计划到 2025 年实现 LTE-V2X 在重点区域覆盖。在国家各部门和地方政府的支持下，全国各地陆续建设了多个车联网示范区和先导区。厦门政府在此背景下也积极推动当地智慧交通产业的发展，组建"智慧交通办"，探索地方交通行业智慧化、信息化发展路径。而 5G BRT 智能网联车路协同系统项目正是当地在 5G 和智慧交通产业化方面大力推动的重点项目之一。

该项目切实为厦门市交通行业发展和市民出行体验方面提供了实际的好处：一方面，项目交付完成后提升了 BRT 的整体服务质量，为驾驶员和普通乘客都带来了更良好、安全和舒适的体验；另一方面，作为厦门在智慧交通领域的标杆项目，也为当地智能驾驶建设、测试、运营及管理等法规体系的建立积累了丰富的经验，以该项目为基础构建本地车联网产业生态、聚集产业资源、加速产业升级。

13.2.4 总结与展望

5G BRT 智能网联车路协同系统在完成交付后，为交通行业业主单位带来安全提升、效率提高、节能环保等多方面优势，节省油耗直接降低了业主的运营成本；安全精准停减少乘客上下车易发生踩空摔倒事故；交叉路口 360° 盲区检测，显著提升 BRT 车辆通过路口时的安全性，减少驾驶盲区和碰撞次数，提高路口通行效率，保障安全出行。

未来，在现有 4 项成熟的业务应用外，还可根据交通行业客户的需求和 5G 最新技术的性能指标，进行定向针对性的业务开发。目前该项目已在厦门以外的城市杭州等地完成部署并上线运营，并可逐步推广，为更多的营运车辆、特种车辆甚至社会车辆提供丰富的智能网联服务，成为智慧交通的必备支撑系统。

第十四章　矿业及石化

14.1　华阳集团

14.1.1　案例概述

14.1.1.1　煤炭产业智能化发展

煤炭行业作为传统行业，一提起来浮现在人们眼前的大多是井下矿工那张黑色的面孔。其实煤炭行业早已旧貌换新颜，如今正在从机械化、自动化向智能化迈进。中国《能源技术革命创新行动计划（2016—2030年）》指出：到2050年，"全面建成安全绿色、高效智能矿山技术体系，实现煤炭安全绿色、高效智能生产"。绿色智能是世界采矿业的发展趋势，也是中国采矿工业必须解决的重大命题。以信息化带动采矿工业化，走新型工业化道路，建设新型智能化化矿井成为采矿企业提高矿井安全保障程度、实现高产高效、增加企业核心竞争力的必然途径，更是科技兴矿的重要发展方向，推进矿井综合自动化与信息化管理是煤炭行业信息化趋势。华阳集团（原阳煤集团）董事长翟红曾说："我们要把黑脸变成白脸，把黑衣变成白衣，改变人们对小说《平凡的世界》中煤炭人的印象。"

5G 发展伊始，华阳集团就积极拥抱 5G 应用，希望借助这个工具，合作探索基于 5G 技术的煤炭产业智能化发展之路，实现企业生产效率、生产能力的变革，提高企业盈利能力，不仅如此，通过行业标杆试点，也能从一点到面，未来推动煤炭行业装备升级改造。

2019 年 5 月 25 日，华阳集团、中煤协会组织多方专家召开 5G 技术矿井应用研讨会，项目启动。2019 年 9 月 5 日，华阳集团、中国移动、华为公司成立"5G 通信煤炭产业应用创新联盟"，项目进入实质推动阶段。2019 年 11 月 18 日，实现全国首次 5G 基站煤矿井下测试，单基站井下覆盖距离 400 m。2020 年 4 月 29 日，华阳集团联合山西移动、上海山源、华为公司在江苏常州中国煤炭科工集团联合获取全国首个 5G 基站煤安认证。2020 年 6 月 18 日，5G 智慧矿山联盟成立，山西省省长林武宣布中国首座 5G 煤矿在山西阳煤集团新元公司正式落成。

14.1.1.2　首座 5G 煤矿

由于煤炭作业大多在井下，环境复杂且极具有挑战，生产设备系统众多，涉及风、水、电、运输、瓦斯、通信等多个系统，曾有人说，能在煤炭行业把 5G 网络建好用好才是真的好。

新元公司隶属于华阳集团，煤年产量 270 万吨，可采储量 7.13 亿吨。在新元公司与山西移动、华为公司联合打造 5G 智能矿山项目中，多方合力打造适合煤炭行业井下的定制矿用 5G 设备，场景涉及地面调度室、井下机电硐室、运输巷道、输煤皮带和综采工作面、掘进工作面等众多生产区域。

14.1.2 解决方案和价值

14.1.2.1 企业面临的实际困难

安全生产：安全生产是煤炭企业的第一要务，针对井下生产环境中高瓦斯、高煤尘、水害渗水等情况，以及员工井下工作时间长、劳动强度大（24 h 3 班倒）等问题，如何利用移动通信技术，改善劳动生产环境是首要挑战。

生产监控难：由于井下传统工业环网带宽限制，传统的井下监控系统只能通过有线网络解决少量视频上传，但有线网络的传输能力对于井下少人化甚至无人化操作所需的海量视频上传是"杯水车薪"。另外，在综采面由于采煤机、电液压支架、刮板运输机时刻处于运动状态，传统的有线光纤经常扭断，如何保证视频监控满足生产要求也是一个挑战。

人工日常巡检多：为了监测巷道的压力变化，煤矿部署了大量的矿压监测传感器，现在主要采用人工抄表，效率低、实时性差，如何实现自动抄表是一个挑战。另外，煤矿中的机械设备部署有传感器，一般每台机械上部署几个到十几个，对网络数据传输速率需求显著。

烟囱式网络多：井下为配合不同生产系统建设了多种制式的网络，如何通过一张统一的 5G 网络承载不同类型的业务需求也是问题，同时也需要解决企业要求的数据不出园的安全问题。

14.1.2.2 5G 网络需求与应用场景

针对新元煤矿企业的业务流程和工作环境，梳理了采矿作业中 5G 网络所需要具备的基本要求。

- 广覆盖，更高的容量带宽、速度和可靠性，能够实现矿区全覆

盖，保障矿业高清视频等大上行业务大带宽、低时延需求，提供
网络高可靠性和容灾设备，设备出现故障能保证业务不中断。

- 更高的安全性和隔离性，保障非授权用户无法接入矿业专用网
络，关键业务数据不出园区，对于特殊操作环境的设备要满足
防爆、防辐射、抗干扰等相关要求。

- 更低时延保障和边缘计算能力，为矿业工作区无人驾驶、位置计
算、远程控制等提供网络支撑、计算平台支撑和实时业务保障。

- 能够同时连接多种不同的设备和服务，支持矿区海量传感器和
多种设备接入。

基于统一的 5G 网络，该项目目前主要开展了以下 4 个方面的 5G
应用探索。

- 5G 巡检：通过 5G 连接硐室巡检机器人，把巡检数据、视频、
音频信号传送到井上监控指挥中心，实现了华阳集团新元公司
井下变电所的无人巡检。

- 综采面无人操作：60 路 4K 高清，利用"超千兆上行"大带宽，
实现了海量的 4K 高清视频的回传。

- 掘进面无人操作：利用 5G 网络的高可靠、大带宽、低时延的特
点，通过井上对井下设备的远程控制，减少掘进岗位人员数量。

- 数据采集：利用矿用 NB IoT 网络，实现水文、瓦斯等采集信
息的无线回传，减少传输施工和维护难度。

14.1.2.3　集中力量课题攻坚

由于煤炭行业安全生产对环境的严苛要求，项目组主要集中力量
围绕以下 3 个方面开展课题攻坚工作。

- 定制矿用 5G 基站：针对井下煤矿防爆的要求，联合行业合作

伙伴，打造全球首个 5G 矿用基站，并通过煤安认证。

- 推出超千兆上行解决方案：井下煤矿海量视频回传需求十分明显，与传统的以下行为主的个人移动通信业务截然不同，井下场景需要大上行功能，项目创新地研发了 1∶3 时隙配比（DL∶UL），实现了超千兆上行，满足井下视频回传需要。大上行的实现，已经成为 5G 煤矿的必选项，后续将写入 5G 智能煤矿的标准中。另外在核心网组网方面，提出了核心网风筝模式，实现大网断，小网不断，满足矿山企业独立组网需求。

- 推出矿用 5G 终端：联合行业伙伴，推出基于 5G 网络的井下 4K 摄像机、手机终端、防爆 CPE、5G 通用模组、边缘网关、传感器。

14.1.3　成功要素分析与启发

14.1.3.1　项目成功的关键

总结 2 年来项目过程中的经验，煤矿 5G 行业专网的成功离不开以下一些关键要素。

首先，从行业和企业自身的发展特点而言，确实存在强烈的转型升级意愿，企业主要领导的重视和支持对于项目成功非常重要，同时，由于煤炭行业特殊的井下生产环境苛刻而复杂，不同于一般的地面项目对安全生产的要求，实现具有防爆和煤安认证的产品是下井的必要条件。

其次，针对企业现有的信息化水平和多个信息孤岛的现状，企业在 5G 规划起始阶段就提出建设一张网承载企业全部业务。在具体场景的应用打造过程中，视频业务的需求也异常突出，不仅体现在巡检方面，还有设备的远程操控，这也对 5G 网络实现上行高速速率传输提出要求。

此外，在人员管理方面由于行业特性，只有专业人员才能下井工作。未来在网络运维方面，需要确立良好的分工界面，实现远程运维可视化，并让企业拥有更多的自主权。

14.1.3.2　行业分工

5G 技术在矿业的深入应用需要全行业，包括采矿生产企业、系统集成商、运营商、行业云服务商、采矿装备厂商、科研机构等相关行业的协力合作，各司其职，各尽其能。

煤炭工业企业积极推进 5G 在矿业的商业应用。

系统集成商端到端整合 ICT 厂商，提升矿业 5G 系统的实用性与适用性。

行业应用未来会以云服务的方式提供，行业云服务商将在提供行业云 IaaS 算力、PaaS 平台的同时，还提供面向矿业行业应用开发者的应用使能中心和面向煤炭工业企业及系统集成商的行业应用市场。

通信运营商面向行业企业，提供安全可靠、服务可视、性能稳定的满足企业定制化、差异化需求的 5G 网络服务，做好企业网络隔离与安全性保障，提供规划、建设、优化、运维的一体化服务。

网络设备供应商应针对煤矿特点，持续研发适合矿用 5G 网络的终端、设备产品。采矿装备厂商作为业务支持方应加大研发力度，提供具备 5G 通信能力的各类矿用装备。

科研机构应加强 5G+矿业智能化基础研究，为产业提供技术动力。行业组织应加快推动矿业标准研究，促进矿业技术方案的规范统一。

14.1.3.3　创新经验

建标准：业界无 5G 井下行业标准，不确定性风险大。华阳集团联合中煤协会和华为公司积极推进 5G 智能煤矿的行业标准，于 2020 年 6 月 9 日，在华阳集团召开煤矿 5G 技术企业标准研讨会并与中煤协会签署协议。并于 2020 年 10 月 14 日在北京国际通信展上，联合发布《5G+煤矿智能化白皮书》。

找伙伴：5G+智慧煤矿需拉通产学研相关机构及企业，形成体系，建立标准——华阳集团、华为、中煤科工、山源科技、天津华宁、北京天玛、中国矿大、太原理工等 10 余家企业及机构，千余名专家，组成项目联合工作组，开展百余场专题研讨攻克技术难关。

整合产业链：针对缺乏 5G 终端产业链的难题，聚合和繁荣煤炭行业终端产业链，包括芯片、模组、工业 CPE、工业路由器、工业网关、手机、穿戴设备、机器视觉等。

积累经验：针对缺少煤炭行业业务经验和积累的难题，与有影响力的合作伙伴通过成立 3+N 创新合作联盟及 5G 联合创新实验室，快速积累行业经验。

补齐资质：现有 5G 设备无防爆及煤安认证，经与安标办、防爆中心经过多轮次沟通，搭建真实 5G 测试环境，历时 5 个月完成防爆和安标认证。

创新方案：针对井下环境恶劣，网络架构、规划、优化无经验积累，无仿真模型的痛点，先后投入 200 人次，经过 20 余次井下实地调研和测试，解决防尘、防潮、防水、散热等问题，对产品和网络性能不断优化和提升，历时 2 个月，建成满足井下特殊环境的 5G 网络。

研发产品：针对现有网络上行容量无法支持 50 路以上 4K 高清视频回传的带宽需求，项目首创超千兆上行方案，在不足 2 个月内完成方案落地。

14.1.3.4 未来持续优化的领域

端侧：目前使用的移动设备（比如巡检机器人）电池容量小，5～

6 h 就要人工换电池，使用充电桩方案需要煤安认证；采掘过程中粉尘大、油性强，需要高水压才能把摄像机冲洗干净，现在还依赖人工清洗。摄像机目前没有自带冲洗功能；采煤机、掘进机含有大量金属模组，集成 5G 模组需要优化设计。

网络侧：巷道不平整有起伏的情况下需要解决如何更好地优化 5G 网络和信号覆盖。

云/App：需要解决在企业要求数据不出园的情况下，如何构建基于本地的弹性应用承载平台，同时要求能够加速 5G 场景新应用的引入。

运维：考虑到生产的安全性以及人员下井管理要求，行业客户对于自运维，尤其是井下设备自运维的需求明显，对自服务的设备要求实现可视化，并且未来逐步向可管理演进。

14.1.4 总结与展望

首个 5G 煤矿落地，坚定了 5G 加速能源综改的决心，增强了企业应用 5G 的信心和行业 5G 创新的恒心。华阳集团副总经理余北建表示："5G 技术下井后，能够准确、全面、清晰地获取井下各种安全生产数据和环境视频，为矿井减人提效、安全生产奠定了基础。"

作为"新动能推动中国经济新发展"的典型案例，改变了社会对煤矿员工的"傻大黑粗"的看法，煤矿工人可以在舒适的地面操作中心远程采煤，实现从"黑领"到"白领"的转变。展望未来，以 5G 为基础的一张基础网络，结合云计算、智能和行业应用的综合优势，多方还将持续在无人驾驶、AR 运维、精准定位等方面持续探索，从井下的煤炭生产逐步扩展至地面的洗煤、选煤、煤炭运输等领域，最终实现构建 5G+智能化矿井的标准体系，进一步推动煤矿产业的智能化发展。

14.2　蓝星星火有机硅

　　江西蓝星星火有机硅有限公司作为有机硅行业的领导者,基于 5G 工业专网的安全可靠连接,打造了集数字孪生可视化、运营管理可视化和业务管理可视化于一体的"5G+智能化工"应用平台,通过综合运用人工智能、大数据、AR/VR 等技术,提高了工艺过程的智能化,实现了安全生产的实时管控和生产质量的降本增效。江西蓝星星火有机硅与中国电信于 2020 年 5 月签署协议,建设基于边缘云的星火有机硅 5G 智慧工厂。

14.2.1　案例概述

　　江西蓝星星火有机硅有限公司隶属于中国化工集团,也是全球最大的上下游一体化有机硅化工生产基地。围绕公司"绿色化、精细化、智能化、国际化和可持续化"高质量转型升级的战略目标,2020 年与中国电信九江分公司成立"5G 智能化工联合创新实验室",聚合华为等多家行业伙伴,围绕企业发展过程中的问题进行创新实践。

　　星火有机硅 5G 智慧工厂项目入围国家重大科技专项智能制造应用示范,使得江西蓝星星火有机硅有限公司入选江西省首批"5G+工业互联网"应用示范企业。通过星火有机硅的行业地位,以点带面促进 5G 应用与化工行业的深度融合,逐步在化工行业内推广落地。

　　星火有机硅充分发挥了 5G、人工智能、大数据等技术要素的优势,形成十大应用场景，包括 5G 作业人员检测、在线设备检测、5G 巡/送检无人机和 5G 巡检机器人等。通过 5G+智能+云的应用，促进化工企业数字化和智能化，能够有效提升化工企业的职工人身安全保障、质量管控和生产效率，降低工人劳动强度和企业用工成本。

14.2.2 解决方案和价值

14.2.2.1 行业挑战

在国际化的大背景下，全球化工企业正朝着大型化、清洁化、一体化和智能化等方向发展，充分体现安全、健康、环保和循环经济的理念。在发展的过程中，同时也面临诸多挑战：成本的持续增加以及需求的长期波动，企业及客户对于价格的变动敏感度持续提高；效益提高与生产平稳安全之前的矛盾；全球经济一体化导致企业的经营环境更加复杂，供应链壁垒以及各环节的复杂度日益升高；低碳时代的环境保护和节能减排是对炼化企业的重大挑战。

14.2.2.2 解决方案

5G 智能化工项目通过全面覆盖 5G 网络，利用 5G 和 MEC 打通企业工业内/外网的安全可靠连接，构筑 5G 化工园区企业专网，实现了 5G+工业互联网的全场景连接。通过 5G 工业网关、智能手环、5G 摄像机、5G 无人机实现对工厂人、机、物的数据采集。并以此为基础叠加大数据应用构建全新与全要素数字孪生工厂，形成装置运行的可视化管理和维护、安全生产的实时化监测和管控、生产作业的智慧化应用，建立 5G 作业人员监测、在线设备监测、5G 无人机送/巡检和 5G 机器人巡检等场景应用，5G 智能化工应用场景架构如图 14-1 所示。

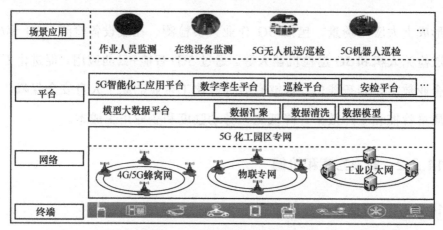

图 14-1　5G 智能化工应用场景架构

（1）5G 化工园区专网

5G 网络是智能化工园区的关键基础通信设施，是化工园区信息化、智能转型升级的关键要素，通过运营商 5G 公网专用模式，为化工园区提供大带宽、低时延、海量连接的 5G 虚拟专网服务，满足园区在生产、监管等环节对网络的需求，是后续化工园区专网建设的主要方向。5G 端到端切片是 5G 化工园区专网的重要组成部分。切片能力是 5G 网络的关键特性，它允许在公众使用的 5G 网络上单独分离出部分资源给企业使用，同时针对不同场景下对网络的差异化网络需求提供确定性的网络体验。5G 端到端切片系统一般包括无线网络资源划分、传输网络资源划分和 5G 核心网切片管理及运维服务等部分组成。

通过 5G 网络的部署，满足厂区内 5G 网络的全覆盖，建设了 6 个5G 宏站站点，2 个室分站点，构建多网融合的无线企业专网。通过MEC 靠近用户侧部署，一方面从物理和网络层面解决时延问题，另一方面将内容与计算能力下沉，将业务本地分流，内容本地缓存，为更多低时延场景应用提供网络保障。通过 UPF 下沉将运营商网络与企业内网深度融合，实现企业工业生产数据的本地化回流，为企业的数据安全提供保障。5G化工园区专网架构如图14-2所示。

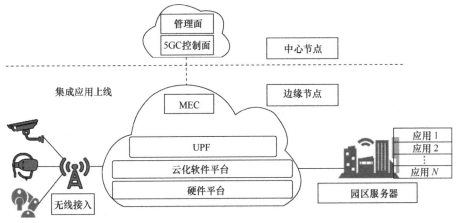

图14-2　5G化工园区专网架构

（2）模型大数据平台

通过4G/5G以及工业总线等方式，对工厂人、机、物等多要素（如阀门、压缩机、罐体、管线等）进行数据采集和汇聚，将传感器采集化工装置的温度、压力、流量等数据汇总形成企业生产数据中心，传输到生产数据平台。利用大数据模型算法，对化工装置在生产过程中产生的多维度海量数据进行综合分析，精准研判出化工装置的运行状态和运行趋势，同时将分析结果实时在数字孪生平台中进行可视化呈现。通过数字孪生技术将生产过程中的各类实时数据与分析数据精准地映射到厂区的三维仿真地图，以数字化方式展现在地图上的直观厂区设施设备总览，能够足不出户就掌握相关设施设备运行状态，实时查看生产运营情况，实现工厂生产、管理、运营的可视化。

（3）5G 智能化工应用平台

数字孪生平台、巡检平台、安检平台等构成了 5G 智能化工应用平台（如图 14-3 所示）。对采集的生产装置、生产设备的多维度实时数据进行数据分析，对装置生产状态、安全状态及运营状态实现实时监控、在线分析。并与生产控制系统、安全系统及企业资源管理系统有机结合形成可视化在线应用平台。通过对水解、合成、导热油等装置运行产生的多维度数据进行综合分析，形成装置运行的趋势图，将装置运行的海量参数简化为一张趋势图呈现。

图 14-3　5G 智能化工应用平台

5G 智能化工应用平台实现了由人力密集型向机器人自动化的转型。维护作业人员可以根据视图快速、准确地定位出存在问题的装置；同时通过健康趋势的研判也可提高装置/设备的预测性维护率，保证化工装置安全稳定地运行。平台将生产运营的各个环节贯穿关联，借助一体化的统计分析能力与实时协作管理能力，实现管理及生产要素的数据采集、汇聚及分析。

（4）重点场景应用

基于 5G 智能化工平台，实现了在不同场景下的生产、管理、运营的可视化。

5G 作业人员监测，确保作业人员人身安全

使用智能手环对工作区作业人员的位置进行实时定位，记录他们的运动轨迹，保证员工日常作业安全。也可以对进入危险区域施工的作业人员的健康状态（如心率、血压等）进行实时监测。智能手环的防爆指标满足化工园区的防爆标准，同时具备室内外的高精度定位、周期检测生命体征（如体温和心率等）、SOS 一键报警等功能。该设备园区计划使用 1600 个，当前小批量验证。员工上班期间全天候使用。5G 作业人员监测示意图如图 14-4 所示。

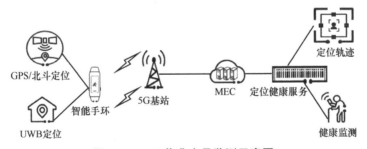

图 14-4　5G 作业人员监测示意图

在线设备监测，实现降本增效

采用 NB 方式对仪表设备进行监测，能够实时获取设备运行状态、工艺参数、运行能耗等生产制造各种数据，结合大数据分析及时监控设备的运行状态，可提升预测性维护率，降低设备异常的维修频率及停产损失。通过在线设备监测系统，释放巡检人力，实现减员增效。针对特殊监测场景，使用 5G 方式，如星火有机硅园区利用侵入式红外探头+光谱分析仪+5G 工业网关方式实现在线设备监测，利用高清摄像机及红外摄像机对园区关键设备定时监控，排除风险。在线设备监测示意图如图 14-5 所示。

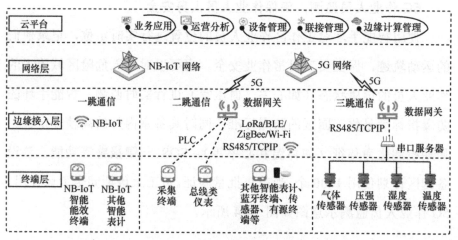

图 14-5　在线设备监测示意图

对于化工厂的产品送检，作业人员可通过无人机使能平台实现无人机的一键送检。对于化工厂的管廊、塔釜等人员巡检难以到达的地方，通过无人机的自主飞行和人工智能分析，可以对管廊、塔釜的泄漏及状态等情况进行自动巡检。通过平台级无人机定时定点对样品进行送检，降低了送检间隔，提升了样品送检效率。巡检模式的改变，也降低了人员巡检的安全隐患。该场景利用 5G 网络，正常每天 2 次送/巡检。每飞行架次，无人机携带多种有机硅样品，按照规划线路，送检的同时在高空通过摄像机巡检。5G 无人机送/巡检示意图如图 14-6 所示。

图 14-6　5G 无人机送/巡检示意图

5G 机器人巡检，辅助运维人员的日常巡检工作

机器人可按照每日规划的巡视检测任务，定时开始巡视检测工作。机器人搭载有各种高精度数据采集设备，包括高清摄像机、红外热像仪、温/湿度和气体传感器等，通过移动监测的方式，实现厂区站所信息检测的全覆盖、全检测。同时，可实现对表计、开关、指示灯等数值/状态的智能识别，实时显示识别结果，最终以报告形式呈现。变电站机器人对变电站每天两次巡检，每次 2～3 h，对变电站内 600+点位进行红外监测。5G 机器人巡检示意图如图 14-7 所示。

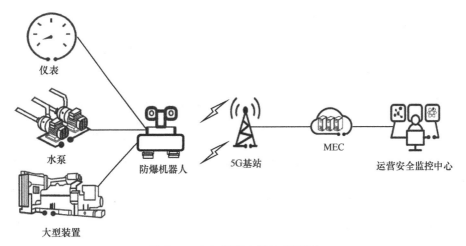

图 14-7　5G 机器人巡检示意图

14.2.2.3　解决方案价值

通过 5G 高精定位、5G 工业数据采集及反向控制、5G 机器人等技术，加快化工行业生产制造的自动化和智能化，减少人员作业，将进一步地提升生产效率、降低安全隐患。利用 5G+机器视觉对产品质量进行实时化监测，从生产源头、作业过程加强产品质量的管控，将有效地降低流程化工不良品的发生概率。通过 5G 技术构建高品质的企业内外网，打通企业上下游产业链、价值链之间的数据链条，打造企业的工业互联网应用，将有力地助推企业的高质量转型。

自 5G+智能化工项目落地实施以来，使星火有机硅工艺安全预判效率提升 80%，生产管理成本降低 20%，产品送检效率 75%，违规行为减少 78%。

14.2.3　成功要素分析与启发

超大带宽、超低时延、海量联接为特征的 5G 技术，支持不同带宽、时延的需求，实现网随人动、网随物动，满足工厂全场景、全要素的联接。云计算为企业提供稳定可靠、安全可信、可持续演进的算力支撑，边缘云将云的计算能力引入靠近数据驻留位置的 IoT 设备，可减少与云的通信时间并降低时延，甚至能在较长的离线期内可靠地运行，在提供大数据分析算力的同时实现了企业数据不出园区，确保内网数据的安全性。工业互联网数字平台通过信息技术使组织实现对生产环境、生产线、生产设施等物理平台的高效管理，提高组织运营的效率。同时，融合互联网、云计算、人工智能等先进信息技术，改变了生产过程的运行方式，也创建了新的生产模式。

在本案例中中国电信作为总集成商，交付所有智能化工园区场景，同时提供企业业务上天翼云服务。华为提供 5G 网络管道，保障端到端的 5G 专网业务。另几家第三方公司充当了独立软/硬件提供商和子系统集成商的角色，分别提供防爆手环场景验证、园区模式化大数据模型、机器人巡检设备、数字孪生平台、5G 无人机、在线设备监测设备，保障了数据汇聚以及智能安防监测场景的落地；提供 5G 工业网关、5G 移动摄像机等设备，及园区传统设备接入 5G 网络的场景解决方案。

化工行业作为国民经济的重要组成部分，在各国的国民经济中占有重要地位，是许多国家的基础产业和支柱产业。"绿色化、精细化、智能化、国际化和可持续化"是化工企业高质量发展和转型升级的诉求：安全生产管理，需要通过 5G 等新技术应用实现实时管控、避免重大安全事故、人员事故的发生；数字化的生产过程管理，需要通过人工智能、大数据等新技术实现有机硅合成工艺过程的自动化和智能化；生产运营效率，需要更高效、更智能化的管理手段，实现生产质量效率降本增效。5G 与智能、云、大数据、AR/VR 等技术的融合应用，将为行业带来超乎想象的深刻变革。

在国家政策的扶持下，一方面化工行业的产品种类、原材料工艺、技术生产流程等方面有了显著提升，另一方面化工企业和市场也在不断增多和扩大。近年来，中国政府发布了关于 5G 和工业领域融合应用的相关政策和通知。5G 和其他新技术的出现，是推动化工行业发展和提升企业竞争力的关键所在。5G 在化工行业的应用，不仅有效地改变企业安全、环保、应急等传统应用模式，而且在企业用工、生产组织方式上会带来新的变化，将为企业提供生产环境数字化、技术装备智能化、生产过程可视化、流程质量可控化、信息传输网络化、管理决策智能化的能力。

随着 5G 技术的不断成熟应用，与化工行业各环节的深度融合，将推动化工企业向安全生产、绿色制造、智能制造转型升级。

14.2.4　总结与展望

如星火有机硅亚太区信息技术总监杜晓松指出的，星火有机硅 5G+智能化工十大场景应用，帮助星火有机硅降本增效，建成的 5G 应用平台安全、环保，运营管理水平及工作效率进一步提升，帮助企业完成了数字化改造。5G 智慧工厂助力企业绿色化、精细化、智能化、国际化、可持续化战略转型。5G 作为"新基建"之首，改变了工业制造企业的传统应用模式。基于边缘云的星火有机硅 5G 智慧工厂是 5G 与化工行业的深度有机融合，让传统产业走上高质量、可持续发展的快车道，实现"化工让生活更美好"。

第十五章　智慧港口

15.1　招商局妈湾港

　　招商局集团在全球六大洲 26 个国家地区投资经营 50 个港口，货物吞吐量全球第一，是行业龙头企业。妈湾港是招商局集团开展的中国首个由传统散杂货码头升级改造为 5G 智慧港口的项目（妈湾港鸟瞰图如图 15-1 所示）。以妈湾港项目规模为参考，在招商港口全球产业迅速复制推广后，预计产生经济效益超过 100 亿元。

图 15-1　妈湾港鸟瞰图

15.1.1 案例概述

妈湾港成立于 1986 年 9 月，位于深圳港西部港区，地处前海自贸区、蛇口自贸区、粤港澳大湾区，拥有重要和便利的区域优势。2017年 9 月，招商港集团启动妈湾港智慧港口建设项目，将妈湾港的海星港区域由传统散杂货码头升级改造为自动化码头。2019 年 6 月，在深圳市政府支持指导下，招商港集团联合中国移动、华为等行业合作伙伴，基于 5G 智慧港口创新实验室共同建设 5G 智慧港口标杆。2020年 7 月，吊机远控、无人集卡、智能安防、智能理货、无人巡检等场景开始全面应用落地测试。2020 年 8 月，妈湾智慧 3 号泊位交工验收完成。妈湾港智慧港口关键节点示意图如图 15-2 所示。

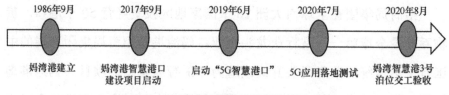

图 15-2 妈湾港智慧港口关键节点示意图

依托领先的港口全场景作业系统，在港口行业采用数字孪生、北斗定位等技术打造港口生产管理的模拟仿真系统。妈湾港基于 5G 专网打造了"安全、稳定、高效、智能"的智慧港口，体现了行业的前沿发展水平。

基于深圳妈湾港现状，结合 5G SA 网络以及港口的生产场景案例，研发了吊机远程控制、无人巡检、5G 无人集卡、5G 智能理货、5G 智能安防等 5G 移动应用。通过 5G、云、智能、边缘计算与港口行业的融合，为港口无人化、自动化和智能化提供了可能：无人巡检将智能识别能力与网联化无人机结合，满足安全巡防要求；无人集卡综合运用 5G 和边缘计算实现 AGV 模式突破；智能理货通过边缘云部署视觉智能；模拟仿真支持模拟港口海量物联网/监控设备接入；智能安防利用边缘云平台助力港口生产作业管理和保障。

主要应用场景如下。

* 无人驾驶集卡：5G 保障 AGV 稳定运行，并提供监控和平行驾驶；满足港口无人运输系统对网络、定位精度和灵活路径等需求（如图 15-3 所示）。

图 15-3　5G 无人驾驶集卡

* 吊机远控：5G+高清视频回传，方便操作人员高效了解现场作业环境，实现港区无人化远程调度（如图 15-4 所示）。

图 15-4　5G 吊机远控

- 智能理货：协助港区分阶段实现无人化物流运作，提升港口效能和服务水平；实现集装箱箱号自动识别、箱体残损鉴别、集装箱摆放位置识别。

- 无人机巡检：5G+无人机智能巡检方案，减少光纤铺设、降低人力成本。

- 智能安防：实现安全防护、运营管理、港区事后智能分析和智能运维，助力港口生产作业管理。

- 模拟仿真：做到港口生产的预演、实操和复盘，实现妈湾智慧港的生产最优化。

15.1.2　解决方案和价值

在妈湾港智慧港口项目中，运营商提供 5G SA 网络，通过切片技术打造 5G 专网满足港口业务诉求，同时也通过边缘计算、人工智能等 ICT 融合进一步提升港口的自动化、智能化水平。

15.1.2.1　行业挑战

目前港口行业主要面临两方面挑战。

工作流程繁杂的挑战。港口的工作流程主要包括货船摆渡进入码头、集装箱吊入堆场、拖车进入港口搬运集装箱等步骤。其中在集装箱入堆场的工作步骤中，需要指挥人员、堆场人员和吊机司机等多人合作，龙门吊司机在高空操作吊机完成集装箱的吊装；在拖车进港搬运集装箱的步骤中，由于港口吞吐量大，需要司机长时间在环境相对恶劣的重复路线进行工作。整体工作流程复杂且工作量大。因此有运用远程控制、自动驾驶、智能识别等新科技提高工作流程的信息化和自动化水平的需求。

安防工作需要智能化升级。港区需要较为严格的安防管控，目前主要依靠静态安防摄像机完成，存在监控位置固定、监控视频调取分析困难、依赖人工识别完成日常监控工作等弊端。为使港口安防工作更加智能化，需要结合 5G+无人机巡检、视频图像智能处理等技术手段，提高安防体系的灵活性和智能性。

15.1.2.2　解决方案

案例整体方案采用 5G SA 网络架构，采用切片技术构建港口 5G 专网，无线侧采用 2.6 GHz+4.9 GHz 公/专结合组网方式，承载网使用 FlexE 硬通道，核心网采用 UPF 下沉方式给港口提供专属 UPF 实现数据不出港口以及满足隔离安全性的要求。项目重点围绕 RB 资源预留、5QI 优先级调度、上下行 CA、SUL 等技术保障网络时延、速率和隔离性，完成分场景 SLA 服务标准建议。同时针对港口高带宽和低时延诉求开展应用场景化测试，搭建行业典型场景 5G 组网方案和包含端管云智能的整体行业解决方案。

吊机远控场景：让员工远离安全隐患

在岸桥、场桥等港机设备部署高清摄像机并利用 5G 回传到中控室。利用 5G 大带宽技术，实现轮胎吊多视角高清视频到中控室的视频回传，便于操作人员快速、全面了解现场作业环境。同时，利用 5G 低时延技术部署 MEC 系统，在操作远程控制台以手柄对轮胎吊实时控制，进行轮胎吊远程移动驾驶和起重作业，实现港区无人化远程调度和作业控制。

以港口传统堆场龙门吊为例，一个码头通常需要上百名龙门吊司机，且需要在 30 m 高的司机室操作，条件艰苦安全隐患大；尽管少数信息化港口采用 LTE-U 进行视频回传控制吊机，但由于带宽、时延、可靠性的限制，使用 LTE-U 的视频回传控制方式往往效果并不理想。

利用 5G 高清视频回传进行远程控制改造后，司机可在中控室观看多路实时视频进行精准操作，1 名远程控制人员可操控 3～6 台龙门吊，大幅度降低人力成本，同时改善工作环境，提升作业安全性与可靠性。

无人驾驶集卡场景：实现高效运输

使用 5G+边缘计算组网方案，网络连续覆盖园区，利用 5G 低时延特性控制 AGV，保证 AGV 稳定运行，并提供监控和平行驾驶，实现港区 AGV 无人车运输集装箱统一调度。综合运用 5G 边缘计算、低时延、高可靠特性以及高精度定位平台、车路协同等方式，突破"单车智能"或"磁钉"模式，满足港口无人运输系统对网络、定位精度和灵活路径等需求，为港区部署无人集卡，实现集装箱的高效运输。

智能理货场景：帮助港口提升服务水平

在岸桥部署的高清球机，利用 5G 大带宽实现多路高清视频实时回传。在桥吊作业过程中，智能集装箱作业识别系统获取桥吊前端安装的高清摄像机设备的实时视频流信息，采用边缘云+视觉智能技术对视频流进行处理，实现集装箱箱号自动识别、箱体残损鉴别、集装箱摆放位置识别，解决理货强度大、集装箱信息获取难等问题，帮助港区分阶段实现无人化物流运作，最终达成港口 360° 智能化，提升港口效能和服务水平。妈湾港智能理货实现方案示意图如图 15-5 所示。

图 15-5　妈湾港智能理货实现方案示意图

无人机巡检场景：进行全方位实时监控

利用 5G 大带宽和低空覆盖能力，无人机机载 5G 通信终端实现无人机 5G 网联化，实现无人机的定点巡航、实时姿态调控的功能，并结合智能能力对回传的视频进行处理，提供包括人员检测的各类图像视频处理，打造无人机智能巡检方案。利用 5G 大带宽能力支持无人机实时高清视频回传，实时监控码头边界及关键节点等动态画面，降低光纤铺设和人力成本，供云端智能识别，配合业务调度平台，满足港口安全巡防的业务要求。

智能安防场景方案：提升港口可视化管理能力

结合智能等技术能力，通过 5G 网络向港口边缘云平台实时回传作业信息、巡检画面等，助力港口生产作业管理。实现安全防护、运营管理、港区事后智能分析和监控智能运维等场景。通过对车牌号进行识别、对人群密度进行实时分析，辅助园区运营效率提升 60%。同时对画面质量进行判断，自动诊断是否异常，可以减少巡检人力。对行为进行检索和视频摘要事后的智能分析，解决人力、时间成本，效率提升，形成网络+终端+平台+应用可视化管理。

模拟仿真：兼顾"过去时、现在时和未来时"

基于 5G 专网，支持港口海量物联网/监控设备接入，在港口行业首次采用数字孪生、北斗定位等技术打造港口生产管理的模拟仿真系统。对在线设备、车辆、货物等港口生产要素和操作过程进行模拟，做到港口生产的预演、实操和复盘，实现妈湾智慧港的生产最优化。模拟仿真实现示意图如图 15-6 所示。

图 15-6　模拟仿真实现示意图

15.1.2.3　解决方案价值

5G 港口专网的应用，为港口的无线化、自动化、智能化提供了可能，与传统的通信技术相比，5G 能更好地满足企业对大上行、低时延的诉求，5G 专网的维护也由企业转移至专业的运营商，企业只需要聚焦在生产即可。无人机自动巡检、无人集卡搬运集装箱将作为港口自动化运营的基础应用，助力港口自动化水平提高。港口智能化解决方案，使得整个港口的实际业务操作、货物信息管理、安防管理、港区巡检的实时信息汇集到一个监控大厅中，实现对港口数据、信息的实时监控、管理和呈现。

5G 智慧港口项目的应用，将推动 5G 相关产业，包括 5G-CPE、5G AR、5G 无人机、5G 巡检机器人和 5G 远程控制相关产品和方案的成熟。对于港口行业，5G 专网的应用极大地提升了智慧港口的自动化和智能化水平。配载效率由原来的 2 h 缩短至 6 min，港口综合作业效率提升 30%，现场作业人员减少 80%，安全隐患减少 60%。

15.1.3　成功要素分析与启发

港口作为全球物流供应链上的关键节点，通过智慧化转型升级，拓展港口物流链、产业链和价值链，建设成为一流的港口，更好地优化运营商环境和服务国家战略实施。

巨大的经济效益与业界领先地位保持战略使得 5G 智慧港口项目成为行业客户主导商业模式的典型案例。招商局集团作为行业客户，是推动智慧港口行业向 ICT 转型的实践者，进行资金以及自有资源投入。由于招商港集团在全球六大洲 26 个国家地区投资经营 50 个港口，因为本案例形成的妈湾港智慧港口解决方案还将逐步推广到招商集团其他港口，带动整个集团旗下港口的换代升级。中国移动是案例的系统集成商，向招商局集团提供基于妈湾港的智慧港口项目的整体解决方案。同时也是运营商和云服务商，向行业客户提供网络服务以及云服务。

港口的智慧化升级具有行业刚需的特征，基于专线、4G 网络建设的自动化码头虽然在一定程度上改善了工作环境，但存在改造成本大、自动化效果不好等问题。借助 5G、智能、边缘计算协同方式进行整体方案改造，可以进一步满足港口智慧化升级的需要。当前 5G 智慧港口应用已经逐渐跨过初创阶段，相关产业虽然尚且不够成熟，但已经有了技术成熟的 5G 模组。UPF 下沉技术、边缘计算节点的布置技术以及网络切片技术也已趋于成熟。

此外，中国已出台一系列政策支持智慧港口发展。2019 年 11 月交通运输部等 9 个部门联合印发《关于建设世界一流港口的指导意见》，意见指出到 2025 年世界一流港口建设取得重要进展，主要港口绿色、智慧、安全发展实现重大突破。2020 年 8 月，交通运输部印发《推动交通运输领域新型基础设施建设的指导意见》，明确提出打造融合高效的智慧交通基础设施。

以集装箱港口为代表的传统码头作业方式正在向自动化、智能化、数字化方向发展，传统的 4G、光纤通信方式无法满足港口灵活作业与

低时延、大带宽网络通信需求，同时传统人工现场作业存在效率不高而人工成本高、与港口现有业务系统相对割裂等问题，迫切需要依托5G、云、边缘计算和智能等新技术，实现港口自动化升级改造和全面感知可视化监管。

15.1.4　总结与展望

如招商局集团副总经理、招商局港口集团董事长邓仁杰所指出的："妈湾港智慧港口是招商港口创新里程碑，围绕'5G、招商芯、招商ePort、智慧口岸、区块链、自动化、北斗定位、人工智能、绿色低碳'九大智慧元素，将妈湾港建设成为 5G 应用示范工程。同时依托招商港口全球化的港口资产配置与运营能力，进一步复制推广至中国和'一带一路'国家和地区的港口，形成智慧港口中国解决方案，加速5G 对港口行业的赋能。"

15.2　舟山港

15.2.1　案例概述

15.2.1.1　港通天下

宁波作为国际港口名城，素有"港通天下"之美誉，历史悠久、全球最大的港口宁波舟山港就位于此。港口作为经济的晴雨表，是现代经济的血液，在促进国际贸易和地区发展中举足轻重，全球约 90%

的贸易由海运业承载，港口是其中重要的一环。

在中国，宁波舟山港是国家的主枢纽港之一，货物吞吐量连续 11 年位居世界第一，2019 年达到 11.19 亿吨，集装箱吞吐量位居全球第三，2019 年超 2753 万标准箱，是中国大陆重要的集装箱远洋干线港、中国最大的铁矿石中转基地和原油转运基地。

15.2.1.2　绿色环保高效

对于宁波舟山港这样忙碌的大型港口而言，在追求全年全天候不间断作业的基础上，如何利用 5G、智能、云等数字化技术，打造"绿色、环保、高效"智慧港口是企业的核心诉求。

提升效率、降低成本对企业至关重要，大型船舶每天租金高达数十万美元，多等待或多作业 1 h，即浪费上万美元，另外，港口企业存在大量人工作业，还有许多大型机械操作复杂，如何实现安全生产、提升工人技能也是企业关注的焦点。此外，由于港口生产要求 24 h 作业，集卡车辆、岸桥、龙门吊等设备会造成光污染和环境污染，企业希望在环保方面不断优化并改善。

2020 年 5 月 15 日，浙江省海港集团、中国移动浙江公司、上海振华重工以及华为四方合作，共同签署了《宁波舟山港 5G+智慧港口》战略合作协议，合力打造全球 5G 智慧港口常态化投产样板点，建设世界一流强港。

15.2.2　解决方案和价值

15.2.2.1　方案架构

宁波舟山港 5G+智慧港口项目的架构为"1+1+3"整体解决方案，即 1 张 5G 专网、1 个 5G 智慧港口综合业务管理平台、3 个应用场景，涵盖多个核心作业流程。

（1）1 张 5G 专网

港口领域涉及港机远程控制和多路高清视频实时回传等场景，基于 5G 专网尊享模式，通过边缘计算技术，提供数据本地处理和超低时延能力。对于接入控制、网络安全及隔离性提出更高要求场景，通过基站专用方式实现专用无线覆盖。

（2）1 个 5G 智慧港口综合业务管理平台

针对港口业务，5G 智慧港口综合业务管理平台具备港区数字孪生智能管理功能，可将港机设备、集卡、集装箱、摄像机等港口全要素信息集成在一张 3D 高精度 GIS 图中。平台支持与港口原有的业务作业系统数据对接，实现港口作业、安防视频监控、电子围栏监控、场内运输动态作业、船舶动态装卸作业等生产运营 3D 实景数字化呈现。

（3）3 个应用场景

集装箱装卸是港口最重要的作业流程之一，目前 5G 业务的探索主要集中在 5G 智能理货、5G 无人水平运输以及 5G 港机远控三大应用方面。

- 5G 智能理货：利用岸桥控制系统控制拍摄集装箱信息作业时机，实时传输视频图像，结合人工智能视觉分析技术，实现集装箱信息采集。

- 5G 无人水平运输：实时传输自动导引车的控制指令和状态信息，解决传统码头依靠司机作业工作量大、工时长、招工难等痛点，实现码头智能化改造。

- 5G 港机远控：实时传输集装箱作业机械的控制指令和龙门吊

上摄像机录制的视频，实现远程控制。

项目架构方面，总体方案分为 4 个层面，分别为终端层、网络层、平台层和应用层，如图 15-7 所示。终端层主要包括龙门吊、集卡车、无人机等终端；网络层主要包括港口专用定制化 5G+MEC 网络；平台层是基于地理信息系统，对重点场地管理业务、设备等实现电子标签管理，实现港口内全部基础信息和动态实时数据信息的展示；应用层实现港机设备远程控制、内集卡自动驾驶、无人机应急处理等 5G 应用功能。

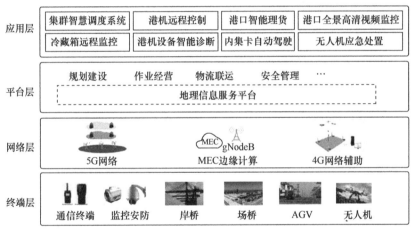

图 15-7　宁波港项目总体方案

15.2.2.2　智能理货，更快捷更准确

集装箱在上船之前，需要进行残损检查。传统需要人工的方式，由专人在现场拿着工作计算机进行理货，部署成本高，图片识别实时性不强，这一生产环节直接影响集装箱码头的作业效率。

在 5G 智慧港口项目中，通过在岸桥上安装了多个通过 5G 回传的高清摄像机，智能理货系统对摄像机拍到的视频进行自动智能识别，识别对象包括标准集装箱的箱号、箱型，码头内集卡的作业号、单小箱压箱位置以及车道编号等数据和状态。其识别准确率达到 95%以上，而且识别速度快，一秒内就能完成一辆集卡相关数据和状态的识别，不会影响集装箱装卸进度。在项目部署中，每台岸桥的 15 路智能理货的实时视频，对 5G 网络的上行带宽提出了要求，需要支持 30～50 Mbit/s 上行速率。

智能理货不仅极大减少了对人工的依赖，还大大改善了企业员工的工作环境，从风吹日晒的码头现场转移到办公室内远程操作。同时，也实现了"一人一路岸桥"提升为"一人多路岸桥"，大大提升了效率。此外，通过高清图像结合基于智能的机器视觉，对破损箱号实现了 95%以上的识别率，提升了识别准确率。

15.2.2.3　5G 无人水平运输，提升运输效率和安全

传统港口内运输采用人工驾驶方式，如无特殊外因，港口需 24 h 运营，集卡司机不得不多班倒，人员疲劳和操作误差容易造成安全事故。同时，由于内集卡对司机驾驶经验和资格要求较高，港口内集卡司机严重短缺。若通过铺设磁钉方式实现无人 AGV 集装箱运输，需提前铺设磁钉、磁带等导航设备，投入大、耗时长、维护成本高。随着自动驾驶技术的成熟和相关智能感知器件价格的进一步降低，目前越来越多的港口逐渐启动无人集卡车的试运行。

目前该项目中已经有多辆无人集卡投入使用，自动驾驶的车辆能够采集现场的实时视频回传到后台，接受调度指令，以及港区内区其他重型机械的位置、朝向、速度和环境数据等信息。5G 无人集卡有着超级"5G+智能大脑"，待岸桥把集装箱放置在车上并确定货车正确，无人集卡自动启动，无人操控的方向盘便自动转动起来，如"老司机"

一般识别周围的集装箱物体、机械设备、灯塔等，可以自主做出减速、刹车、转弯、绕行、停车等突发状况的各种决策，提供最优运行路线精准驶入轮胎吊作业指定位置。采用这样的方式，对于企业的生产安全和管理效率都有很大的提升。

实现无人集卡的远程控制至少需要 4 路高清摄像机，对 5G 网络上行带宽的速率需求是每台 20～30 Mbit/s 和稳定<20 ms 的网络低时延。如果集卡在作业场中出现故障，操作人员还可以通过摄像机查看周边环境、进行故障判断，并远程操作集卡退出故障区。

15.2.2.4　5G 港机远控，倍增生产效率

大型港口机械是垂直运输的主要设备。港口作业机械（如轮胎吊、岸桥等），作业环境艰苦，作业人员需要在 30～100 m 的高空持续作业，司机易疲劳、安全隐患大、人工成本高。近年来，港机远控技术逐步演进，业内普遍利用光纤和波导管进行港口机械的远控改造。但目前现有有线光纤实现远控改建难度大、成本高，且光纤容易老化和断裂。利用 5G 无线的方式能解决这些痛点并达到工业级控制的性能标准。

5G 轮胎吊目前已经是宁波舟山港常态化投产的应用。通过 5G 远控操控，工人可以坐在中控室，观看 5G 回传的多路实时视频。大部分操作都已实现自动化，只有吊车吊具的抓举集装箱才需人工远控干预执行，这样从过去一人操作一台轮胎吊，到现在可以同时轻松操作 3～4 台，极大提升了工作效率。

宁波舟山港经过长达 1 年多的低时延可靠性测试、长时间耐久测试、多台轮胎吊并发测试等一系列的生产验证，完成了全球首个 5G 轮胎吊远程操控规模商用验证，并作为首个港口进入常态化投产阶段。目前宁波舟山港已完成多达 6 台轮胎吊的改造和并发验证，现网 5G

网络端到端平均时延低至 8～10 ms，PLC 可靠性高达 99.999%。

15.2.3　成功要素分析与启发

宁波舟山港项目集装箱吞吐量居世界前列，在无人驾驶方面，目前投入使用的码头中内集卡和外集卡是混合作业的，属于传统码头升级改造项目。项目难度和未来的可复制性也更有意义。过去的两年多，宁波舟山港的 5G 智慧港口发展走得早、走得快、走得坚决，未来将走得更远。

15.2.3.1　走的早

传统的龙门吊是使用光纤的，但随着业务繁忙程度提高，有些龙门吊需要在码头进行比较大范围的移动作业，光纤就像个尾巴非常不方便。与光纤和 Wi-Fi 等连接技术相比，5G 通信系统具有"超大带宽、超低时延、超多链接"等优势特性，不用担心工作环境迁移带来的笨重光纤光缆迁移问题，也不用担心 Wi-Fi 因上传带宽不足、切换和干扰等潜在隐患。

从 2018 年起，宁波舟山港开始推动 5G 网络覆盖和应用试点。2018 年 9 月，浙江移动与浙江省海港投资运营集团签订 5G 智慧港口战略合作协议，在宁波舟山港梅山港区建成全国首个 5G 港口基站。2019 年 4 月 16 日，中国 5G 还没有正式发牌时，宁波舟山港就成功实现了基于移动 5G 网络的远程龙门吊作业管理、视频回传等各种无线信息化应用创新试点，标志着宁波舟山港成为全国首个实现 5G 应用的港口。

15.2.3.2　走得快

如今宁波舟山港从 5G 示范案例快速走到真实部署使用，切实起到提升港口效率、降低通信系统运维成本的效果。5G 技术在宁波舟山港的应用实现了业界 3 项首创。

（1）业界首个完成 5G 轮胎吊远程操控验证并常态化投产，已完成 6 台基于 5G 技术的轮胎吊改造和验证，验证了 5G 可同时满足多台轮胎吊远程操控所要求的大上行带宽和稳定的低时延。

（2）业界首个 5G 网络切片应用港口，保障港口重要业务 SLA。在项目中部署了 5G RAN、承载网、核心网、工业级 CPE INS 2.0、CSMF（通信服务管理功能）、NSMF（网络切片管理功能）等端到端网络切片，打造首个 5G 商城，使能 5G 智慧港口。

（3）业界首个端到端支持 5G 上行增强解决方案的港口，满足港口轮胎吊、集卡、视频监控、桥吊等众多业务的大上行需求。率先在宁波舟山港完成 5G 上行增强创新方案验证，灵活利用 2.6 GHz TDD 频谱和 1.8 GHz SUL 频谱，提升商用 5G 网络上行能力。实测表明，该上行增强创新方案通过灵活使用 2.6 GHz 和 1.8 GHz 频谱资源，单用户上行峰值可达 310 Mbit/s 以上。在网络覆盖范围内，上行速率整体提升 30%～100%，能够支持 9 台轮胎吊，完全满足当前港口业务需求。尤其在小区边缘，上行速率提升了 1～3 倍，大幅提升小区边缘上行性能。由于上行视频业务的需求在港口中十分显著，这个领域的持续探索和优化还会不断进行。

15.2.4　总结与展望

2020 年初，国家发展改革委、工信部联合发布《关于组织实施 2020 年新型基础设施建设工程（宽带网络和 5G 领域）的通知》，将"5G 智慧港口应用系统建设"作为"5G 创新应用提升工程"纳入其中，提出利用 5G 技术对港口信息化系统进行改造，实现对港口的水平运输、垂直运输以及船舶进/出港等系统的智慧化转型升级。

目前，宁波舟山港轮胎吊 5G 远程操控应用场景已经进入规模常态化投产，2020 年全球移动宽带论坛期间，华为副董事长胡厚崑在大会主题发言提到："5G 令龙门吊的操作模式发生了翻天覆地的变化，司机从二十多米高的操控室到空调办公室远程操控，实现从桑拿房到空调房，同时装卸效率提高了 20%，综合人力成本下降 50% 以上，同时大大提高了港口无人化水平，达到更高的安全性。"

下一步，宁波舟山港将进一步实现 5G 无人集卡自动物流、5G 智能理货、5G 视频智能等业务的常态化投产，以及引入先进的 5G 上行增强等新技术，持续推进 5G 智慧港口商用落地与实践。目前，中国包括天津港、青岛港、上海洋山港、厦门远海港等在内的多家港口也都正在积极探索如何发挥 5G 技术在港口的应用。宁波舟山港实际部署带来效率提升的应用实践，还将为港口行业自动化和智能化发展带来更多示范效应与经验。

第十六章 新闻媒体及教育

16.1 中央广播电视总台

中央广播电视总台牵头承担了"5G+4K/8K 超高清制播示范平台"项目，致力于打造"云、管、端"一体化平台，助力中央广播电视总台 5G+4K/8K 超高清视频应用持续优化，提升内容传播效力。预计项目中期（2021 年 5 月）可以形成年产 4000 h 超高清节目制作能力；项目建成后，将形成年产 10000 h 超高清节目制作能力。

16.1.1 案例概述

5G+4K/8K+XR 超高清制播示范平台项目紧密围绕中央广播电视总台（以下简称"央视"）"5G+4K/8K+智能"战略目标，充分利用 5G 等新技术手段，分别建设北京总部 5G 网络和上海传媒港 5G 网络，形成园区基础网络。并围绕 5G 网络，建设上层 4K/8K 制播系统，完善 5G 超高清业务传输网络等基础设施体系；建设便携式 5G+4K/8K 直播编码传输系统，构建快速转播系统，促进 5G 超高清设备规模商用。

同时，围绕节目制播需求扩大超高清节目制播和分发能力，助力央视构建基于 5G 智慧园区的媒体行业应用体系。

在未来两年内，央视计划在北京和上海建设成集直播、录制、编辑、传输、调度分发于一体的 5G+4K/8K 超高清制播系统，从信号采集、节目制作到节目播出，将 5G 技术可承载的媒体业务应用充分融入超高清、网格化、高度智能化的广播影视综合性技术平台。项目建设完成后，将作为 5G 在媒体行业的网+云+DICT 的标杆案例，带动省级媒体转型升级。

5G+4K/8K+XR 超高清制播示范平台项目充分发挥 5G、云计算、大数据等技术的优势，打造 5G 行业应用示范，促进 5G 超高清视频应用的持续优化，不仅提升媒体领域业务效率，还可提高可靠性、安全性保障：基于 5G 网络的边缘计算可以把在云端的计算和存储能力拉到靠近用户侧的本地端，进而形成边缘云的能力；借助 5G 网络大带宽的特性，超高清视频可以快速地从客户侧连接至边缘云进行实时编辑、存储、传输等操作，大大地降低了端到端的业务时延。这将为电视观众以及新媒体用户提供源源不断的、种类丰富的超高清节目，同时内容生产能力和速度也将加快，从而推动内容产业高质量发展。

16.1.2　解决方案和价值

16.1.2.1　行业挑战

随着信息传播技术的突飞猛进，传媒行业正在经历一场深层次的变革，传媒行业在收视、经营、内容等方面，都面临着严峻挑战。

收视方面，广播电视受众日渐向互联网转移，近年来电视人均收视时长和观众平均到达率持续下降。

经营方面，新媒体对电视广告的分流效应越来越明显。自 2014 年以来，互联网广告收入开始超过电视广告收入，且持续增长，给广播电视等传统媒体带来了极大的挑战和压力。

内容方面，传媒行业正遭遇制播分离的挑战。一方面，传媒行业原来的核心人才因为迫于现实的压力开始流失；另一方面，"互联网+"时代所需要的新型全媒人才又尚待培养。

16.1.2.2　解决方案

（1）5G 网络建设方案

5G 网络建设分别从核心网侧、边缘计算节点侧、空口侧与央视基础网络系统紧密结合，满足总台园区内、上海总站、园区外不同移动场景，不同业务应用所需的网络访问需求。与核心网侧对接带宽拟不低于 1 Gbit/s，与边缘计算节点侧对接带宽不低于 10 Gbit/s，空口侧按 1 Gbit/s 规划接入。同时考虑 IPv6 技术在未来推广使用的前景，网络设备拟采用支持 IPv6 及 Segment Routing 平台，实现基于 5G 网络的端到端网络切片保障。

5G 切片系统主要分为切片管理、核心网、传输网、无线网和终端部分。接入、传输、核心网域切片使能技术作为基础支撑技术，实现接入、传输、核心网的网络切片实例；网络切片标识及接入技术实现网络切片实例与终端业务类型的映射，并将终端注册至正确的网络实例；网络切片端到端管理技术实现端到端网络切片的编排与管理；网络切片端到端 SLA 保障技术可以对各域网络性能指标进行采集分析和准实时处理，下发各域分别执行。

边缘计算平台在靠近数据源或用户侧提供计算、存储等基础设施，并为边缘应用提供云服务和 IT 环境服务。与集中部署的云计算服务相比，边缘计算解决了时延过长、汇聚流量大等问题，为实时性和带宽要求较高的业务提供更好的支持。5G 网络通过用户面功能 UPF 在网络边缘的灵活部署，实现了数据流量本地卸载。5G UPF 功能受 5G 核心网控制面统一管理，其分流策略由 5G 核心网统一配置。5G 网络还引入 3 种业务与会话连续性模式支持边缘计算，可以实现数据流量动态的分流策略生成。

（2）项目应用方案

1）央视体育 4K/8K+AR/VR 超高清制播系统——增加综合制作能力

系统对新媒体素材和数据进行智能化的集中管控，融合多种新媒体交互技术，实现超高清演播室融合媒体的制作和播出。整体内容包括 4 个部分，4K/8K 超高清视频子系统、4K/8K 超高清多通道虚拟合成子系统、沉浸式音频制作子系统和混合岛后期及融合制作子系统。超高清直播系统示意图如图 16-1 所示。

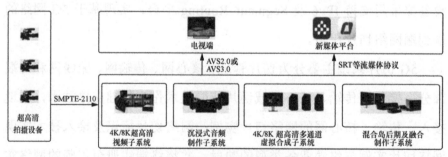

图 16-1　超高清直播系统示意图

其中，4K/8K 超高清视频子系统将采用超高清信号传输，与网络制播生产系统紧耦合，实现 5G+4K/8K 超高清节目播出。对新媒体素材和数据的智能化集中管控，融合多种新媒体交互技术，实现超高清演播室融合媒体的制作和播出。4K/8K 超高清多通道虚拟合成子系统包括 8K 多通道收录、8K 信号虚拟合成、8K 输出监看 3 部分，支持边录制边迁移。沉浸式音频制作子系统针对音频系统进行相应的更新升级，整个演播室群按照 4K 超高清配置相关音/视频设备。混合岛后期及融合制作子系统整体系统包括超高清摄像机系统、超高清切换制作系统、核心 IP 交换系统，可支持多路外来信号的接入。针对体育综合节目、体育赛事节目和体育新闻节目的不同特点，配置超高清精彩编辑、超高清图文包装、机器人系统、大屏幕渲染服务器以及虚拟植入形态战术分析系统。同时为保证系统功能的可扩展性，还配置 IP 化的视频周边系统。

2）5G+4K/8K 便携传输系统——让制作方式更加灵活

可在 5G 网络下实时进行 4K/8K 信号的编码回传，由于具有便携式的特点，可以在移动状态下轻松地实现摄像机输出的 4K/8K 信号本地编码和加密，并通过 5G 链路回传，解决超高清节目制作中机位固定的难题，使节目制作方式更加灵活。5G+4K/8K 便携传输系统也包含与之配套的 4K 便携式 DV、8K 便携式摄像机等信号采集设备，在轻量化、便携化方面进一步提高，满足多种移动状态下的 4K/8K 超高清直播需求，进一步发挥 5G 无线传输技术在移动性上的优势。

16.1.2.3　解决方案价值

4K/8K 超高清制播系统主要包括拍摄制作、后期编辑、播出分发、IT 基础设施建设等部分。通过本案例，可规范和促进超高清节目制作，提升高质量节目供给；促进 4K/8K 产业链逐渐成熟，加速广电行业和产业发展；推动自主创新补齐技术短板，促进文化与科技融合发展。

超高清制播示范平台建成后将提高中央广播电视总台的生产效率

和制作能力，提升节目的技术质量和用户体验，丰富人们文化娱乐生活。将首次实现基于 5G 技术的"云管端"全新业务模式，形成年产 1 万小时超高清节目制作能力，实现 4K/8K 超高清节目在各平台的直播、点播，满足人们更高收视体验需求。

16.1.3 成功要素分析与启发

5G+4K/8K+XR 超高清制播示范平台的建设，将规范和促进超高清节目制作，提升央视高质量节目供给；提升内容传播效力；促进 4K/8K 产业链逐渐成熟，加速广电行业和产业发展。

中央广播电视总台作为行业客户主导了本项目的实施，是推动媒体深度融合发展的实践者。中国移动作为运营商，承担中央广播电视总台和上海传媒港的 5G 专网建设，以及边缘计算和网络切片平台建设。同时，中国移动作为云服务商提供 OpenSigma 边缘计算体系，相关专业技术集成商提供央视体育 4K/8K+AR/VR 超高清制播系统和 5G+4K/8K 便携传输系统应用方案。华为作为行业应用开发者，为系统集成商和云服务商提供设备和技术支持。

媒体行业的超高清视频最显著的特点是视频码率大，需要传输的成本高。通过 5G+4K/8K 超高清制播系统示范平台建设，深化内容产业的供给侧结构性改革，全面实现规模化的超高清节目采集制播、传输分发和节目供给。原有 4G 网络与 5G 相比，带宽不足、时延高、无法满足超高清节目采/编/播需求，进而需要提升网络能力，满足业务需求。5G+4K/8K 超高清制播示范平台是以 5G 网络为基础，借用 5G 大带宽、低时延、广连接的特性，实现超高清视频的采集、传输、制作和播出，实现业务流的全面升级，提升采编播效率。

此外，中国重视媒体深度融合。中国政府印发《关于加快推进媒体深度融合发展的意见》，意见指出运用 5G、大数据、云计算、智能等信息技术革命建设全媒体传播体系。通过对超高清制播系统、5G 超高清业务传输网络等基础设施的建设，提升中国超高清节目的制播能力、制作效率和传输水平，打造 5G+4K/8K 超高清技术创新链和产业链。

随着 5G 时代的到来，相关利好政策的陆续落地，将推动中国"高清时代"加速到来，对深化供给侧结构性改革、满足人们更高的收视体验需求、推动信息产业发展、带动电子产业发展都具有重要意义。

16.1.4　总结与展望

正如中央广播电视总台技术局徐进局长指出的："依托 5G 技术'大带宽、低时延、广连接'的基本特性，实现'到得了、拍得着、传得回'的新闻诉求，能够为高质量、高规格的内容生产提供稳定、便捷、高效的服务，为超高清节目制播和传输赋能增效。既是中央广播电视总台超清化、移动化、智能化技术体系的重要组成部分，也是用技术改变节目制播方式，开展供给侧结构性改革的有益尝试，更是实现中央广播电视总台从传统技术布局向'5G+4K/8K+智能'战略格局转变的具体实践。"

16.2　北京邮电大学

北京邮电大学（以下称为"北邮"）作为行业客户，与中国联通在

2019 年签署战略协议，打造 5G 产学研一体化平台，开展沙河智慧校园等项目。双方共同建立的联合实验室，成功入围工业互联网产业联盟首批实验室。沙河智慧校园项目促进了云网边端协同发展，实现了 5G+MEC+AIoT 赋能智慧教育，在高校市场打造出云+网+应用的样板间，开创后疫情时代教育发展新模式。

16.2.1 案例概述

2019 年北邮与中国联通签署战略协议，打造 5G 产学研一体化平台，陆续开展 5G+4K+全息互动教室、5G+AR 教室、5G 智慧云平台等项目，如图 16-2 所示。截至 2019 年年底，已实现 5G 基站宏站部署和 5G 室分全面覆盖，完成并投入使用 5G 全息互动教室、5G+AR 教室和 5G 高清视频安防监控（5G 安防机器人和 5G 智慧安防指挥中心）；2020 年中国联通参与北邮 5G 云机房项目，计划投入私有云建设全面支撑北邮 IT 上云计划，与北邮共建 5G 行业应用实验室，共同研究 5G/6G 未来网络科学试验项目。

图 16-2　5G 全息远程互动教学

北邮与中国联通打造的沙河智慧校园项目实现在高校场景下 5G 应用的首次落地，并结合云+网打造后疫情时代教育发展新模式。2020 年 3 月份北邮和中国联通联合申报的"云上智慧北邮"成功进入北京经信局高精尖项目储备库。6 月 30 日，中国联通和北京邮电大学联合实验室，成功入围工业互联网产业联盟首批实验室。

在中国联通"云网边端业"整体发展思路下（如图 16-3 所示），结合高校应用场景分阶段部署，实现 5G、边缘计算、智能等技术赋能智慧教育，5G+MEC+AIoT 协同发展促进智慧校园。

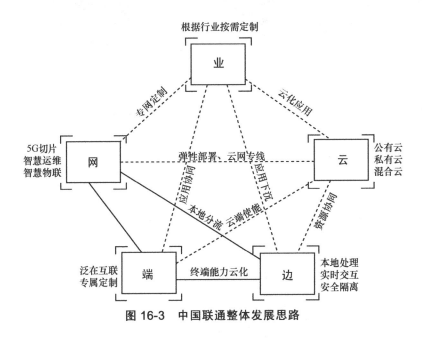

图 16-3　中国联通整体发展思路

在疫情期间，支撑远程互动教学、教学质量评估监控、师生互动等，拓展 5G+全息智慧教育应用；北邮教育 SaaS 平台，为云机房共建模式奠定基础。目标在北邮建立 100 间 5G 智慧教室项目，探索智慧教育新模式，为百校推广打造产品和服务模式。北邮 5G+智慧教室如图 16-4 所示。

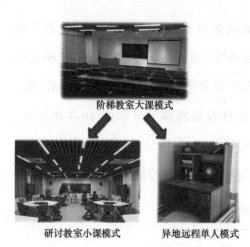

北邮云课堂，实现教学资源多端实时互动教学

5G+全息技术，3D老师多地直播互动教学

5G+超远程虚拟仿真实验，
沉浸式远程教学

阶梯教室大课模式

研讨教室小课模式　　　　异地远程单人模式

图 16-4　北邮 5G+智慧教室

16.2.2　解决方案和价值

16.2.2.1　行业挑战

教育资源分配不均。教育是国之大计，教育公平是社会公平的重要基础，农村教育发展水平远远落后于城市，特别是在教育信息化、资源配备、师资队伍等方面存在较大差距。

传统教学方式单一。传统教学模式下教师依靠"一支粉笔一堂课"的教学方式，学生接受知识主要依靠老师的语言讲解，方式相对单一、学生的创造性思维与能力不能很好地得到训练。在智慧教学环境下提出以学为主的教学模式，该模式利用智慧教育环境下的硬件设施、软件系统、学习资源等，提升创造性思维。

16.2.2.2　解决方案

（1）5G 网络建设方案

在北邮校区进行 5G 独立组网部署，5G 室内部署至少覆盖西土城校区科研楼等区域。对于边缘计算平台，支持网络切片管理、智能运维、SDN 等功能，实现包括 5G 智慧教室、5G 智能安防、5G+AR/VR、5G+车联网等应用场景。对于云资源部署，双方共建北京邮电大学沙河数据中心。北邮提供沙河数据中心基础设施投资，组建大数据、人工智能、5G/6G 无线通信和未来网络等方向的专家团队。中国联通投入沙河数据中心云网资源和科研课题资源，建设沙河数据中心所需的基础设施服务、管理云、教学云、科研云、备份云和边缘云。5G 数据中心拥有网络自动化管理平台，支持沙河校区到西土城校区 12 芯裸光纤直连，支持量子加密、量子通信等试验场景。

（2）项目应用场景

1）全息智慧教室丰富教学方式

全息智慧教室是指利用 5G+全息技术为不同授课地点的学生提供全息、互动教学服务的产品。全息直播套件是全息互动的核心软件平台，包括导播、主备流切换、画面叠加等功能，能够满足远程教师与现场学生互动教学展示的需求。5G+智慧教室应用方案如图 16-5 所示。

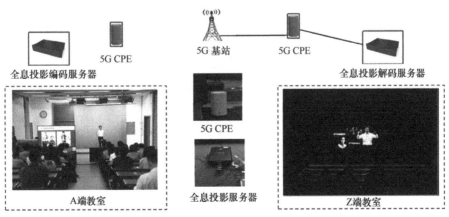

图 16-5　5G+智慧教室应用方案

2）5G 智慧云数据中心实现 5G 教学和科研的随时随地

满足学校管理云、教学云、科研云、备份云的总体需求，目前实现北邮沙河校区与西土城校区数据中心形成双活异地数据灾备，实现对一流学科的重大科研课题的全面支撑，共同打造建、维、用、管一体化的合作共建模式。同时北邮和中国联通共同制定 5G 边缘云和校方混合云的对接标准，进行对接标准制定的相关科研应用合作。为北邮打造 5G 切片+MEC 模式，为北邮提供满足 5G 教学的数据传输、大带宽、低时延的网络环境，实现 5G 教学和科研随时随地。5G 智慧云数据中心如图 16-6 所示。

图 16-6　5G 智慧云数据中心

3）5G 云课堂创新教学模式

云课堂和教育管理平台，借助 5G 边缘云与沙河数据中心云资源的整合，共同打造云网边端业一体化、面向通信信息行业教学科研的新实践：学生老师通过 5G 终端，在校内随时访问北邮教育教学科研资源；依托 5G、全息、VR 等多种互动直播教学手段，打造大课划小的智慧教室，满足后疫情时代的教学需求。

16.2.2.3　解决方案价值

（1）打造围绕 5G/6G 产学研用的创新体系

依托中国联通自身研发体系，与北邮科研团队建立联合研发团队或实验室，共同对高校智慧校园数据中心智能化管理与运维、智慧安防与 5G/6G 边缘智能、物联网、智慧教育与人工智能、下一代网络、网络空间安全等进行研究、实验和成果转化，打造依托一流高校与领先企业示范孵化的 5G 产业创新模式。

（2）开创教育行业新模式

提出了高校教育中从底层建设到应用展示全产业链的大课划小解决方案，是高校产学研共建模式落实的项目。在高校市场中，打造出云+网+应用的样板间，用 5G 技术打破了传统线下面对面教育教学模式；在整个产互市场中，联合北邮一起打造 5G 新基建数据中心的落地项目。

通过探索出 5G 专网和教育城域网融合的新模式，完善 5G 教育专网技术标准和应用标准，推动 5G+教育的深度融合，促进技术进步。对行业而言，5G 教育专网将加速 5G 对行业的赋能，推动教育信息化 2.0 的发展。最终，所有高校、职校、K12 老师和学生都可以用极具竞争力的价格享受到类似专网品质的服务，后疫情时代各年龄段各学科的教育发展将获得爆发式增长。

16.2.3　成功要素分析与启发

基于教育行业数字化转型的契机，落实"云+网+应用"战略，积极引导行业客户由自建云机房向机房+网络+云的共建模式推进。前期为北邮构建 5G 全息教室的内容上云，后期北邮和中国联通将通过合作方式制定 5G+边缘云+私有云+混合云对接标准等相关科研应用。

北邮作为行业客户，进行资金和自有资源的投入，与运营商中国联通一道开创教育行业新模式，促进教育 2.0 的实现。中国联通作为运营商，向行业客户提供所需网络基础设施服务，与行业客户北邮科研团队建立联合研发团队和实验室，实现 5G+MEC+AIoT 赋能智慧教育。对运营商而言，5G 教育网经营将成为其在 5G 时代的重要收入来源。同为云服务商的北邮和中国联通职责明确，中国联通负责教学云、科研云、管理云和备份云等云网资源的建设；北邮和中国联通共同制定 5G 边缘云与校方混合云的对接标准，进行对接标准制定的相关科研应用合作。同时，中国联通作为行业应用开发者，依托云课堂、教育管理平台，借助 5G 边缘云与北邮沙河校区数据中心云资源的整合，开发全息智慧教室、5G 智慧云数据中心和 5G 云课堂多个产品。

传统教学模式单一，学生的创造性思维与能力不能很好地得到训练。5G 在教育领域的垂直应用能够提高教育的效率，降低教育投入的成本，取得更好的教学效果。随着第四次工业革命的到来，以 5G、边缘计算、智能和云等为代表的多域协同技术在教育领域的应用越来越广泛，使教育趋向数字化、智能化、自动化。

此外，2018 年以来，国家层面陆续出台了一系列关于推动教育信息化发展的中长期政策规划，包括《教育信息化 2.0 行动》《加快推进教育现代化实施方案（2018—2022 年）》《中国教育现代化 2035》等纲领性文件，标志着以普及"三通两平台"为主的教育信息化基础性建设已基本完成。下一阶段将进入教育信息化 2.0 时代，开启以基于 5G 的大数据、人工智能等新一代信息技术为核心的智能时代教育新征程。在教育信息化发展层面，中国提出了到 2022 年基本实现"三全两高一大"的发展目标，建成"互联网+教育"大平台，推动从教育专用资源向教育大资源转变和从融合应用向创新发展转变，努力构建"互联网+"条件下的人才培养新模式和发展基于互联网的教育服务新模式。

16.2.4　总结与展望

正如中国联通梁宝俊副总经理在 2020 年中国"5G+教育"专题会上指出的："十年树木，百年树人，教育是国之大计。在 5G+教育领域，中国联通充分发挥 5G 网络超高宽带、超低时延等特性，加强与云计算、虚拟现实、人工智能等新兴技术的强强联合，率先发布远程互动教学课堂、虚拟现实教学、人工智能教育教学和校园智能化管理等'5G+智慧教育'四大应用场景，取得了多方面具有示范引领效应的实践成果。北京邮电大学智慧校园项目作为'5G+MEC+AIoT 智慧教育'的标杆项目，成为推进 5G 时代智慧教育高质量发展，实现教育信息化 2.0 的新突破。"

第五篇

5GtoB 未来演进之路

第十七章　5GtoB 演进路径

17.1　5G 将持续加速新一代 ICT 发展

目前 5G 成为各国数字化转型的关键支撑。一方面，5G 可为用户提供超高清视频、新型社交网络、沉浸式游戏等更加身临其境的业务体验，促进交互方式再次升级。另一方面，5G 支持海量机器通信，在智慧城市、智能家居等为代表的典型应用场景中预期会产生千亿量级的设备连接。此外，5G 还以其超高可靠性、超低时延的卓越性能，给工业、医疗、交通等垂直领域应用带来深刻变革。

5G 为大数据分析提供海量数据要素。值得注意的是，5G 给行业带来的不仅是连接和终端，更为重要的是采集大量数据，这些数据需要通过云计算、大数据、人工智能等技术手段进行计算和处理，最终成为数据资产和生产的关键要素。5G+云计算、大数据、人工智能为数据资产的统一管理奠定基础，在生产的各个环节中加速流通，成为企业生产、销售、决策以及社会数字化治理的重要依据。

5G 将带动云计算和数据中心投资进入新热潮。5G 超强的连接和传输能力革命性地提升了设备接入和信息传输的能力，将推动流量爆发式增长，使数据规模更大、数据处理更频繁，这催生了企业对云计算转型和数据中心建设的更迫切需求。运营商、互联网巨头纷纷看好云计算和数据中心的投资。运营商方面，中国移动积极推动云网、云智、云边、云数结合，布局网络云资源池。中国电信正形成"2+4+31+X"的云网融合资源，从基地、区域、省到边缘节点多层次建设和管理。中国联通构建"5+N+1"创新业务能力体系，打造"云大智物安"创新平台。互联网企业巨头方面，阿里宣布未来 3 年投资 2000 亿元，用于云操作系统、服务器、芯片、网络等重大核心技术研发攻坚和面向未来的数据中心建设。腾讯宣布未来 5 年将投入 5000 亿元布局新基建，重点部署云计算、区块链、服务器、超算中心、大型数据中心等方面。百度预计 2030 年打造的智能云服务器将超过 500 万台。

5G 将带动智能建设探索推进。5G 开启万物互联新时代，要从海量数据中自动识别学习模式和规则，挖掘潜在价值需要强大的智能能力。在 5G 大背景下，各大公司加速对智能基础设施的探索，以为支持产业智能化升级提供有力支撑。百度升级建设软硬一体智能新型基础设施——"百度大脑 6.0"，2020 年已开放 270 多项智能能力，通过定制系列场景，推进各行业应用自主可控的开源深度学习平台。小米构建的智能开放平台，以智能家居需求场景为出发点，有望为用户、软/硬件厂商和个人开发者提供智能场景及软/硬件生态服务。华为发布智能体，以云为基础，以智能为核心，通过云网边端协同，构建开放、立体感知、全域系统、精确判断和持续进化的智能系统，希望能为城市治理、企业生产、居民生活带来全场景智慧体验。

目前 5G 对 ICT 产业辐射带动成效初现，目前大部分 5G 应用都已经与各类 ICT 相结合，业界也在积极布局满足可提供云计算、边缘计算、大数据、人工智能等通用 5G 整体共性需求使能平台，完成数据处理、挖掘、分析能力，用来满足各行业对定位、渲染、语音语义识别、图形识别等相对共性的需求。随着 5G 应用的普及，信息技术的综合实力进一步提升，5G 将持续撬动人工智能、云计算、大数据等技术潜能，形成经济增长新动能。

17.2　未来 2～3 年将是 5GtoB 业务关键节点

5GtoB 产业和应用的发展符合技术和系统发展的一般规律，即一般会经过导入期、成长期、成熟期和衰退期 4 个阶段，5GtoB 的发展也必将会经历这样的发展脉络。

导入期即 5GtoB 产业和应用发展的早期阶段，存在资源短缺等瓶颈问题，标准规范尚未成型，基础网络零星搭建或初步搭建完成，相关利益方的能力体系尚未就绪，相关行业应用场景初步探索，但应用实施成本较高，商业价值尚未体现。

成长期即 5GtoB 产业和应用发展到快速增长阶段，标准规范基本定型，基础网络建设得到不断优化完善，相关利益方能力逐步完善，资源供给瓶颈问题得以破解，产业规模和应用场景发展建设快速增长和提升，5GtoB 领域商业价值迅速提升。

成熟期即 5GtoB 产业和应用发展到一定规模体量之后，进入缓慢增长的平台阶段，核心技术趋于成熟，相关基础设施建设完成，相关利益方生态体系和价值网络极大丰富，产业规模和应用场景得以充分释放，垂直行业享受到 5G 等新一代新技术赋能企业数字化转型所带来的巨大红利。

衰退期即 5GtoB 产业和应用规模化发展之后，面临 6G、区块链、类脑智能等前沿信息技术的更迭，新一代的通信技术和行业标准初具雏形，B 端客户和 C 端用户产生的新需求在当前技术环境下无法实现，亟须新的配套要素，商业空间后续将逐步萎缩或淘汰。

目前各国均在抓紧部署 5G 网络并积极推进 5G 应用持续落地，但总体上看 5G 应用发展在一段时间内仍将处于导入期，新业态的培育和爆发还需要持续积累。应当遵循技术产品成熟的规律，客观看待 5G 技术、应用及产品在实践中不断完善成熟的过程，不能一蹴而就。

以中国市场为例，新一代通信技术对经济和社会带来显著变化需要至少经历 3 年以上的时间。在消费市场领域，2009 年中国市场 3G 开始商用，2012 年微信日活跃用户上亿，用了近 3 年时间；2014 年 12 月，4G 牌照发放，2016 年短视频业务进入公众视线，而直到 2018 年年中，短视频领域代表企业抖音用户超过 1.5 亿成为可辨识的"现象级"应用，这个过程用了 3 年半时间。在行业政企领域，也遵循类似的规律，从 2017 年 NB-IoT 开始商用到 2020 年 NB-IoT 终端连接数突破 1 亿，也用了 3 年时间。因此新一代通信技术从萌芽到初具规模，在初始的 2～3 年将是关键节点。

由于移动通信迭代所带来的新业态是在网络能力不断完善后

才催生的，虽然目前还难以构想出 5G 时代的现象级应用的具体形态，但是可以坚信的是，5G 时代也一定会产生颠覆目前生活理念、甚至改变整个经济社会运行的新型应用。3G 与 4G 主要作用于消费市场，且需要 3 年时间才能出现"现象级"应用，而 5G 则更多地需要与行业结合才能发挥更大效能。由于行业市场个性化程度高、存在多部门协调链条，因此 5G 导入期持续时间会比 3G、4G 时期要更长。由于 5G 场景众多，要想实现移动通信技术与各垂直行业技术的深度融合创新，需要漫长的探索与发展周期。因此需要尊重技术演进规律和市场发展规律，着眼长远，加强通用能力和通用终端打造，同时全面加速 5G 应用创新步伐，才能持续助力经济高质量发展。

17.3 5GtoB 发展存在内外"双循环"驱动力

5GtoB 系统通过内外部相关利益方和成功要素的有机整合和相互作用，会产生驱动内外"双循环"的"两正一负"3 个方面的"三种力"：一是推动 5GtoB 系统在当前层级正常运转的"内循环"自组织驱动力；二是引发 5GtoB 系统向更高层级系统状态跳转的"外循环"能级跃迁驱动力；三是反作用力，即并非所有的 5GtoB 系统都能最终走向成功，在其发展过程中还会碰到各种类型的阻力和反作用力，使内外"双循环"受阻和劣化发展，并有可能导致系统的衰退和淘汰。5GtoB 系统的"三种力"如图 17-1 所示。

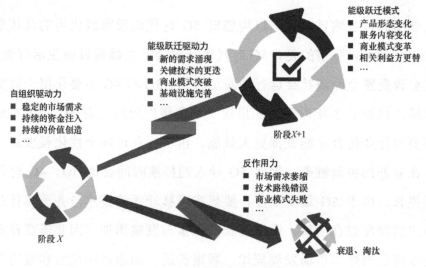

图 17-1　5GtoB 系统的"三种力"

5GtoB 系统在某一层级上的持续运转需要相应的动力驱动，其在不同发展阶段的自组织驱动力是各不相同的，如在当前的导入期主要为技术驱动、主动投资驱动以及政策驱动等，下一步的成长期和成熟期则将会转为需求驱动、价值驱动和市场驱动等。不同阶段的"内循环"自组织驱动力见表 17-1。

表 17-1　不同阶段的"内循环"自组织驱动力

所处阶段	自组织驱动力	举例
导入期	技术驱动、主动投资驱动、政策驱动等	当前 5G 网络建设主要靠运营商和政府投资建设，以 5G 技术与传统业务的结合创造应用场景
成长期	需求驱动、市场驱动、政策引导等	形成特定的市场化需求，并构建稳定的 5G 产品和解决方案供给体系，形成小范围良性循环
成熟期	价值驱动、市场驱动、资本驱动等	面向全面放开的市场价值创造需求，形成生态化的 5G 产品、服务和解决方案的供给生态，形成生态圈的共生、共创、共赢

同时，5GtoB 的发展有不同的发展阶段，可以是线性式的发展，也可以是非线性式的发展，导致其螺旋式上升或者跃迁发展的驱动力包括需求变化、技术变革、商业模式创新、政策变革等。伴随着系统能级跃迁驱动力的作用，5GtoB 系统升级一般有几种特定模式，如产品形态变化、服务内容变化、商业模式变革、相关利益方更替等，在 5GtoB 系统发展的各个阶段，系统都会进行自组织的"新陈代谢"或者变革型的"蜕变"。

此外，各项 5GtoB 系统能级跃迁驱动力是一把"双刃剑"，如果发挥的是正向作用，则可以推动系统跃迁升级；如果发挥的是负向作用，则可能导致系统的自我消耗、失败与淘汰，如市场需求变化之后对现有产品业务体系的冲击，新兴技术的出现淘汰上一代技术或标准，政府政策的出台不利于现有产品的销售或业务的开展等。

17.4　5GtoB 分批次逐渐演进成熟

5GtoB 演进路径逐渐清晰，预计将围绕六大通用场景分批次逐步落地商用。本书在前面章节已经总结了 5G 六大通用型终端包括 4K/8K 视频、AR/VR、机器人、无人设备（车/船/机/大型机械）、行业网关和传感器；六大通用能力包括直播与监控、智能识别、远程控制、精准定位、沉浸式体验和泛在物联。

预计第一批次落地的行业应用将是基于超高清视频的直播与监控、泛在物联的应用。例如媒体领域的 4K/8K 超高清直播、智慧医疗领域 5G 远程实时会诊、智慧城市领域的数据集采和移动执法以及可在多行业复用的高清视频安防监控等。以上应用自身技术或使用的设备产业基础较好，且与行业叠加较为简化、不需要过多的适配与调整，现有 5G 网络能力可以满足对应用的支持要求，有望最先实现商业化规模推广，在 1～2 年内可能成熟并具备快速复制推广的能力。此外智慧矿山、智慧港口行业由于业务场景相对固定，操作空间范围相对封闭，这些行业的通用应用如 AGV 小车等开始进入局部复制阶段。

第二批落地行业的应用预计是基于云边协同的沉浸式体验和智能识别的应用。诸如 AR 辅助装配、云化机器人、VR 模拟驾驶、超高清/VR 云游戏渲染、VR 沉浸式课堂等。前文所述应用目前多属于储备阶段，随着 5G SA 网络逐步成熟，"云管边端"的协同能力将进一步增强，5G 应用也将迎来新一轮发展。沉浸式体验和智能识别类应用预计将在后续 2～5 年陆续成熟。

第三批落地的应用预计是围绕精准定位和基于 5G 低时延、高可靠的远程控制类应用。随着 5G 基站和室分部署的逐步完善，5G 精准定位将能够为行业提供更加精准的定位能力，而低时延、高可靠的应用如机—机远程控制、PLC 也会伴随 5G 标准的演进不断成熟落地。

|||||||||| 17.5　5GtoB 应用由外围向核心扩展 ||||||||||

5G 赋能千行百业本质上讲是新一代信息通信行业对另一个经济体系的技术扩散过程。例如在产业领域，5G 赋能智慧港口的无人场景，本质上是 5G 核心技术在改造传统港口大型设备过程中，创造了一个新的远程精准操控技术体系的过程，而对社会和民生领域的技术扩散或赋能也是类似的道理。由于原有经济体系对新技术的接纳和消化需要一段时间，不会立即将获得的外部新技术应用于重要领域或大规模使用，因此这类技术扩散多数会遵循从外围环节向行业核心领域扩展趋势。5G 在垂直领域的应用扩散也遵循以上规律，最早一定是作用于垂直行业的非核心业务单元，对其原有技术进行小幅的升级更新。当新技术在非核心业务单元经过验证后，才逐渐复制推广。

在中国，目前 5G 融合应用最为繁荣的工业物联网领域，最初广泛的应用主要是高清摄像机+无人机在自动安全巡检领域的应用，属于安全保障领域，到目前已经逐渐向协同制造等核心环节扩展，比如通过具有采集功能 AR/VR 眼镜、手机、PAD 等终端设备，将现场图像、声音等信息实时通过 5G 网络传回至计算单元，计算单元结合定制化的智能分析系统对数据进行分析处理，并通过 5G 网络实现辅助信息下发，完成操作步骤的增强图像叠加、装配环节的可视化呈现等内容，帮助现场人员实现复杂设备或精细化设备的标准装配动作。目前 5G 应用在港口、矿山、工业制造、医疗、教育等领域已经逐渐打开局面，距离千行百业的改造还有很多未知空间的探索，行业应用开发者或系统集成商在进入新的垂直领域时不妨从边缘环节打开局面，一方面可以减少垂直领域企业组织内部因观念不一致而引起的冲突，另一方面可以在小范围试点，技术不断迭代，从而消除技术应用障碍，提高 5G 融合应用的创新速度。

第十八章 5.5G/6G 演进与典型场景应用

18.1 5.5G 发展展望

联接和计算是构建智能世界的核心，而 5G 将是 2030 年前联接里面最关键的移动通信技术，并将持续服务到 2040 年。

面向未来，物联网络将承载超过千亿连接，其中绝大多数靠 5G 承载。截至 2020 年，蜂窝网络仅承载了 13 亿物的连接。5G 需要持续演进，满足更多样、更复杂的全场景物联需求。5.5G 作为 5G 场景的增强和扩展，将在原 5G 三大应用场景（eMBB、mMTC、uRLLC）能力持续增强的基础上，根据业务发展趋势定义 3 个新增场景，进一步提高通信速率，拓展通信覆盖范围，增强系统的智能性，探索新的应用场景，演进成 5.5G 新的业务场景组合模型。5.5G 应用场景如图 18-1 所示。

18.1.1 上行超带宽

随着柔性制造和无人工厂的不断延展，机器视觉将被更为广泛地

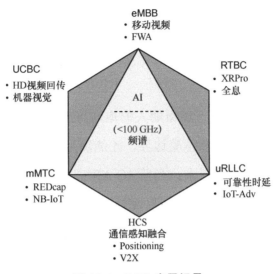

图 18-1　5.5G 应用场景

应用到制造业的更多场景，对设备灵活部署和改造，连接无线化提出了诉求，这对园区无线网络的上行带宽能力和联接能力带来挑战。以某飞机生产线的辅材铺装拼缝检测业务为例，传统靠人工肉眼经验辅助判断，不仅耗时长而且极易出现漏检，返工成本大。机器视觉通过高清工业相机自动检测可节省 80%耗时，不仅保障了质量还提升了效率。但此类业务也对网络上行能力提出了极高要求，工业相机需要每秒拍摄 60 多张高清照片上传平台，上行带宽要求在 350～600 Mbit/s。

上行超带宽通信（Uplink Centric Broadband Communication，UCBC）场景支持上行超宽带体验，在 5G 能力基线上，实现上行带宽能力 10 倍提升，满足企业生产制造等场景下，机器视觉、海量宽带物联等上传需求，加速千行百业智能化升级。未来实现超高的上行能力，首先需要更大的频谱带宽提供更高速的网络连接，因此对 Sub100 GHz 全频谱要灵活使用。同时，通过多频上行聚合、上行超大天线阵列技术及终端协作，可大幅提升上行容量和深度覆盖的用户体验。

18.1.2　宽带实时交互

　　面向未来，5G 要进一步帮助人们走向与虚拟世界的实时交互，不断拓展人类连接的范畴和体验边界，才能满足人类对"天涯若比邻"和"身临其境"等体验要求；当前 5G AR/VR 实现了人与虚拟世界的基本交互，但未来 XR Pro、全息需要沉浸式体验，对蜂窝通信的要求将更高，平均接入速率从当前 4K 的 120 Mbit/s 提升到未来的 16K 2 Gbit/s，交互时延要进一步降低，从目前 20 ms 左右的时延进一步缩短到 5 ms 左右，这都对 5G 提出进一步的演进需求。

　　宽带实时交互通信（Real-Time Broadband Communication，RTBC）场景支持大带宽和低交互时延，能力目标是在给定时延下的带宽提升 10 倍，打造人与虚拟世界交互时的沉浸式体验。通过广义载波快速扩大管道能力，端到端跨层的 XR 体验保障机制，可以有效提供大带宽实时交互能力。

18.1.3　通信感知融合

　　感知将是无线万物互联网未来的重要能力之一，包括数量感知、位置感知和形状感知。蜂窝网络可结合高精度定位技术和通信感知等技术，基于云和智能完成物的分辨、检测、识别和成像，实现万物皆可感知，万物皆可定位。

　　通信感知融合（Harmonized Communication and Sensing，HCS）主要使能的是车联网和无人机量大场景，支撑自动驾驶是关键需求。

这两大场景都需要无线蜂窝网络既提供通信能力，又提供感知能力。通过将蜂窝网络大规模 MIMO 的波束扫描技术应用于感知领域，使得 HCS 场景下既能够提供通信，又能够提供感知。如果延展到室内场景，还可以提供定位服务。

18.1.4　总结

随着无线网络在场景化应用的不断深入，不管是连接人的体验走向与虚拟世界的实时交互，还是连接物的更多样性、更复杂性的全场景需求的完善，都将给 5G 连接带来全新的挑战。

5.5G 是无线通信行业的下一步愿景，在兼容所有 5G 设备的基础上，持续增强 ITU 所定义的 eMBB、mMTC、uRLLC 三大标准场景。然后 5.5G 还要扩展三大新场景，包括上行超宽带通信（UCBC）、宽带实时交互通信（RTBC）和通信感知融合（HCS），从 5G 场景的三角形，变成更为丰富的六边形，推动 5G 进一步升级扩展，提供更丰富的连接类型、更高的连接质量，实现从支撑万物互联到使能万物智联。

18.2　6G 技术趋势和应用展望

从第 1 代到第 5 代移动通信系统，虽然移动通信在业务形式、服务对象、网络架构和承载资源等方面进行了能力扩展和技术变革，然而都受限于堆叠处理模式，以复杂度换取性能增益的设计路线。在后摩尔时代，面向 6G 的网络演进将需突破移动网络的原有架构体制，进一步加强其泛在性、智能性、可信性、宽带性、绿色性，构建智简无线网络以更好地提升移动通信网络赋能行业应用的关键能力[16]。

18.2.1　网络性能指标需求

6G 时代的通信场景将发生根本性变化。6G 时代将出现多点对多点、人与机器、机器与机器等多种通信的混合模式，这些网络场景需要任务驱动的网络。满足多种场景的多样化业务需求，对可靠性、确定性、智能化等提出了更高的要求。

与 5G 相比，6G 将进一步提升现有关键性能指标，根据当前观点，6G 峰值速率将达到 1 Tbit/s；用户体验速率将超 10～100 Gbit/s，空口时延低于 0.1 ms；连接数密度支持 1000 万连接/km³；可靠性大于99.99999%。6G 还将引入一些新增性能指标，如定位精度（室内 1～10 cm，室外 50 cm）、时延抖动+/−0.1 ns、网络覆盖性能等。此外，6G 网络还将具备高度智能化特点，通过与人工智能、大数据的结合，可满足个人和行业客户精细化、个性化的服务需求[17]。

18.2.2　网络架构和新技术展望

全新一代的通信网络（6G 无线通信网络）将具备新的四大范式转换，即全覆盖、全频谱、全分布、全应用。

首先，6G 无线通信网络将是空天地海的集成网络，以提供完整的全球覆盖。卫星通信、无人机通信和海上通信将大大扩展无线通信网络的覆盖范围。在空天地海一体化网络中，各种网络技术在覆盖范围、传输时延、吞吐量和可靠性方面都有其优缺点，卫星通信可以用来补充地面网络，以在地面网络覆盖范围有限或没有的区域（例如偏远地区、灾难场景和公海）提供服务，无人机和热气球通信可以帮助减轻地面网络的负担，并通过高度动态的数据流量负载提高拥挤位置的服务能力。多种技术合作提供全球、全域立体覆盖，实现真正面向全场景的泛在连接网络[18]。

其次，为了提供更高的数据速率，将充分探索所有的频谱范围，包括 Sub 6 GHz、毫米波、太赫兹和光学频带。

太赫兹频段的范围为 0.1～10 THz，集成了微波通信与光通信的优点，被认为是满足移动异构网络系统实时流量需求的关键无线技术，可以解决当前无线系统的频谱稀缺和容量限制等问题。太赫兹通信的优势包含：太比特每秒级的数据传输速率、天气条件因素影响低、安全性及可以实现多点通信等[19]。

可见光通信是一种对现有无线射频通信技术可能的补充技术，可以有效地缓解当前射频通信频带紧张的问题。它充分利用可见光发光二极管（Light Emitting Diode，LED）的优势，实现照明和高速数据通信的双重目的。与无线电通信相比，具有多方面极具吸引力的优势。首先，可见光通信技术可以提供大量潜在的可用频谱（太赫兹级带宽），并且频谱使用不受限，无须频谱监管机构的授权。其次，可见光通信不产生电磁辐射，也不易受外部电磁干扰影响，所以可广泛应用于对电磁干扰敏感，甚至必须消除电磁干扰的特殊场合（如医院、航空器、加油站和化工厂等）。再次，可见光通信技术所搭建的网络安全性更高。该技术使用的传输媒介是可见光，不能穿透墙壁等遮挡物，传输限制在用户的视距范围以内，这就意味着网络信息的传输被局限在一个建筑物内，有效地避免了传输信息被外部恶意截获，保证了信息的安全性。最后，可见光通信技术支持快速搭建无线网络，可以方便灵活地组建临时网络与通信链路，降低网络使用与维护成本[20]。

6G 网络将面向空、天、地、海多样化场景与网络性能需求，集中式的网络架构无法统一满足所有场景。为应对这一挑成，6G 网络架构需要超越集中控制，逐步向分布式架构演进，将更多的网络功能（如认证鉴权）扩展到网络边缘，建立分布式的具有不同功能等级的分布式同构微云单元（Small Cloud Unit），每个微云单元都是自包含的，具有完整的控制和数据转发的所有功能。多个微云单元可以根据业务需求组成自治的微型网络，根据特定的业务场景、用户规模、地理环境等要求有针对性地提供网络服务。基于区块链的分布式网络设计能够提供可信的网络服务和弹性伸/缩。区块链技术作为一种对等网络的分布式账本技术，具有去中心化、不可篡改、可追溯、匿名性和透明性的特征。区块链的去中心化特点与分布式网络结合，为 6G 网络分布式同构微云单元提供了安全、可信的区块链网络。

移动互联网和物联网是 6G 的两大驱动产业，在 6G 时代将会支持全息和更高精度的通信技术，提供全息信息的体验。这就要求网络可以实时处理大量数据、极高的吞吐量和低时延。并且，6G 网络还将支持[21]如下内容：

- 为工业互联网提供极低时延的通信，大约 10 μs。
- 通过智能穿戴设备和纳米级传感器实现纳米物联网。
- 提供水下通信和空天通信，以扩大人类的活动范围，如深海探测和深空环游。
- 在新场景中，如高速铁路，提供连续的通信服务。
- 增强 5G 的垂直行业，如大规模物联网和自动驾驶等。

18.2.3　典型工业应用场景

（1）超级物联网

在 6G 时代，物联网与 6G 将更深地融合在一起，生成一个数字化的孪生虚拟世界，物理世界的人和人、人和物、物和物之间的连接可通过数字化世界传递信息与智能，孪生虚拟世界则是物理世界的模拟和预测，它精确地反映和预测物理世界的真实状态，实现"数字孪生、智能内生"，6G 技术中的共生无线电可以支持更多基于蜂窝通信的已连接物联网设备，而卫星辅助物联网通信可以为物联网设备提供扩展的覆盖范围[22]。

（2）工业自动化控制

自动化控制是制造工厂中最基础的应用，核心是闭环控制系统，在该系统的控制周期内每个传感器进行连续测量，测量数据传输给控制器以设定执行器。典型的闭环控制过程周期低至毫秒级别，所以系统通信的时延需要达到毫秒级别甚至更低才能保证控制系统实现精确控制，同时对可靠性也有极高的要求。如果在生产过程中由于时延过长，或者控制信息在数据传送时发生错误可能导致生产停机，会造成巨大的损失。对比 5G、6G 能够提供更低的时延（10 μs）、超可靠的网络，使得闭环控制应用通过无线网络连接成为可能[23]。

（3）机器人控制

未来，智能工厂将由密集的智能移动机器人组成，这些机器人需要对于高性能计算资源的无线接入。这将形成具有太字节级计算能力的分布式智能网络。机器人将需要对变化的条件做出快速反应，包括与人的互动，并在对时间要求严格的控制回路中运行。它们将需要巨大的计算能力处理数十万亿级的数据，并且它们的连接网络将类似于超级计算机的并行总线。如此巨大的无线容量将需要超高数据密度和小于 10 μs 的超低时延[21]。

18.2.4　总结

智能信息社会将实现高度数字化、智能化，并通过近乎即时且无限的全无线连接实现全球数据驱动。6G 将成为实现这一蓝图的关键推动力。它可以连接一切，提供全方位的无线覆盖，并集成所有功能，包括传感、通信、计算、缓存、控制、定位、雷达、导航和成像，以支持全垂直应用[24]。

参考文献

[1] United Nations: world economic situation and prospects as of mid-2020[Z]. 2020.

[2] 殷德生. 区域化与数字化：疫后全球产业链不会收缩[J]. 探索与争鸣, 2020(8): 27-30.

[3] DON T. The digital economy[M]. UN: Routledge, 1996.

[4] G20 官网：二十国集团数字经济发展与合作倡议[Z]. 2020.

[5] 张辉, 石琳. 数字经济：新时代的新动力[J]. 北京交通大学学报(社会科学版), 2019, 18(2): 10-22.

[6] 吴应宁, 吴晓红, 朱成科, 等. 习近平数字经济思想研究[J]. 昌吉学院学报, 2020(4): 1-6.

[7] 肖旭, 戚聿东. 产业数字化转型的价值维度与理论逻辑[J]. 改革, 2019(8): 61-70.

[8] 张伟东, 王超贤. 全球数字经济发展态势及应对策略[J]. 中国国情国力, 2020(10): 22-24.

[9] Grand View Research. MEC 市场价值将在 2027 年达到 154 亿美元[Z]. 2020.

[10] 上海市经济和信息化委员会, 中国信息通信研究院华东分院.

5G+智能制造白皮书[Z]. 2019.

[11] 上海市经济和信息化委员会, 中国信息通信研究院华东分院. 5G+智慧医疗白皮书[Z]. 2019.

[12] 上海市经济和信息化委员会, 中国信息通信研究院华东分院. 5G+智慧医疗白皮书[Z]. 2020.

[13] 蒂莫西·克拉克, 亚历山大·奥斯特瓦德, 伊夫·皮尼厄. 商业模式新生代[M]. 毕崇毅, 译. 北京：机械工业出版社，2012.

[14] 华为技术有限公司, 中国信息通信研究院, 5G 人才发展新思想白皮书[EB]. 2020.

[15] 中国信息通信研究院. 5G 应用产业方阵（5GAIA）, IMT-2020（5G）推进组. 5G 应用创新发展白皮书——2020 年第三届"绽放杯" 5G 应用征集大赛洞察[Z]. 2020.

[16] 张平, 许晓东, 韩书君, 等. 智简无线网络赋能行业应用[J]. 北京邮电大学学报, 2020, 43(6): 1-10.

[17] 魏克军, 赵洋, 徐晓燕. 6G 愿景及潜在关键技术分析[J]. 移动通信, 2020, 44(6): 17-21.

[18] YOU X H, WANG C X, HUANG J, et al. Towards 6G wireless communication networks: vision, enabling technologies, and new paradigm shifts[J]. Science China(Information Sciences), 2021, 64(1): 5-78.

[19] 谢莎, 李浩然, 李玲香, 等. 面向 6G 网络的太赫兹通信技术研究综述[J].移动通信, 2020, 44(6): 36-43.

[20] 赵亚军, 郁光辉, 徐汉青. 6G 移动通信网络:愿景、挑战与关键技术[J]. 中国科学: 信息科学, 2019, 49(8): 963-987.

[21] ZONG B Q, CHEN F , WANG X Y, et al. 6G Technologies: key

drivers, core requirements, system architectures, and enabling tech-nologies[J]. Vehicular Technology Magazine, IEEE, 2019, 14(3): 18-27.

[22] HERNANDEZ DE-MENENDEZ M, MORALES-MENENDEZ R, ESCOBAR C A, et al. Competencies for Industry 4.0[J]. International Journal on Interactive Design and Manufacturing (IJIDeM), 2020: 1-14.

[23] 卓辉. 试论 5G 时代人工智能技术在工业生产中的应用[J]. 广西通信技术, 2019(2): 45-47.

[24] 蔡亚芬, 胡博然, 郭延东. 6G 展望: 愿景需求、应用场景及关键技术[J]. 数字通信世界, 2020(9): 53-55.

[25] 中国移动通信有限公司研究院. 2030+技术趋势白皮书[R]. 2020.

[26] 中国移动通信有限公司研究院. 2030+网络架构展望[Z]. 2020.

[27] 中国移动通信有限公司研究院. 2030+愿景与需求白皮书(第二版)[R]. 2020.

[28] CMCC, HUAWEI, ERICSSON, et al. 5G wireless evolution white paper: towards a sustainable 5G[Z]. 2021.

[29] 中国信息通信研究院. 中国 5G 发展和经济社会影响白皮书(2020年)——逆势起飞开启变革[R]. 2020.

[30] 5G 应用产业方阵(5GAIA). 5G 行业虚拟专网网络架构白皮书[R]. 2020.

[31] 潘峰, 李珊, 张春明, 等. 5G 端到端切片 SLA 行业需求研究[R]. 2020.

[32] 中国信息通信研究院. 5G 干部读本[M]. 北京：人民邮电出版社, 2020.

附录 A　中国 5G 发展和经济社会影响白皮书（2020 年）
——逆势起飞开启变革 2020（节选）[1]

5G 逆势增长，商用一年成绩可观

2020 年中国 5G 正式进入规模商用时期。春节期间突发的新冠疫情使经济发展承压。3 月 4 日，中央召开会议，要求加快 5G 网络、数据中心等新型基础设施建设进度，5G 作为新型基础设施的战略地位进一步凸显。在中央和地方政策的共同支持下，中国 5G 网络建设在 3 月份迅速启动，并于 10 月初提前完成全年建设目标。与此同时，5G 用户连接数、手机出货量等均放量大增。最为可贵的是，新冠疫情加速数字化转型进程，在产业界共同努力下，5G 创新应用在新冠疫情防控中发挥良好示范，促进经济社会发展效能初步显现，为 5G 后续发展打下了扎实的基础。

（一）多因素驱动 5G 逆势增长

尽管新冠疫情给经济带来了冲击，但中国的 5G 网络部署和商用进展仍取得良好进展，这是多种因素综合作用的结果。

一是中央和地方政策助力。2020 年以 5G 为代表的新基建按下"快进键"。2 月以来，中央在多个会议提出，要加快 5G 网络、数据中心等

1　结合本书的内容，我们提供一些提供延伸阅读材料。

新型基础设施建设进度。各部委出台多项政策大力推动 5G 发展。工信部出台《关于推动 5G 加快发展的通知》，发改委、工信部联合发布《关于组织实施 2020 年新型基础设施建设工程(宽带网络和 5G 领域)的通知》，全力推进 5G 发展。各地政府也积极出台支持政策，截至 2020 年 9 月，各省市（区、县）先后共出台 5G 政策文件累计 460 多个，积极推进 5G 网络建设、应用示范和产业发展。

二是企业寻找新增长空间。近年来，随着宏观经济下行压力加大、移动用户增长红利见顶、上网时间触及天花板、面向消费者应用创新空间变小等原因，中国移动互联网发展增速持续放缓。例如，移动手机自 2017 年起，连续 3 年出货量下降。电信业移动数据及互联网业务收入增速自 2018 年起进入个位数区间，2019 年更是降至 0.4% 的水平，失去了作为电信业务收入增长引擎的地位。上市互联网企业收入增速从 2014—2016 年高达 40% 以上的年增速，下降到 2019 年的 20.1%。ICT 产业急需借助 5G 新型基础设施，提升移动互联网创新，探索面向产业互联网的新发展模式和商业模式，使产业重新步入增长轨道。

三是技术产业快速实现商用。5G 是中国移动通信产业数十年创新积累的集中体现。从 1G/2G 时代中国移动通信产业开始起步，到 3G/4G 时代中国逐步构筑覆盖系统、终端、芯片、仪器仪表等核心环节的产业链，中国移动通信产业打下了坚实的技术和全产业链基础。借助这一基础，中国 5G 产业快速实现了从标准冻结到商用产品成熟的过程，基于 3GPP R15 标准的基站设备和终端设备等可以快速实现批量上市，为 5G 的大规模商用提供了有利的产业支撑。近年来中国移动互联网发展情况如图 1 所示。

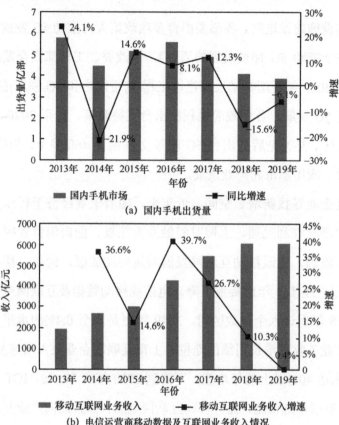

(a) 国内手机出货量

(b) 电信运营商移动数据及互联网业务收入情况

(c) 上市互联网企业营业收入增长情况

图 1　近年来中国移动互联网发展
（数据来源：工业和信息化部，中国信息通信研究院）

四是数字化转型进程加速。新冠疫情在给经济社会带来重大负面冲击的同时，也加快了各领域数字化转型的进程，使 5G+多种新兴技术得以更快地融合到千行百业中。一方面，疫情防控让更多的企业家、管理者认识到数字化的价值和投资的必要性。清华大学的调查报告显示，企业在疫情结束后有意愿进行数字化转型的企业比例超过 53%，远超过去。另一方面，疫情激发了对 5G 的应用需求。疫情期间"宅"经济迅速发展，5G+高清视频、5G+远程医疗、5G+智慧防控等应用也极大地提高了防疫效率。疫情激发了公众对更大容量、更快速度信息通信的需求，让 5G 的应用场景变得更加清晰可行。

（二）5G 网络发展初具规模

适度超前的网络是 5G 商用发展的基础。在新冠疫情得到有效控制后，电信运营企业迅速启动 5G 建设大规模招标，推进 5G 网络建设，取得了显著的成绩。

一是建成全球最大规模 5G 商用网络。截至 2020 年 10 月，中国已累计建设 5G 基站超 70 万个。5G 网络建设呈现东部沿海领先于内陆地区、南方领先于北方的特点。广东、江苏、浙江、河南、山东、上海、北京、四川、重庆等省市的 5G 基站建设数量超 2 万个。截至 2020 年 10 月 5G 终端连接数超过 1.8 亿。2020 年中国 5G 基站月度建设数量如图 2 所示。

二是独立组网率先实现规模商用。中国电信 11 月 7 日宣布 5G SA 规模商用，将在全国超过 300 个城市规模商用 5G SA。中国移动 11 月 20 日也宣布实现 5G SA 规模商用。中国联通正在加紧从 5G NSA 向 5G SA 过渡。5G SA 为端到端网络切片技术以及面向行业的应用创造了基础条件。

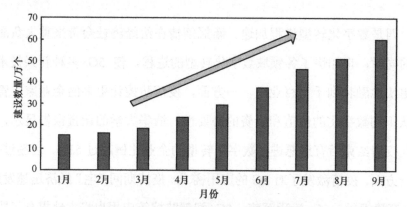

图 2　2020 年中国 5G 基站月度建设数量
（数据来源：工业和信息化部、中国信息通信研究院）

　　三是网络性能显著提升。与 4G 网络相比，5G 网络的上下行速率明显提升，用户体验获得明显优化。2020 年 8 月至 10 月中国信息通信研究院在全国 14 个重点城市开展了移动网络质量专项评测，结果显示，14 个城市中有 10 个城市的下载均值速率超过 800 Mbit/s、上传均值速率超过 100 Mbit/s。10 月 28 日发布的《中国移动 2020 年智能硬件质量报告（第一期）》的评测结果也显示，在 5G 网络下直播类（4K 高清直播）、网盘类、社交类、应用市场类应用的用户体验大幅提升。14 个城市各主要路段 5G 下载速率和上传速率如图 3、图 4 所示。

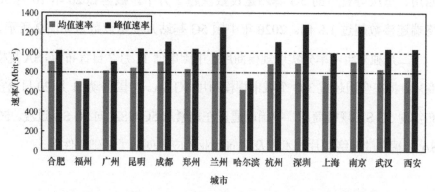

图 3　14 个城市各主要路段 5G 下载速率（数据来源：中国信息通信研究院）

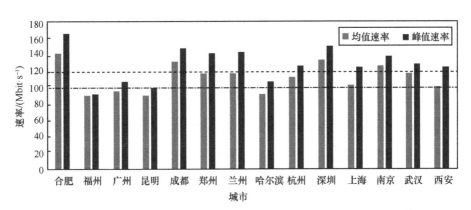

图 4　14 个城市各主要路段 5G 上传速率（数据来源：中国信息通信研究院）

四是虚拟专网探索取得积极进展。5G 行业应用对行业专网具有巨大的需求。虚拟专网是指基于现有 5G 公网构建的，按需实现软硬件隔离，同时向行业用户提供部分网络管理、监测、独立开户等权力的虚拟网络，具有网络覆盖定制化、安全性高、性能精准优化、运维管理自主化、成本经济等优势。中国政府鼓励产业界积极探索 5G 行业虚拟专网。目前全国已建设 5G 虚拟专网约 800 个。

五是共建共享不断深化。中国电信与中国联通签署《5G 网络共建共享框架合作协议书》，历经 1 年双方累计建设开通 5G 基站超 30 万个，初步估算可为两家节省建设投资超 600 亿元。2020 年 5 月 20 日，中国移动与中国广电签订有关 5G 共建共享合作框架协议。伴随着 4 家基础电信企业持续推动共建共享相关工作，中国 5G 网络建设进程开始加快，进而实现 5G 高速网络服务惠及广、覆盖深、时间快、投资少的效果。

（三）5G 技术标准持续创新

5G 技术标准沿着增强 5G 技术能力和支撑垂直行业应用两个方向持续演进发展，5G 增强技术标准、端到端网络切片技术、5G 行业虚拟专网技术等取得阶段性进展。

5G R16 标准正式发布。3GPP 于 2020 年 6 月正式发布 5G R16 标准，相比 R15，R16 标准的关键性能、应用能力和网络基础能力均显著提升。关键性能方面，R16 对低时延和高可靠性进行了增强，实现空口单向时延小于 1 ms、可靠性达到 99.9999%。此外，R16 增强了网络数据承载能力，特别是毫米波通信能力，扩展毫米波应用场景。网络基础能力方面，R16 持续增强 R15 的若干基础功能，显著提升网络自组织、自动化运营、米级定位等。应用能力方面，R16 完成后 5G 场景将扩大到人与物、物与物的连接，特别是低时延、高可靠垂直行业的应用，重点支持工业互联网及自动化、车联网、远程驾驶、智能电力分配等应用场景，并通过支持时间敏感网络协议，实现微秒级的时延抖动，为垂直行业应用提供灵活的网络部署模式。R16 标准阶段，中国企业共提交无线和网络相关文稿 2.1 万余篇，占 3GPP 总文稿的 35%。

端到端网络切片技术完成总体架构。网络切片是 5G 的关键核心功能，目前虽然 3GPP/IETF/ITU-T/ETSI/CCSA 等组织都在进行相关标准化工作。中国通信标准化协会成立了 "5G 网络端到端切片特殊项目组"，总体规划 5G 网络端到端切片体系框架，梳理现有相关标准，组织开展共性标准研究和相关测试。目前已完成 5G 网络切片的端到端总体架构，具体包括端到端架构的总体技术要求、基于切片分组网络承载的端到端切片对接技术要求、基于 IP 承载的端到端切片对接技术要求等。同时 IMT-2020（5G）推进组制定了 5G 端到端网络切片测试方法。在上述工作基础上，主要设备厂商完成了同厂商设备子切片的域间拉通测试，目前正在进行异厂商的跨域对接测试，情况进展良好。

行业虚拟专网标准研究持续推进。5G 应用产业方阵成立 "5G 行业虚拟专网研究组"，持续推进相关技术研究及标准制定。在网络架构方面，从应用场景、地理位置、服务范围等角度，定义了局域虚拟专网和广域虚拟专网两大类，通过分类部署架构助力 5G 核心网网络资源的下沉并保障行业业务安全。在对外服务能力方面，已推进面向行业的对外能力服务平台在架构、功能及接口上的标准制定，实现运营商和行业企业对 5G 网络的共同管理。在轻量级 UPF 方面，聚焦行业差异化的场景和需求，开展企业轻量级 UPF 的功能及接口标准制定工作，实现 5G 行业虚拟专网网络资源的低成本下沉。在 5G 与行业局域网融合方面，已开展 5GLAN 功能、二层网络互联互通、运营支撑等关键技术的探索。

（四）5G 移动产业链逐步成熟

5G 产品市场加快发展。2020 年全球 5G 网络市场规模超过 100 亿美元，基站出货量超过 100 万。中国 5G 基站在全球市场份额保持领先。截至 2020 年 10 月，全球共发布 5G 终端 444 款，根据 SA 数据显示，华为、小米、OPPO、vivo 在 2020 年第一季度全球 5G 手机市场份额分别为 33.3%、12%、10.4%、5%，位列第二到五位，市场总份额超过 60%。

毫米波技术设备和组网测试完成。5G 毫米波是移动通信下一步发展的重点，将成为 5G 中频重要的容量补充和能力提升手段。IMT-2020（5G）推进组统筹规划、分阶段推进 5G 毫米波技术试验，研究了毫米波关键测试技术，协调统一了 200 MHz 大载波带宽和下行为主帧结构等主要物理层参数，制定了面向毫米波基站、终端的功能、辐射射频和 OTA 性能的试验规范，构建了完整毫米波测试系统，支撑了毫米波试验，指导产业研发，为毫米波的后续发展奠定了坚实基础。

独立组网产业链主要环节逐步成熟。中国以独立组网为目标构建 5G 网络，积极推动独立组网产业链主要环节成熟。在 5G 技术研发试验以及运营商 5G 试验推动下，在系统设备方面，华为、中兴、爱立信、大唐、上海诺基亚贝尔等系统设备厂商相继推出了支持独立组网模式的 5G 基站设备及核心网产品，并在运营商组织下，深入开展核心网网元间的互操作测试，并已经取得了积极进展。在芯片方面，华为海思、高通、联发科、三星也都推出了支持独立组网和非独立组网的手机芯片。

附录 B　5G 应用创新发展白皮书
——2020 年第三届"绽放杯" 5G 应用征集大赛洞察（节选）

5G 融合应用发展态势

（一）全球多国逐步推广 5G 商用，加速推进 5G 应用

目前全球 5G 商用发展初具规模。截至 2020 年 7 月底，已有 46 个国家/地区的 99 家运营商表示开始提供 5G 业务（含固定无线和移动服务）；截至 2020 年 8 月，全球有 24 个国家/地区的 47 家运营商已开始计划部署或试验面向公众的 5G SA 网络。全球多个国家和地区均积极推动 5G 建设，鼓励开展 5G 融合应用。5G 产业生态逐步丰富，应用探索不断深入，5G 促进经济社会发展效能初步显现。

（1）韩国消费者市场发展良好，已经获得初步收益

韩国高度重视 5G 应用发展，在高清视频和 VR 等重点领域应用领先，并带动相关产业发展。韩国 5G 网络建设较为领先，截至 2020 年 6 月底，韩国 5G 用户达 737 万，占移动电话用户总数的 10.58%；建成 5G 基站 12.1 万个，完成 85 个大城市及主要交通动脉的 5G 覆盖；5G 平均下行速度为 656.56 Mbit/s，是 LTE 的 4.14 倍。近 3 年（2020—2022 年）韩国运营商将陆续投资 24.5 万～27.5 万亿韩元（1400 亿～1600 亿元）建设 5G 移动通

信基础设施。在以中频段为主要 5G 网络部署类型的国家中，韩国的覆盖率处于领先地位。韩国通过 XR 带动 5G 产业应用。2020 年韩国政府推进新的"XR+α"项目，计划投资 150 亿韩元，推进 XR 内容在公共服务、工业和科学技术领域的应用。受益于"XR+α"项目推进，韩国运营商在内容产业持续发力，XR 和游戏成为 5G 布局重点，面向消费者主推 AR/VR、云游戏、4K 视频等大流量应用，例如 SK 电讯推出基于 5G VR 的虚拟社交服务和云游戏服务；LG U+依托内容产业优势，借助中国 VR 终端、云平台等产业环节大力推广 AR/VR 应用。此外，为全面培育 5G+ 战略产业，韩国政府 2020 年投入 6700 亿韩元（约 39 亿元），扶持领域包括智能工厂、智能城市、5G 医疗、5G-V2X 和自动驾驶等。韩国运营商也积极探索 5G 在工业互联网、医疗健康、智慧交通、城市公共安全和应急等领域的应用，主要应用场景包括 5G+智能机器视觉质检服务、远程数字诊断、手术教学、应急救援服务、新冠肺炎防疫机器人以及基于 5G 自动驾驶的场内配送等。例如 SK 电讯与韩国水电和核电公司合作建设 5G 智能发电厂；KT 和现代重工集团合作开发基于 5G 网络的智能工厂服务，实现远程监控和故障检测等。

（2）欧洲发挥工业优势，积极开展 5G 垂直行业应用试验

欧洲 5G 固定无线接入业务成为欧洲光纤宽带的重要补充，运营商积极开展行业融合应用，同时探索 5G 专网在工业领域的应用。截至 2020 年 6 月底，欧洲约 20 个国家推出商用 5G 服务，5G 用户数约 130 万；基站数量方面，德国 5G 基站建设数量超过 1 万个，其他国家在几百到几千个不等。由于欧洲地区光纤覆盖不足，因此基于 5G 开展固定无线接入业务成为运营商发展 5G 的动力，例如瑞士电信运营商 Sunrise 初期 5G 网络建设专注部署于光纤网络未覆盖区域；西班牙和德国运营商开展了利用

5G 替代有线宽带的测试验证。欧盟对行业应用发展较为重视，其"地平线 2020"科研计划加速推进垂直行业应用。同时，运营商也积极开展 5G 行业应用试验，涵盖工业互联网、医疗健康、智慧交通、媒体娱乐等多个领域。例如英国伍斯特郡工业 5G 应用项目在工厂环境下开展基于 5G 技术的预防性维护试验，参与工厂的生产率提高了 1%~2%；德国电信在汉堡港试验 5G 网络切片，验证了 5G 网络可满足多类复杂工业应用并行要求的目标；多家运营商利用 5G 技术广泛开展新媒体融合应用，推进 5G 直播在新闻、体育赛事和文艺演出中的应用。

（3）日本 5G 商用较晚，应用刚刚起步

日本 5G 商用时间较晚，但已通过顶层设计布局 5G 应用。2020 年 3 月日本 5G 正式商用，截至 6 月，5G 用户十几万；截至 5 月开通的基站数约 1800 个。日本政府在"构建智能社会 5.0"的愿景下，提出积极推动 5G 与智能、物联网、机器人等相互促进、融合发展。商用以来日本运营商主要面向消费者提供高速移动接入、云游戏等大带宽业务，例如 NTT DoCoMo 为用户提供 8K 虚拟现实现场音乐、多角度观看视频和体育赛事的服务，以及 100 多种新游戏，其中包括许多基于云的游戏。运营商也在探索行业融合应用。NTT DoCoMo 面向行业提供了 22 种解决方案，包括支持远程工作的智能眼镜和面部识别服务，以及利用 VR 的远程医疗、远程自动农用汽车的监控等。KDDI 利用 5G 无人机完成 4K 视频传输测试，旨在探索无人机在公共安全和监控、农业监测、灾难响应等方面提供的服务。为了补充 5G 公网覆盖盲点，加快 5G 网络和应用普及，日本总务省开放专用频段促进利用 5G 专网在农业/工厂等领域开展应用开发和试验。制造企业富士通和三菱电机相继部署专网，验证 5G 专网系统和各种应用，如智慧安防、远程操作和维护支持等。日本东京都政府也将

支持中小企业、旅游业、农业等各个领域开展 5G 专网应用试验。

整体来看，全球 5G 融合应用发展呈现以下特点：一是消费领域应用最先落地，但尚未出现现象级应用。各国 5G 商用初期均以增强移动宽带业务为主，重点发展固定无线接入业务，以及基于高速接入提供超高清视频、AR/VR 等应用。当前 5G 应用更多的是以 5G 技术的大带宽特性提升用户体验，现象级应用仍需进一步探索。二是行业应用仍处于起步发展阶段，并逐渐与各国优势领域结合向纵深拓展。大多数 5G 行业应用项目还处在试验环境下的技术验证期或示范阶段，尚未出现可大规模复制、扩展的成熟应用。韩国、日本、德国等国家分别积极探索将 5G 与屏显、机器人、工业等自身优势领域的融合应用。三是部分国家行业应用中 5G 专网渐成热点，但是仍处于初期建设、用例验证和商业探索期。中国运营商在探索依托公网提供 5G 虚拟专网满足行业多样化需求，专网系统设备和应用均处于验证期，未来发展有待观察。

（二）中国政府重视 5G 融合应用，地方积极开展 5G 应用示范

中国高度重视 5G 应用发展。中央提出要积极丰富 5G 技术应用场景，并加快 5G 网络等新型基础设施建设。工信部《"5G+工业互联网"512 工程推进方案》提出打造 5 个产业公共服务平台，建设改造覆盖 10 个重点行业，形成至少二十大典型工业应用场景。工信部《关于推动 5G 加快发展的通知》，要求全力推进 5G 网络建设、应用推广、技术发展和安全保障，充分发挥 5G 新型基础设施的规模效应和带动作用，支撑经济高质量发展。发展和改革委员会、工业和信息化部《关于组织实施 2020 年新型基础设施建设工程（宽带网络和 5G 领域）的通知》，重点支持虚拟企业专网、智能电网、车联网等七大领域的 5G 创新应用提升工程。各地政府积极出台各类 5G 扶持政策，推动 5G 应用发展。截至 2020 年 9 月底，各地政府出台行动计划、实施方案、指导意见等各类 5G 扶持政策文件 460 个,其中省级 62 个,市级 228 个,区县级 170 个,多地政府对基站建设、用电成本进行补贴,积极开展 5G 应用示范,持续深化 5G 产业合作。

(三)中国 5G SA 网络建设稳步推进,为 5G 应用发展打好坚实基础

5G 网络建设加快,为应用发展奠定基础。商用以来,中国 5G 网络建设加速推进,地方政府积极释放政策红利。截至目前,已累计开通 5G 基站超 50 万个,5G 终端连接数已超过 1.5 亿。SA 已启动初步商用,为端到端网络切片技术的应用创造了基础条件,深圳市宣布提前超额完成"建设 4.5 万个 5G 基站"的目标,实现 5G 独立组网全覆盖,北京继深圳之后也实现了 5G 独立组网全覆盖,河南、广州等多地也在加快冲刺 5G 独立组网商用。MEC 是 5G 低时延场景应用中的关键使能技术,据不完全统计,三大运营商已在国内 40 多个城市开展了 100 多个基于边缘计算的 5G 商业应用试点项目,覆盖了多个行业和应用场景,包括智慧园区、智慧工厂、智慧港口、智慧矿山等。

(四)疫情防控推动 5G 应用加快落地,产业生态不断壮大

新冠疫情防控推动 5G 应用加快落地。新冠疫情是全球面临的共同挑战,5G 为疫情防控以及复工复产带来科技化手段,同时也成为 5G 应用的展示平台。疫情之下,5G 应用初试身手,在远程医疗、公共监控、智慧教育、远程办公、巡检物流等领域发挥了重要作用,加速了大家对 5G 是什么,为什么用 5G 的认识。如 5G 远程会诊在 19 个省份的 60 余家医院上线使用,实现全方位无障碍移动会诊;5G 热成像监测已在十几个省交通枢纽地区普及;武汉战疫一线医院建设的 5G 直播累计观看人次超过 1.15 亿;在线教育、在线协同办公等得到了广泛应用,例如"国家中小学网络云平台"访问量超过 16 亿人次。疫情也对医疗等行业的 5G 应用起到了短期催化作用，同时也迫使许多企业更多的关注 5G 的重要性，主动了解 5G、拥抱 5G，在疫情后加快各垂直行业的数字化转型升级，给 5G 发展注入更多活力。

5G 融合应用产业生态不断壮大。在工业和信息化部指导下，5G 应用产业方阵通过整合对接各地联盟、搭建融合创新平台、承办"绽放杯"等多种形式不断整合产业资源，扩大行业合作范围，激发创新活力。2020 年组织 5G 创新中心评定工作，认定 20 家创新中心并公布授牌，覆盖智慧交通、工业、电力、云游戏等各个领域。社会多方主体加大 5G 应用投入力度，产融对接数量显著增加。中金资本、真格基金、联想创投、启迪之星等多个基金将 5G 应用作为投入方向之一。基础电信企业、华为、海尔、中国商飞、国家电网、比亚迪、中央电视台、阿里巴巴、浪潮等各行业巨头积极布局 5G 应用，中国移动设立了规模达 300 亿元的 5G 联创基金，5G 应用产业生态进一步完善。

第三届"绽放杯"5G 应用征集大赛项目洞察

2020 年第三届"绽放杯"5G 应用征集大赛（以下简称第三届"绽放杯"大赛）旨在充分发挥社会各界力量，集思广益，挖掘一批充分体现 5G 能力的典型应用。为充分调动地方政府积极性，推动重点行业率先发展，大赛分别设立区域赛和专题赛。区域赛方面，已在上海、广东、江苏、浙江、河南、江西、四川、云南 8 个省市举办。专题赛方面，已开展智慧城市、智慧生活、智媒技术、AR/VR、行业专网及应用、工业互联网、智慧园区、智慧医疗、5G 助力疫情防控、云 XR、云应用、车联网、金融科技、智慧商业、智慧交通及应用安全 16 个专题赛。第三届大赛共有来自全国 30 个省、自治区、直辖市的 2388 家企业、科研院所、行业协会、政府机构等单位参与申报，申报项目达 4289 个。大赛凝聚全社会的能力和资源，促进技术革新和知识共享，进一步探索 5G 应用需求、业务形态和商业模式，为构建良好的 5G 应用生态奠定基础。

（一）产业数字化加速，工业互联网独占鳌头

第三届"绽放杯"大赛参赛项目围绕产业数字化、智慧化生活、数字化治理三大方向创新发展，三大方向分别占比 63%、31%、6%。与 2019 年相比，产业数字化项目比例获得 17% 的增长，5G 技术加速与垂直行业深度融合。

5G 行业应用方面，工业互联网、医疗健康、智慧交通、其他（政务、园区、商业等）、城市管理领域的项目数量位居前列，这 5 个领域项目数量占全部项目数量的 65%。工业互联网项目占比连续三年增长，占据全部项目的 28%，成为最具热度的 5G 融合应用领域。工业互联网领域应用的繁荣主要得益于国家及工信部对工业互联网的高度重视和专项支持，同时能源、农业、教育、金融等行业 5G 创新应用也在蓬勃发展。2018—2020 年"绽放杯"大赛参赛项目各类行业应用占比如图 1 所示。

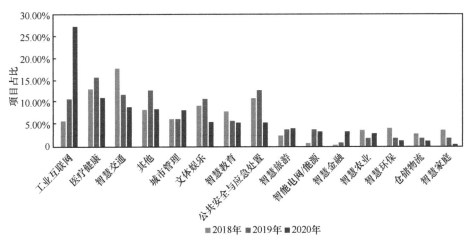

图 1　2018—2020 年"绽放杯"大赛参赛项目各类行业应用占比

（二）5G 应用样板逐渐形成，超三成项目获商用落地

经过 3 年的时间，5G 融合应用从创意到示范、落地，大多数第三届"绽放杯"大赛参赛项目已经有较为成熟解决方案，示范效应已经开始显现。2018 年第一届"绽放杯"大赛有 67% 的参赛项目处于创意、调研、功能设计的初级阶段，这一比例在 2020 年第三届"绽放杯"大赛的参赛项目中下降到 16%，更有 31% 的项目已经实现落地商用。不过已经商用落地的项目仍属于"样板间"，定制化程度高，尚不具备大规模商用和复制推广的条件，很多商用落地项目仅能收回成本，尚未形成盈利。2018—2020 年"绽放杯"大赛项目成熟度对比如图 2 所示。

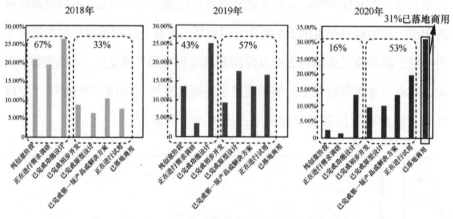

图2 2018—2020 年"绽放杯"大赛项目成熟度对比

（三）5G 带动新技术加速融合创新，虚拟专网赋能行业应用作用逐渐凸显

5G 对人工智能、大数据、云计算等新兴技术带动作用突出。第三届"绽放杯"大赛参赛项目中，人工智能、大数据、边缘计算、云计算技术的使用率分别达到 55%、52%、43%、40%。相比 2019 年，5G 与 ICT 的

融合水平继续提升，人工智能仍然是与 5G 应用融合度最高的技术，而边缘计算技术的使用率相比去年增长 10%，已成为 5G 应用关键使能技术。第三届"绽放杯"大赛项目关键技术分析见表 1。

表 1　第三届"绽放杯"大赛项目关键技术分析

关键技术	使用率/排名		
	2018 年	2019 年	2020 年
人工智能	13%/4	55%/1　↑	55%/1　–
大数据	18%/3	44%/2　↑	52%/2　–
边缘计算	20%/1	33%/4　↓	43%/3　↑
云计算	20%/1	38%/3　↓	40%/4　↓
虚拟专网	NA	NA　–	19%/5　↑

此外，2020 年依托运营商公网的 5G 虚拟专网成为 5G 应用发展中的另一重要关键技术。随着 5G SA 网络部署的加速和切片技术的发展成熟，第三届"绽放杯"大赛参赛项目中有 19%使用了虚拟专网技术。虚拟专网主要应用在工业互联网、医疗健康、智慧交通、智能电网/能源等对时延、可靠性等技术指标敏感度较高的行业。

此外，5G 应用还带动了一批新产品出现。本次大赛涌现了一批融合 5G 等新技术的新产品，如配备了 5G、医疗影像等先进技术的医疗推车、内置 5G 模组的工业网关、AGV 等，这些新产品将随着 5G 应用的发展层出不穷，为经济社会发展增添新动能。

（四）5G 应用"沿海引领、遍地开花"，政策环境为 5G 应用发展提供强大助力

第三届"绽放杯"大赛呈现地域广、沿海引领、全国遍地开花的态势。本届大赛共收到来自全国 30 个省/直辖市/自治区的参赛项目，相比

2019 年新增海南、黑龙江、宁夏、青海参赛项目。参赛项目来源较为集中，数量最多的 7 个省市分别是广东、江苏、浙江、北京、上海、河南、山东，占参赛项目总数的 70%；获奖项目数量最多的 7 个省市分别是广东、江苏、上海、浙江、北京、河南、四川，占获奖项目总数的 74%。北京、上海、广东、浙江、江苏等经济发达地区的应用快速发展的同时，中西部地区涌现出一批优秀应用案例，山西、河南及云南等地多个项目荣获全国一等奖。

5G 融合应用发展水平一方面与当地 5G 及新一代 ICT 产业水平紧密相关，另一方面也与当地发展政策环境息息相关。以本届"绽放杯"参赛项目数量和获奖项目数量均最多的广东省为例，广东省 5G 技术、产业集聚，市场需求旺盛，为 5G 应用的快速发展奠定了基础，更重要的是，广东省营造了良好的政策环境，对 5G 发展有很多政策支持，先后出台《广东省 5G 产业发展行动计划》《关于推动 5G 网络快速发展若干政策措施》《广东省 5G 基站和数据中心总体布局规划（2021—2025 年）》等政策文件，推出 5G 建网补贴等落地配套政策，良好的政策环境推动了省内 5G 应用的繁荣。

（五）行业应用单位和解决方案提供商参与力度加大

运营商仍是推动 5G 应用发展的主力军，但行业应用和解决方案方参赛的数量大幅上升。相比 2019 年，2020 年运营企业参赛项目占比进一步提升，达到 72%。值得关注的是，行业应用单位和解决方案提供商的参赛数量大幅提升，相比 2019 年共 200 余个参赛项目，2020 年第三届"绽放杯"大赛行业应用单位和解决方案提供商参赛项目达到 900 个以上，增幅超 300%。

行业应用单位和解决方案提供商的主力是民营企业，在行业应用单

位和解决方案提供商中分别占比 58%和 68%，反映了 5G 应用市场化的初
步成果。在应用领域分布方面，行业应用单位的参赛项目聚集在工业互
联网、医疗健康、智慧交通、城市管理、文体娱乐、智能电网、公共安
全与应急处置等领域；解决方案提供商的参赛项目聚集在工业互联网、
医疗健康、其他（政务、园区、商业等）、智慧交通、城市管理、文体娱
乐、智慧金融、智慧教育等领域。2018—2020 年"绽放杯"大赛参赛主
体分析如图 3 所示。

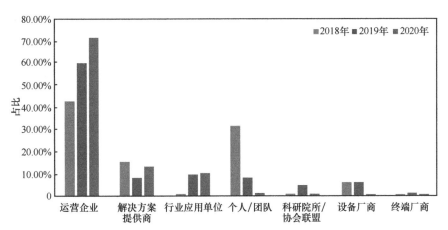

图 3　2018—2020 年"绽放杯"大赛参赛主体分析

缩略语

英文简写	英文全称
3C	Computers, Communications and Consumer Electronics
3GPP	The 3rd Generation Partnership Project
5G-ACIA	5G Alliance for Connected Industries and Automation
5GC	5G Core Network
5GDN	5G Deterministic Network
5QI	5G QoS Identifier
6G	Sixth Generation (6G)
ABS	Asset Backed Securities
AF	Application Function
AGV	Automated Guided Vehicle
AI	Artificial Intelligence
AICDE	AI, IoT, Cloud computing, Big Data and Edge Computing
AII	Alliance of Industrial Internet
AMF	Access and Mobility Management Function
AoA	Angle of Arrival
API	Application Programming Interface
App	Application

（续表）

英文简写	英文全称
AP-SRS	Access Point-Sounding Reference Signal
AR	Augmented Reality
AR	Access Router
AR	Augmented Reality
ASN.1	Abstract Syntax Notation One
BLOS	Beyond line of Sight
BOSS	Business and Operation Support System
BRT	Bus Rapid Transit
CA	Carrier Aggregation
CAGR	Compound Annual Growth Rate
CAS	Chinese Academy of Sciences
CCSA	China Communications Standards Association
CEO	Chief Executive Officer
CIO	Chief Information Officer
CMG	China Merchants Group
Compact DCI	Compact Downlink Control Information
CORE	Cloud Native (C), Core (O), Real-time Operation (R) and Edge/Enterprise (E)
COVID-19	Coronavirus Disease 2019
CPE	Customer Premise Equipment
CPU	Central Process Unit
CSG	China Southern Power Grid
CSMF	Communication Service Management Function
CT	Communication Technology

（续表）

英文简写	英文全称
CT	Computed Tomography
CUII	China Unicom Industrial Internet
CUSC	China Unicom Smart Connection
C-V2X	Cellular V2X
DCI	Data Center Interconnect
DCI	Downlink Control Information
DCS	Distributed Control System
DDA	Dedicated Data Access
DIA	Dedicated Internet Access
DIS	Digital Indoor System
DL	Down Link
DMS	Distributed Manufacturing System
DR	Disaster Recovery
DSL	Digital Subscriber Line
DSM	Dynamic Spectrum Management
DSRC	Dedicated Short-Range Communications
DT	Data Technology
DV	Digital Video
E2E	End-To-End
EDAV	Ericsson Device and Application Verification
eMBB	enhanced Mobile Broadband
EMR	Electronic Medical Record
eMTC	enhanced Machine Type Communication
ERP	Enterprise Resource Planning

（续表）

英文简写	英文全称
ETSI	European Telecommunications Standards Institute
FCC	Federal Communications Commission
FDD	Frequency Division Duplex
FPS	Frames Per Second
FR1	Frequency Range 1
FR2	Frequency Range 2
FRP	Facial-Recognition Payment
FTTx	Fiber to the x
FWA	Fixed Wireless Access
GDP	Gross Domestic Product
GIS	Geographic Information System
GNSS	Global Navigation Satellite System
GSA	Global Mobile Suppliers Association
HCS	Harmonized Communication and Sensing
HD	High-Definition
HHS	Health and Human Services
HSPA	High-Speed Packet Access
HVAC	Heating, Ventilation and Air Conditioner
IaaS	Infrastructure as a Service
ICT	Information and Communications Technology
IDC	International Data Corporation
IEEE	Institute of Electrical and Electronics Engineers
IHV	Independent Hardware Vendor
IIoT	Industrial Internet of Things

（续表）

英文简写	英文全称
IMF	International Monetary Fund
IMT	International Mobile Telephony
IoT	the Internet of Things
IPR	Intellectual Property Right
IPTV	Internet ProtoCol Television
ISO	International Organization for Standardization
ISV	Independent Software Vendor
IT	Information Technology
ITU	International Telecommunication Union
LAN	Local Area Network
LBO	Local Data Breakout
LED	light Emitting Diode
LOS	Line of Sight
LTE	Long Term Evolution
LTE cat4	LTE Category4
LTE-U	LTE-Unlicensed
M2M	Machine-to-Machine
MAN	Metropolitan Area Network
MBB	Mobile Broad Band
MEC	Multi-access Edge Computing
MES	Manufacturing Execution System
MIIT	Ministry of Industry and Information Technology
MIMO	Multiple-Input and Multiple-Output
MMS	Multimedia Messaging Service

（续表）

英文简写	英文全称
mMTC	massive Machine Type Communication
MP2MP	Multipoint-to-multipoint
MR	Mixed Reality
MRI	Magnetic Resonance Imaging
Multi-RTT	Multi-point Round-Trip Time
Multi-TRP	Multiple Transmission/Reception Point
NaaS	Network as a Service
NB-IoT	Narrow Band IoT
NDRC	National Development and Reform Commission
NE	Network Element
NFC	Near Field Communication
NG-CDN	Next-Generation Content Delivery Network
NLP	Natural Language Processing
NMS	Network Management System
NOE	Network Operation Enabling
NR	New Radio
NR-NR DC	NR-NR Dual Connectivity
NSA	Non Standalone
NSMF	Network Slice Management Function
NSSMF	Network Slice Subnet Management Function
O&M	Operation and Maintenance
OCR	Optical Character Recognition
ODM	Original Design Manufacturer
OECD	Organization for Economic Co-operation and Development

（续表）

英文简写	英文全称
OEM	Original Equipment Manufacturer
OFC	Order Fulfillment Center
OT	Operational Technology
OTDOA	Observed Time Difference Of Arrival
OTT	Over-The-Top
P2P	Peer-to-Peer
PaaS	Platform as a Service
PC	Personal Computer
PDA	Personal Digital Assistant
PDSCH	Physical Data Shared Channel
PLC	Programmable Logic Controller
PMU	Phasor Measurement Unit
PTZ	Pan-Tilt-Zoom
PUSCH	Physical Uplink Shared Channel
R&D	Research and Development
R16	Release 16
R17	Release 17
RAN	Radio Access Network
RB	Resource Block
RMG	Rail-Mounted Gantry
ROW	Right of Way
RSU	Road Side Unit
RTBC	Real-Time Broadband Communication
SA	Stand Alone

（续表）

英文简写	英文全称
SCADA	Supervisory Control and Data Acquisition
SCUT	South China University of Technology
SDN	Software-Defined Networking
SI	Service Integrator
SIP	Strategic Innovation Promotion
SLA	Service-Level Agreement
SME	Small-and Medium-Sized Enterprise
SMF	Session Management Function
SMS	Short Message Service
SPN	Slicing Packet Network
SR	Symbiotic Radio
SS7	Signaling System No. 7
SSA	Security Situational Awareness
STB	Set-Top Box
SUL	Supplimentary Uplink
TDD	Time Division Duplexing
TEU	Twenty-foot Equivalent Unit
TFP	Total Factor Productivity
TOPS	Trillion Operation Per Second
TTC	Time to Collision
UAV	Unmanned Aerial Vehicle
UCBC	Uplink Centric Broadband Communication
UCI	Uplink Control Information
UESTC	University of Electronic Science and Technology

（续表）

英文简写	英文全称
UHD	Ultra-High-Definition
UL	Up Link
UN	United Nations
UNCTAD	United Nations Conference on Trade and Development
UPF	User Plane Function
uRLLC	ultra-Reliable Low-Latency Communication
V2I	Vehicle-to-infrastructure
V2V	Vehicle-to-vehicle
V2X	Vehicle-to-everything
VDSL2	Very-high-speed Digital Subscriber Line 2
VLAN	Virtual Local Area Network
VLC	Visible Light Communication
VPN	Virtual Private Network
VR	Virtual Reality
WAN	Wide Area Network
WESP	World Economic Situation and Prospects
WLF	World Laureates Forum
WRC-19	World Radiocommunication Conference 2019
XISC	Hunan Valin Xiangtan Iron and Steel Co., Ltd.
XR	Extended Reality
ZPMC	Zhenhua Port Machinery Company